新工科建设之路·计算机类专业系列教材

# Python 语言程序设计

石毅　张莉　高建华　主编

朱雅莉　鲁恩铭　刘香丽　副主编

电子工业出版社·

**Publishing House of Electronics Industry**

北京·BEIJING

# 内 容 简 介

Python 是近年来最流行的编程语言之一，简洁的语法和卓越的可读性使其成为初学者的优选编程语言，并且深受编程人员的喜爱和追捧。

本书以 Python 3.9 为开发环境，从入门者的角度出发，以简洁、通俗易懂的语言逐步展开 Python 语言教学。全书共分为 12 章，主要内容包括 Python 环境搭建、数字类型与字符串、流程控制、列表与元组、集合和字典、函数、类与对象、模块、文件与文件路径操作、错误和异常、正则表达式以及图形用户界面编程。本书配有大量典型的实例，读者可以边学边练，巩固所学知识，并在实践中提升实际开发能力。

本书提供完善的学习资源和支持服务，包括电子教案（PPT）、案例素材、源代码、各章上机练习与课后作业参考答案、教学设计、教学大纲等配套资源，为开发者带来全方位的学习体验。

本书适合作为高等院校计算机相关专业及其他工科专业的 Python 程序设计课程教材，也可作为 Python 培训教材，还可作为编程人员及自学者的辅助教材或自学参考书。

**图书在版编目（CIP）数据**

Python 语言程序设计 / 石毅, 张莉, 高建华主编. —北京：电子工业出版社，2021.7
ISBN 978-7-121-41505-0

Ⅰ．①P… Ⅱ．①石… ②张… ③高… Ⅲ．①软件工具—程序设计 Ⅳ．①TP311.561

中国版本图书馆 CIP 数据核字（2021）第 129268 号

责任编辑：郝志恒
文字编辑：刘御廷
印　　刷：天津千鹤文化传播有限公司
装　　订：天津千鹤文化传播有限公司
出版发行：电子工业出版社
　　　　　北京市海淀区万寿路 173 信箱　　　　邮编：100036
开　　本：787×1092　1/16　　　印张：17.25　　　字数：496.8 千字
版　　次：2021 年 7 月第 1 版
印　　次：2021 年 7 月第 1 次印刷
定　　价：59.00 元

凡所购买电子工业出版社图书有缺损问题，请向购买书店调换。若书店售缺，请与本社发行部联系，联系及邮购电话：（010）88254888，88258888。

质量投诉请发邮件至 zlts@phei.com.cn，盗版侵权举报请发邮件至 dbqq@phei.com.cn。

本书咨询联系方式：QQ 1098545482。

# 前言

当前，Python 已经成为最流行的程序设计语言之一，被越来越多的人作为首选编程语言来学习和应用。作为一种解释型的语言，Python 具有内置的高级数据结构和简单有效的面向对象编程机制。同时，其语法简洁而清晰，类库丰富而强大，非常适合进行快速原型开发。另外，Python 可以运行在多种系统平台下，从而使得只需要编写一次代码，就可以在多种系统平台下实现同等的功能。

建议读者在学习过程中，一定要亲自实践书中的案例代码，如果不能完全理解书中所讲的知识点，可以通过互联网等途径寻求帮助。另外，如果在理解知识点的过程中遇到困难，建议不要纠结于某一点，可以先往后学习。通常来讲，随着对后面知识的不断深入了解，前面看不懂的知识点一般就能理解了。如果在动手练习的过程中遇到问题，建议多思考，厘清思路，认真分析问题发生的原因，并在问题解决后多总结。

本书采用基础知识与案例相结合的编写方式，通过基础知识讲解与案例实践，可以快速地掌握技能点。千里之行，始于足下。让我们一起进入 Python 语言程序设计开发的精彩世界吧！

限于作者水平，书中难免会有不妥之处，欢迎各界专家和读者朋友们来函给予宝贵意见，我们将不胜感激。您在阅读本书时，如发现任何问题或有不认同之处，可以通过电子邮件与我们联系。请发送电子邮件至：sem00000@163.com。

编者

# 目录

# 第 1 章
# 初识 Python

## 本章目标

◎  了解 Python 的特点、版本及应用领域。

◎  熟悉 Python 的下载与安装。

◎  了解 PyCharm 的安装及简单使用。

◎  了解代码规范，掌握变量的意义。

◎  掌握 Python 的基本输入/输出。

## 学习方法

要达到学以致用的目的，和学习其他技术一样，需要做好预习、听课、完成作业及复习总结的任务，同时还应注意：

（1）学习 Python，不仅仅在于会用，还要明白其所以然，这就需要多去查看相关的官方文档与案例，结合源代码更好地去理解。

（2）多思考，注重程序代码性能方面的调优。

（3）多动手，多写代码，才能熟能生巧，不能只看不练。

## 本章简介

在方兴未艾的机器学习以及热门的大数据分析技术领域，Python 语言的热度可谓是如日中天。Python（蟒蛇）是一种动态解释型的编程语言，功能强大、简单易学，支持面向对象、函数式编程。Python 语言优雅、清晰、简洁的语法特点，能使初学者从语法细节中解脱出来，而专注于解决问题的方法、分析程序本身的逻辑和算法，是最符合人类期待的编程语言之一。Python 语言还具有大量优秀的第三方函数模块，对学科交叉应用很有帮助。目前，基于 Python 语言的相关技术正在飞速发展，用户数量急剧增加，在软件开发领域有着广泛的应用。本章将介绍 Python 语言的发展与特点、Python 程序的运行环境。

## ◆◆ 技术内容

# 1.1 Python语言概述

Python 是一种面向对象的解释型计算机程序设计语言，它最初由荷兰人吉多·范罗苏姆（Guido van Rossum）研发，并于 1991 年首次发行。在使用 Python 进行开发之前，有必要先了解一下 Python。本节将针对 Python 的特点、版本和应用领域进行介绍。

Python 语言是少有的一种可以称得上简单且功能强大的编程语言。你将惊喜地发现 Python 语言是多么简单，它注重的是如何解决问题而不是编程语言的语法和结构。Python 的官方介绍是：

> Python 是一种简单易学、功能强大的编程语言，它有高效率的高层数据结构，简单而有效地实现面向对象编程。Python 简洁的语法和对动态输入的支持，再加上解释性语言的本质，使得它在大多数平台上的许多领域都是一个理想的脚本语言，特别适用于快速的应用程序开发。

## 1.1.1 Python语言的发展历史

Python 语言是由吉多·范罗苏姆在 1989 年开发的，于 1991 年年初发表。吉多·范罗苏姆曾是 CWI 公司的一员，使用解释性编程语言 ABC 开发应用程序，这种语言在软件开发上有许多局限性。由于要完成系统管理方面的一些任务，需要获取 Amoeba 机操作系统所提供的系统调用能力，虽然可以设计 Amoeba 的专用语言去实现这个任务，但是吉多·范罗苏姆计划设计一门更通用的程序设计语言，Python 就此诞生了。

Python 语言虽然已经诞生了 30 余年，但是却并没有成为程序开发领域的主流程序设计语言，这是因为 Python 语言的动态性使程序解释执行的速度比编译型语言慢造成的。随着 Python 语言的不断优化以及计算机硬件技术的迅猛发展，动态语言已经越来越受到软件界的重视，其中的代表性语言有 Python、Ruby、SmallTalk、Groovy 等。

Python 2.0 于 2000 年 10 月发布，增加了许多新的语言特性。同时，整个开发过程更加透明，社区对开发进度的影响逐渐扩大。Python 3.0 于 2008 年 12 月发布，此版本不完全兼容之前的 Python 版本，导致用早期 Python 版本设计的程序无法在 Python 3.0 上运行。不过，Python 2.6 和 2.7 作为过渡版本，虽基本使用 Python 2 的语法，但同时考虑了向 Python 3.0 的迁移，有些新特性后来也被移植到 Python 2.6 和 2.7 版本中。

在 Python 发展过程中，形成了 Python 2 和 Python 3 两个版本，目前正朝着 Python 3 进化。Python 2 和 Python 3 两个版本是不兼容的，由于历史原因，原有的大量第三方函数模块是用 Python 2 版实现的。随着 Python 的普及与发展，近年来 Python 3 下的第三方函数模块日渐增多，使大家用起来更加方便。本书选择 Windows 操作系统下的 Python 3 版本作为程序实现环境（下载安装时的最高版本是 Python 3.9.1）。书中在很多地方也介绍了 Python 3 与 Python 2 的差别。

## 1.1.2 Python语言的特点

人们学习程序设计往往是从学习一种高级语言开始的，因为语言是描述程序的工具，所以熟悉一种高级语言是程序设计的基础。高级语言有很多，任何一种语言都有其自身诞生的背景，从而决定了其特点和擅长的应用领域，例如，FORTRAN 语言诞生在计算机发展的早期，主要用于科学计算；

C 语言具有代码简洁紧凑、执行效率高、贴近硬件、可移植性好等特点，广泛应用于系统软件、嵌入式软件的开发。

程序设计语言在不断地发展，从最初的汇编语言到后来的 C、Pascal 等语言，发展到现在的 C++、Java 等高级编程语言。程序设计的难度在不断地减小，软件的开发和设计已经形成了一套标准，开发工作已经不再是复杂的任务。最初只能使用机器码编写代码，而现在可以使用具有良好调试功能的 IDE 环境编程。Python 使用 C 语言开发，但是 Python 不再有 C 语言中的指针等复杂的数据类型。Python 的简洁性使得软件的代码大幅度地减少，开发任务进一步简化。程序员关注的重点不再是语法特性，而是程序所要实现的任务。Python 语言有许多重要的特性，而且有些特性是富有创造性的。

**1．Python语言的优势**

Python 语言之所以能够迅速发展，受到程序员的青睐，与它所具有的特点密不可分。Python 的特点可以归纳为以下几点：

（1）**简单易学**。Python 语言的保留字比较少。它没有分号、begin、end 等标记，代码块使用空格或制表键缩进的方式分隔代码。Python 的代码简洁、短小，易于阅读。Python 简化了循环语句，使程序结构很清晰，方便阅读。

（2）**程序可读性好**。Python 语言和其他高级语言相比，一个重要的区别就是，一个语句块的界限完全是由每行的首字符在这一行的位置来决定的（C 语言用一对大括号 "{}" 来明确界定语句块的边界，与字符的位置毫无关系）。通过强制程序缩进，Python 语言确实使得程序具有很好的可读性，同时 Python 的缩进规则也有利于程序员养成良好的程序设计习惯。

（3）**丰富的数据类型**。除了基本的数值类型，Python 提供了一些内置的数据结构，这些数据结构实现了类似 Java 中集合类的功能。Python 的数据结构包括元组、列表、字典等丰富的复合数据类型，利用这些数据类型，可以更方便地解决许多实际问题，如文本处理、数据分析等。内置的数据结构简化了程序的设计。

（4）**开源的语言**。Python 是开源软件，这意味着可以免费获取 Python 源码，并能自由复制、阅读、改动；Python 在被使用的同时也被许多优秀人才改进，进而不断完善。

（5）**解释型的语言**。用 Python 语言编写的程序不需要编译成二进制代码，而可以直接运行源代码。在计算机内部，Python 解释器把.py 文件中的源代码转换成 Python 的字节码（Byte Code），然后再由 Python 虚拟机（Virtual Machine）一条一条地执行，从而完成程序的执行。

> 对于 Python 的解释语言特性，要一分为二地看待。一方面，每次运行时都要将源文件转换成字节码，然后再由虚拟机执行字节码。较之于编译型语言，每次运行都会多出两道工序，所以程序的执行性能会受到影响。另一方面，由于不用关心程序的编译以及库的连接等问题，所以程序调试和维护会变得更加轻松方便，同时虚拟机距离物理机器更远了，所以 Python 程序更加易于移植，实际上不需改动就能在多种平台上运行。

（6）**面向对象的语言**。面向对象程序设计（Object Oriented Programming）的本质是建立模型以体现抽象思维过程和面向对象的方法，基于面向对象编程思想设计的程序质量好、效率高、易维护、易扩展。Python 正是一种支持面向对象的编程语言，因此使用 Python 可开发出高质、高效、易于维护和扩展的优秀程序。Python 语言既可以面向过程，也可以面向对象，支持灵活的程序设计方式。

（7）**健壮性**。Python 提供了异常处理机制，能捕获程序的异常情况。此外，Python 的堆栈跟踪对象能够指出程序出错的位置和出错的原因。异常处理机制能够避免不安全退出的情况，同时能帮助程序员调试程序。

（8）**跨平台性**。Python 程序会先被编译为与平台相关的二进制代码，然后再解释执行，这种方式和 Java 类似。Python 编写的应用程序可以运行在 Windows、UNIX、Linux 等不同的操作系统上。Python 作为一种解释型语言，可以在任何安装 Python 解释器的环境中执行，因此使 Python 程序具有良好的可移植性，在某个平台编写的程序无须或仅需少量修改便可在其他平台上运行。

（9）**可扩展性**。Python 是采用 C 开发的语言，因此可以使用 C 扩展 Python，可以给 Python 添加新的模块、新的类。同时，Python 程序可以嵌入到 C、C++语言开发的项目中，使程序具备脚本语言的特性。

（10）**动态性**。Python 与 JavaScript、PHP、Perl 等语言类似。Python 不需要另外声明变量，直接赋值即可创建一个新的变量。

（11）**强类型语言**。Python 的变量创建后会对应一种数据类型，Python 会根据赋值表达式的内容决定变量的数据类型。Python 在内部建立了管理这些变量的机制，出现在同一个表达式中的不同类型的变量需要做类型转换。

（12）**应用广泛**。Python 语言广泛应用于数据库、网络、图形图像、数学计算、Web 开发、操作系统扩展等领域。Python 有许多第三方库支持。例如，PIL 库用于图像处理、NumPy 库用于数学计算、WxPython 库用于 GUI 程序的设计、Django 库用于 Web 应用程序的开发等。Python 不仅内置了庞大的标准库，而且定义了丰富的第三方库帮助开发人员快速、高效地处理各种工作。例如，Python 提供了与系统操作相关的 os 库、正则表达式 re 模块、图形用户界面 tkinter 库等标准库。只要安装了 Python，开发人员就可自由地使用这些库提供的功能。除此之外，Python 支持许多高质量的第三方库，如图像处理库 pillow、游戏开发库 pygame、科学计算库 numpy 等，这些第三方库可通过 pip 工具安装后使用。

### 2．Python语言的局限性

Python 语言虽然是一个非常成功的语言，但也有它的局限性。相比其他一些语言（如 C、C++语言），Python 程序的运行速度比较慢，对于速度有着较高要求的应用要考虑 Python 是否能满足需要。不过，这一点可以通过使用 C 语言编写关键模块，然后由 Python 调用的方式加以解决。而且现在计算机的硬件配置不断提高，对于一般的开发来说，速度已经不成问题。此外，Python 用代码缩进来区分语法逻辑的方式还是给很多初学者带来了困惑，即便是很有经验的 Python 程序员，也可能掉入陷阱当中。最常见的情况是 Tab 和空格的混用会导致错误，而这是用肉眼无法分辨的。

## 1.1.3　Python的版本

目前，市场上 Python 2 和 Python 3 两个版本并行。相比于早期的 Python 2，Python 3 历经了较大的变革。为了不带给人过多的累赘，Python 3 在设计之初没有考虑向下兼容，因此许多使用 Python 2 设计的程序无法在 Python 3 上正常执行。Python 官网推荐使用 Python 3，考虑到目前 Python 2 在市场上仍占有较大份额，这里针对 Python 2 和 Python 3 的部分区别会进行一些介绍。

### 1．print()函数替代了print语句

Python 2 使用 print 语句进行输出，Python 3 使用 print()函数进行输出。示例代码如下。

Python 2：

```
print(3,4)
(3,4)
```

Python 3：

```
>>>print(3,4)
3 4
```

### 2．Python 3 默认使用 UTF-8 编码

Python 2 默认使用 ASCII 编码，Python 3 默认使用 UTF-8 编码，以更好地实现对中文或其他非英文字符的支持。例如，输出"北京天安门"，Python 2 和 Python 3 的示例与结果如下。

Python 2：

```
>>> str="北京天安门"
>>> str
'\xe5\x8c\x97\xe4\xba \xac\xe5\xa4 \xa9\xe5\xae \x89\xe9\x97\xa8'
```

Python 3：

```
>>> str = "北京天安门"
>>> str
'北京天安门'
```

### 3．除法运算

Python 语言的除法运算包含"/"和"//"两个运算符，它们在 Python 2 和 Python 3 中的用法介绍如下。

（1）运算符"/"：在 Python 2 中，使用运算符"/"进行除法运算的方式和 Java、C 语言相似，整数相除的结果是一个整数，浮点数相除的结果是一个浮点数。但在 Python 3 中使用运算符"/"进行整数相除时，结果也会得到浮点数。示例代码如下。

Python 2：

```
>>>1/2               #整数相除
0
>>> 1.0/2.0          #浮点数相除
0.5
```

Python 3：

```
>>>1/2
0.5
```

（2）运算符"//"：运算符"//"也叫取整运算符，使用该运算符进行除法运算的结果总是一个整数。"//"运算符在 Python 2 和 Python 3 中的功能一致。示例代码如下。

Python 2：

```
>>>8//3
2
```

Python 3：

```
>>> 8//3
2
```

### 4．异常

Python 3 版本与 Python 2 版本的异常处理主要有以下几点不同：

（1）在 Python 2 中，所有类型的对象直接被抛出；在 Python 3 中，只有继承自 BaseException 的对象才可以被抛出。

（2）在 Python 2 中，捕获异常的语法是"except Exception, err"；在 Python 3 中，引入了 as 关键字，捕获异常的语法变更为"except Exception as err"。

（3）在 Python 2 中，处理异常可以使用"raise Exception, args"或者"raise Exception(args)"两种语法；在 Python 3 中，处理异常只能使用"raise Exception(args)"。

（4）Python 3 取消了异常类的序列行为和 message 属性。

Python 2 和 Python 3 处理异常的示例代码如下。

Python 2：

```
>>> try:
...     raise TypeError, "类型错误"
... except TypeError, error:
...     print error.message
...
类型错误
```

Python 3：

```
>>> try:
...     raise TypeError("类型错误")
... except TypeError as error:
...     print(error)
...
类型错误
```

以上只列举了 Python 2 与 Python 3 的部分区别，更多内容见官方文档 https://docs.python.org/3/whatsnew/3.0.html。

## 1.1.4 Python语言的应用领域

由于 Python 语言自身的特点，加上大量第三方函数模块的支持，Python 语言得到了越来越广泛的应用。利用 Python 进行应用开发，熟练地使用各种函数模块无疑是十分重要的，但首先要掌握 Python 的基础知识，这是应用的基础。本书主要介绍 Python 程序设计的基础知识，不涉及过多的第三方资源，但在学习伊始，了解 Python 的应用领域及相关的函数模块是十分必要的。作为一门功能强大且简单易学的编程语言，Python 主要应用在下面几个领域。

（1）**Web 开发**。Python 是 Web 开发的主流语言，与 JS、PHP 等广泛使用的语言相比，Python 的类库丰富、使用方便，能够为一个需求提供多种方案；此外，Python 支持最新的 XML 技术，具有强大的数据处理能力，因此 Python 在 Web 开发中占有一席之地。Python 为 Web 开发领域提供的框架有 Django、Flask、Tormado、Web2py 等。

（2）**科学计算与数据可视化**。科学计算也称数值计算，是研究工程问题的近似求解方法，它是在计算机上进行程序实现的一门科学，既有数学理论上的抽象性和严谨性，又有程序设计技术上的实用性和实验性的特征。随着科学计算与数据可视化 Python 模块的不断产生，Python 语言可以在科学计算与数据可视化领域发挥独特的作用。Python 不仅支持各种数学运算，还可以绘制高质量的 2D 和 3D 图像。与科学计算领域最流行的商业软件 MATLAB 相比，Python 的应用范围更广，可以处理的文件和数据类型更丰富。

（3）**自动化运维**。早期运维工程师大多使用 Shell 编写脚本，但如今 Python 几乎可以说是运维工程师的首选编程语言。在很多操作系统中，Python 是标准的系统组件，大多数 Linux 发行版和 Mac OS X 都集成了 Python，可以在终端下直接运行 Python。

（4）**网络应用**。Python 语言为众多的网络应用提供了解决方案，利用有关模块可方便地定制出所需要的网络服务。Python 语言提供了 Socket 模块，对 Socket 接口进行了二次封装，支持 Socket 接口的访问，简化了程序的开发步骤，提高了开发效率；Python 语言还提供了 urllib、cookielib、httplib、scrapy 等大量模块，用于对网页内容进行读取和处理，并结合多线程编程以及其他有关模块快速开发网页爬虫之类的应用程序；可以使用 Python 语言编写 CGI 程序，也可以把 Python 程序嵌入网页中运行；Python 语言还支持 Web 网站开发，比较流行的开发框架有 Web2py、Django 等。

（5）**游戏开发**。Python 在很早的时候就是一种电子游戏编程工具。目前，在电子游戏开发领域也得到越来越广泛的应用。Pygame 就是用来开发电子游戏软件的 Python 模块，在 SDL 库的基础上开发，可以支持多个操作系统。使用 Pygame 模块，可以在 Python 中创建功能丰富的游戏和多媒体程序。

（6）**Windows 系统编程**。Python 是跨平台的程序设计语言，在 Windows 系统下，通过使用 pywin32 模块提供的 Windows API 函数接口，就可以编写与 Windows 系统底层功能相关的 Python 程序，包括访问注册表、调用 ActiveX 控件以及各种 COM 组件等程序。还有许多其他的日常系统维护和管理工作也可以交给 Python 来实现。

（7）**数据库应用**。在数据库应用方面，Python 语言提供了对所有主流关系数据库管理系统的接口，包括 SQLite、Access、MySQL、SQL Server、Oracle 等。

（8）**多媒体应用**。Python 多媒体应用开发可以为图形、图像、声音、视频等多媒体数据处理提供强有力的支持。

（9）**人工智能**。Python 是人工智能领域的主流编程语言，人工智能领域神经网络方向流行的神经网络框架 TensorFlow 就采用了 Python 语言。

## 1.2　搭建Python开发环境

### 1.2.1　Python的安装

在 Python 官方网站中可以下载 Python 解释器以搭建 Python 开发环境。下面以 Windows 系统为例演示 Python 的下载与安装过程。具体操作步骤如下。

（1）访问 http://www.python.org/，执行 Downloads→Windows 命令，如图 1-1 所示。

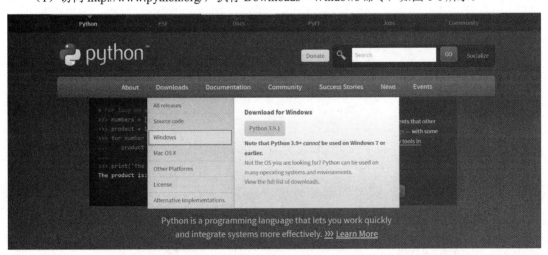

图 1-1　Python 官网首页

（2）选择 Windows 选项后，页面跳转到 Python 下载页面，下载页面有很多版本的安装包，读者可以根据自身需求下载相应的版本。图 1-2 显示的是 Python 3.9.1 版本的 32 位和 64 位离线安装包。

图 1-2　Python 下载列表

（3）选择下载 64 位离线安装包，下载成功后，双击开始安装。在 Python 3.9.1 安装界面中提供默认安装与自定义安装两种方式，如图 1-3 所示。

图 1-3　Python 安装界面

注意

　　若勾选 Add Python 3.9 to PATH 复选框，则安装完成后 Python 将被自动添加到环境变量中；若不勾选此复选框，则在使用 Python 解释器之前需先手动将 Python 添加到环境变量中。

　　（4）这里采用自定义安装方式，根据用户需求有选择地进行安装。单击 Customize installation 选项，进入设置可选功能界面，如图 1-4 所示。

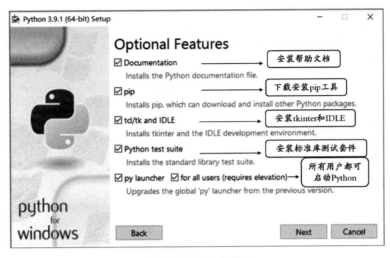

图 1-4　可选功能界面

图 1-4 默认勾选了所有功能，这些功能的作用如下。

➤　Documentation：Python 帮助文档，其目的是帮助开发者查看 API 以及相关说明。

➤　pip：Python 包管理工具，该工具提供了对 Python 包的查找、下载、安装、卸载功能。

➤　td/tk and IDLE：tk 是 Python 的标准图形用户界面接口，IDLE 是 Python 自带的简洁的集成开发环境。

➤　Python test suite：Python 标准库测试套件。

➤　py launcher：安装 Python launcher 后，可以通过全局命令 py 更方便地启动 Python。

➤　for all users：适合所有用户使用。

（5）保持默认配置，单击 Next 按钮进入设置高级选项的界面，用户在该界面中依然可以根据自身需求勾选相应功能，并设置 Python 安装路径，具体如图 1-5 所示。

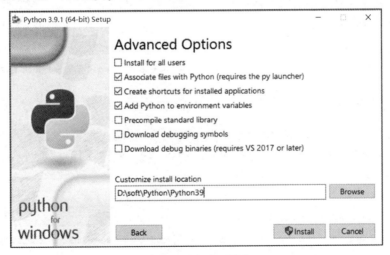

图 1-5　高级选项界面

（6）选定好 Python 的安装路径后，单击 Install 按钮开始安装，安装成功后的界面如图 1-6 所示。至此，Python 3.9.1 安装完成。下面使用 Windows 系统中的命令提示符检测 Python 3.9.1 是否安装成功。

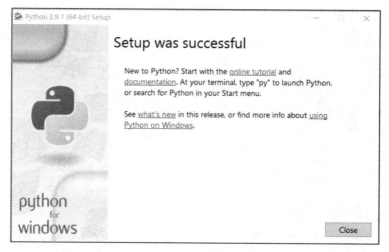

图 1-6    安装成功界面

在 Windows 系统中打开命令提示符，在命令提示符窗口中输入 python 后显示 Python 的版本信息，表明安装成功，如图 1-7 所示。

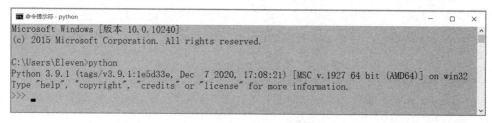

图 1-7    显示 Python 版本信息

---

**知识拓展：在 Linux 系统中安装 Python 3**

在绝大多数的 Linux 系统中安装 Python 3 完毕后，Python 解释器均默认存在，可以输入如下命令进行验证：

```
$ python
```

运行以上命令会启动交互式 Python 解释器，并且输出 Python 版本信息。如果没有安装 Python 解释器，会看到如下错误信息：

```
bash: python: command not found
```

这时需要自己安装 Python。下面分步骤讲解如何在 Linux 系统中安装 Python：

（1）打开浏览器访问 https://www.python.orgdownloads/source/，进入下载适用于 Linux 系统的 Python 安装包界面。

（2）选择 Python 3.9.1 压缩包进行下载。

（3）下载完成后解压压缩包。

（4）若需要自定义某些选项，可以修改 Modules/Setup。

（5）把终端切换至刚才解压的目录下，执行"./configure –prefix=/usr/local/python3"配置安装目录。

（6）执行 make 命令编译源代码，生成执行文件。

（7）执行 make install 命令，复制执行文件到/usr/local/bin 目录下。

执行以上操作后，Python 会安装在/usr/local/bin 目录中，Python 库安装在/usr/local/ib/python3.9.1。

## 1.2.2 IDLE的使用

Python 安装过程中默认自动安装了 IDLE（Integrated Development and Learning Environment），它是 Python 自带的集成开发环境。下面以 Windows 10 系统为例介绍如何使用 Python 自带的集成开发环境编写 Python 代码。

在 Windows 系统的"开始"菜单的搜索栏中输入 IDLE，然后单击搜索到的 IDLE (Python 3.9 64-bit)进入 IDLE 界面，如图 1-8 所示。

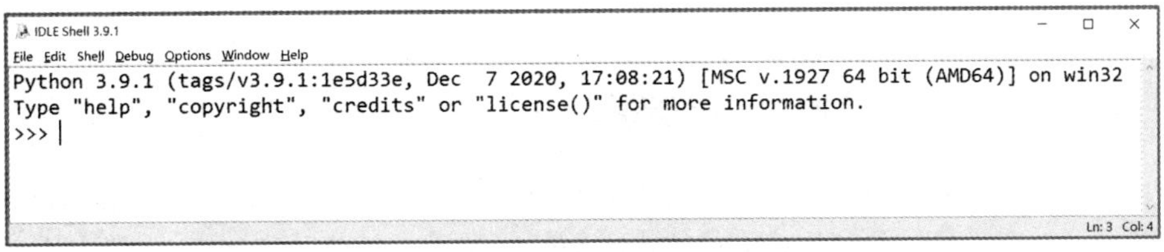

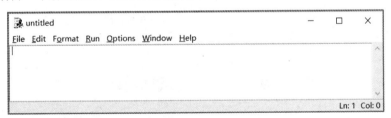

图 1-8　IDLE 界面

图 1-8 所示为一个交互式的 Shell 界面，可以在 Shell 界面中直接编写 Python 代码。例如，使用 print()函数输出 Hello Python，如图 1-9 所示。

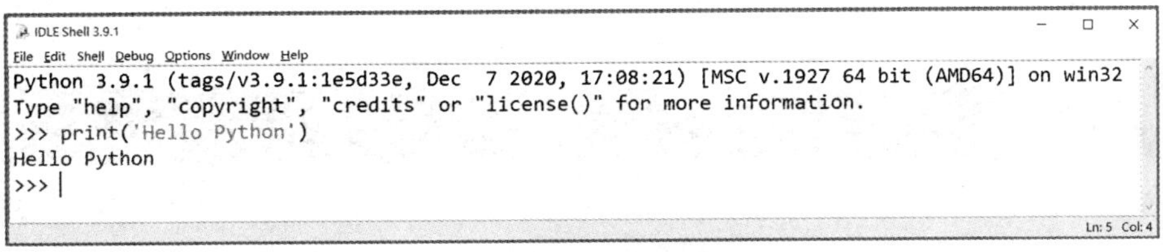

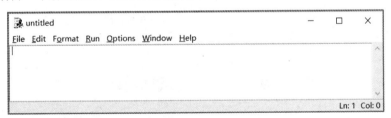

图 1-9　在 IDLE 中编写程序

IDLE 除了支持交互式编写代码，还支持文件式编写代码。在交互式窗口中选择 File→New File 命令，创建并打开一个新的窗口，如图 1-10 所示。

图 1-10　交互式窗口

在新建的文件中编写如下代码：

```
print ("Hello World")
```

编写完成之后，选择 File→Save As 命令将文件以 first_app 命名并保存。之后在窗口中选择 Run→Run Module 命令运行代码，如图 1-11 所示。

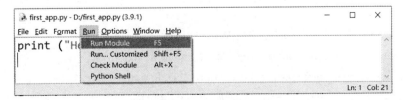

图 1-11　运行文件代码

当选择 Run Module 命令后，Python Shell 窗口中就会出现运行结果，如图 1-12 所示。

```
IDLE Shell 3.9.1                                                        —    □    ×
File  Edit  Shell  Debug  Options  Window  Help
>>> print('Hello Python')
Hello Python
>>>
================================= RESTART: D:/first_app.py =================================
Hello World
>>>
                                                                              Ln: 8  Col: 4
```

图 1-12　显示运行结果

## 1.2.3　集成开发环境PyCharm的安装与使用

PyCharm 是 Jetbrain 公司开发的一款 Python 集成开发环境，由于具有智能代码编辑、智能提示、自动导入等功能，目前已经成为 Python 专业开发人员和初学者广泛使用的 Python 开发工具。下面以 Windows 系统为例，介绍如何安装并使用 PyCharm。

### 1．PyCharm的安装

访问 PyCharm 官网 https://www.jetbrains.com/pycharm/download/#section=windows，进入下载页面，如图 1-13 所示。

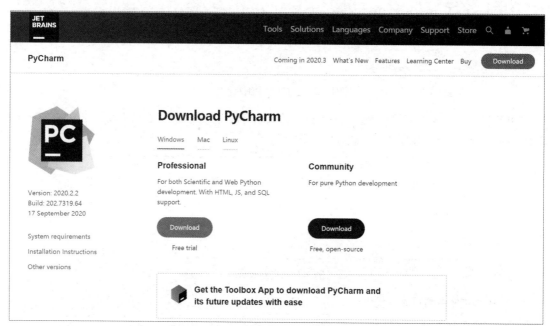

图 1-13　PyCharm 官网首页

图 1-13 中的 Professional 和 Community 是 PyCharm 的两个版本，其特点分别如下。

（1）Professional 版本的特点

➢　提供 Python IDE 的所有功能，支持 Web 开发。

➢　支持 Django、Flask、 Google App 引擎、Pyramid 和 Web2py。

➢　支持 JavaScript、CoffeeScript、TypeScript、CSS 和 Cython 等。

➢　支持远程开发、Python 分析器、数据库和 SQL 语句。

（2）Community 版本的特点

➢ 轻量级的 Python IDE，只支持 Python 开发。

➢ 免费、开源、集成 Apache 2。

➢ 智能编辑器、调试器，支持重构和错误检查，集成 VCS 版本控制。

单击相应版本下的 Download 按钮开始下载 PyCharm 的安装包，这里下载 Community 版本。

下载成功后，双击安装包弹出欢迎界面，如图 1-14 所示。单击 Next 按钮进入 PyCharm 选择安装路径界面，如图 1-15 所示。

图 1-14　PyCharm 安装界面

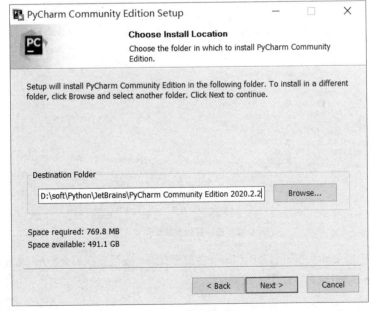

图 1-15　选择安装路径界面

在图 1-15 中，可以通过单击 Browse 按钮选择 PyCharm 的安装位置，确定好安装位置后，单击 Next 按钮进入安装选项界面。在该界面中，用户可根据需求勾选相应功能，如图 1-16 所示。

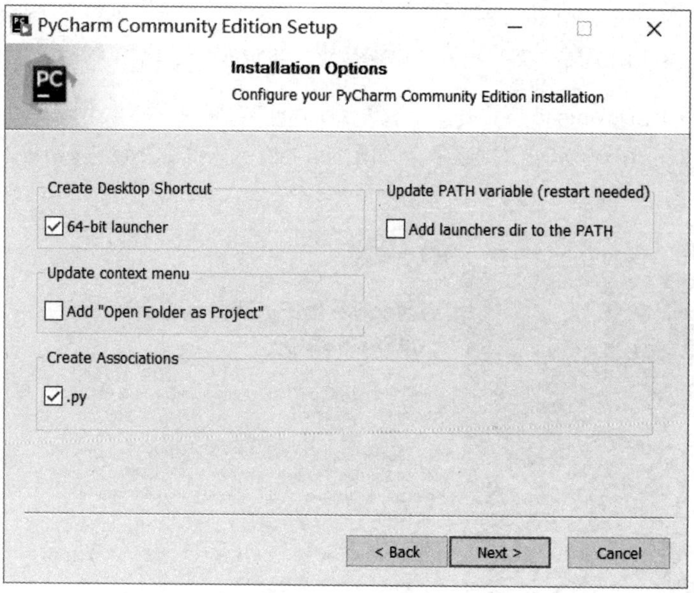

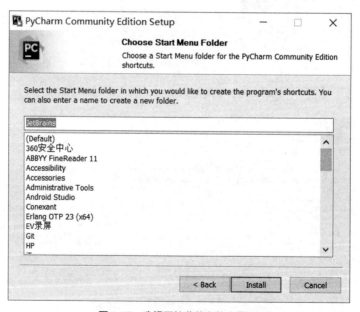

图 1-16 安装选项界面

这里保持默认，单击 Next 按钮进入选择开始菜单文件夹界面，在该界面中保持默认配置，如图 1-17 所示。

图 1-17 选择开始菜单文件夹界面

单击图 1-17 中的 Install 按钮后，PyCharm 会进行安装，安装完成后会提示 Completing PyCharm Community Edition Setup 信息，如图 1-18 所示。

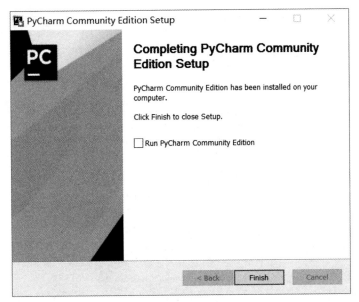

图 1-18　安装完成界面

单击 Finish 按钮，结束 PyCharm 安装。

### 2．PyCharm的使用

PyCharm 安装完成后，会在桌面添加一个快捷方式图标 PyCharm，单击该快捷方式图标进入导入配置文件界面，如图 1-19 所示。

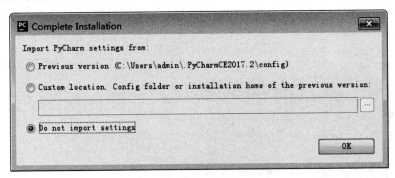

图 1-19　导入配置文件界面

图 1-19 所示的界面中有 3 个选项，这些选项的作用分别为：从之前的版本导入配置、自定义导入配置、不导入配置。这里选择不导入配置。

单击 OK 按钮进入 JetBrains 用户协议界面，在该界面中选中 I confirm that I have read and accept the terms of this User Agreement 复选框，如图 1-20 所示。

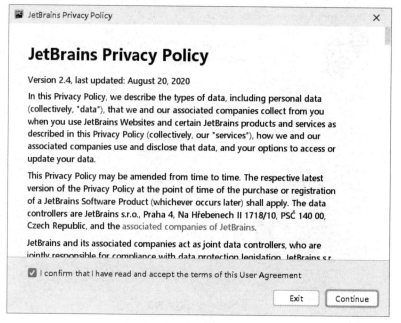

图 1-20　用户协议界面

单击图 1-20 中的 Continue 按钮进入环境设置界面，在该界面中可以设置用户主题，这里选择 Light 主题，如图 1-21 所示。

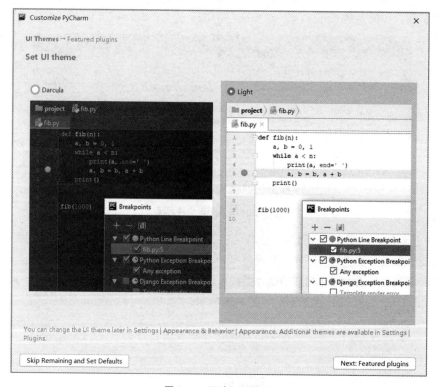

图 1-21　环境设置界面

单击图 1-21 中的 Skip Remaining and Set Defaults 选项进入 PyCharm 欢迎界面，如图 1-22 所示。

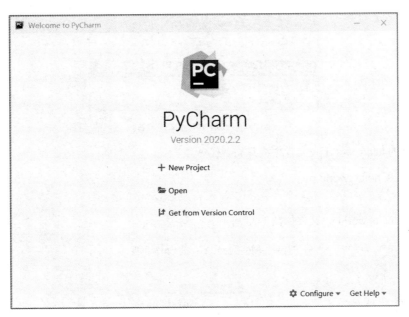

图 1-22　PyCharm 欢迎界面

图 1-22 所示的界面中包括创建新项目、打开文件、版本控制检查项目三项功能。单击 New Project 选项创建一个 Python 项目——chapter01，项目创建完成后，便可以在项目中创建 py 文件。具体操作为：右击项目名称 chapter01，然后从出现的快捷菜单中选择 New→Python File 命令，如图 1-23 所示。

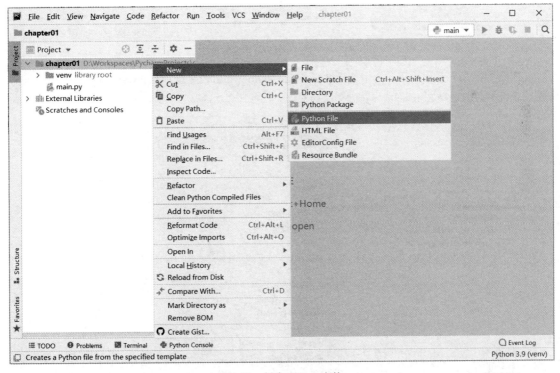

图 1-23　创建 Python 文件

将新建的 Python 文件命名为 hello_world，使用默认文件类型 Python file，如图 1-24 所示。

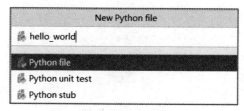

图 1-24　为 Python 文件命名

在创建好的 hello_world.py 文件中编写如下代码。

【示例 1】　hello_world.py

```
print ("hello world")
```

编写好的 hello_world.py 文件如图 1-25 所示。

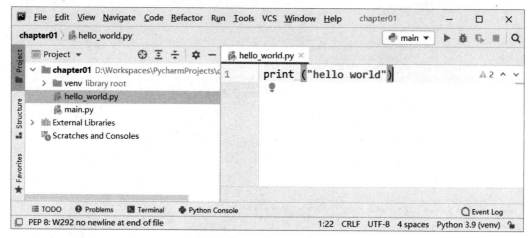

图 1-25　在 PyCharm 中编写代码

在图 1-25 所示界面的菜单栏中选择 Run→Run 'hello_world'命令运行 hello_world.py 文件（也可以在编辑区中右击选择 Run 'hello_world'来运行文件），如图 1-26 所示。

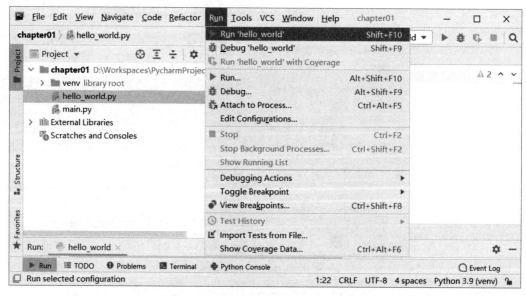

图 1-26　运行程序

程序运行结果会在 PyCharm 结果输出区进行显示，如图 1-27 所示。

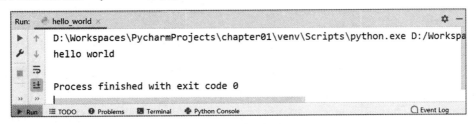

图 1-27　程序运行结果

# 1.3　快速开发Python程序

前两节介绍了 Python 的特点、安装以及开发工具的使用方法等，接下来介绍 Python 的编程约定、变量、输入/输出函数等知识，以帮助大家了解 Python 程序开发的通用知识，并了解如何快速开发 Python 程序。

## 1.3.1　开发第一个Python程序：模拟游戏币充值

生活中常常出现这样的场景：当玩某些游戏时会遇到游戏币充值，此时用户可根据需要在充值平台上输入要充值的账号和金额进行充值。充值成功后，会收到成功信息提示。如何使用 Python 模拟以上场景呢？

在编写代码前，先思考以下 3 个问题：

（1）如何接收用户输入的账号、充值金额。

（2）如何保存输入的账号与充值金额。

（3）如何提示用户充值成功。

我们可以使用 Python 中的 input()函数给出提示并接收用户输入的数据，使用变量保存用户输入的数据，使用 print()函数输出提示信息。按照这个思路，编写代码模拟游戏币充值的场景，具体如下。

**【示例 2】　模拟游戏币充值**

```
account_num = input('请输入要充值的账号：')
recharge_amount = input('请输入要充值的金额：')
print('账号' + account_num + '成功充值' + recharge_amount + '元')
```

上述程序中，第 1 行代码使用 input()函数给出提示、接收用户输入的账号，使用变量 account_num 存储用户输入的账号；第 2 行代码使用 input()函数给出提示、接收用户输入的充值金额，使用变量 recharge_amount 存储用户输入的充值金额；第 3 行代码使用 print()函数打印用户的账号及充值金额。

运行程序，按照提示依次输入账号和充值金额，程序的执行结果如下：

```
请输入要充值的账号：user1
请输入要充值的金额：100
账号 user1 成功充值 100 元
```

## 1.3.2　变量和常量

下面来尝试在 hello_world.py 中使用一个变量。在这个文件开头添加一行代码，并对第 2 行代码进行修改，如下所示：

```
message = "Hello Python world!"
print(message)
```

运行这个程序，看看结果如何。

```
Hello Python world!
```

我们添加了一个名为 message 的变量。每个变量都存储了一个值——与变量相关联的信息。在这里，存储的值为文本"Hello Python world!"。

添加变量导致 Python 解释器需要做更多工作。处理第 1 行代码时，它将文本"Hello Python world!"与变量 message 关联起来；而处理第 2 行代码时，它将与变量 message 关联的值打印到屏幕。

下面来进一步扩展这个程序：修改 hello_world.py，使其再打印一条消息。为此，在 hello_world.py 中添加一个空行，再添加下面两行代码：

```
message = "Hello Python world!"
print(message)

message = "Hello Python Crash Course world!"
print(message)
```

现在如果运行这个程序，将看到下面两行输出：

```
Hello Python world!
Hello Python Crash Course world!
```

在程序中可随时修改变量的值，而 Python 将始终记录变量的最新值。变量是计算机内存中的一块区域，可以存储规定范围内的值，而且值可以改变。常量是一块只读的内存区域，一旦初始化就不能修改。

### 1．数据的表示——变量

在 Python 程序运行的过程中随时可能产生一些临时数据，应用程序会将这些数据保存在内存单元中，并使用不同的标识符来标识各个内存单元。这些具有不同标识、存储临时数据的内存单元称为变量，标识内存单元的符号则为变量名（亦称标识符），内存单元中存储的数据就是变量的值。

Python 中定义变量的方式非常简单，只需要指定数据和变量名即可。变量的定义格式如下：

```
变量名 = 数据
```

变量名是标识符的例子。标识符是用来标识某样东西的名字。在 Python 中使用变量时，需要遵守一些规则和指南。违反这些规则将引发错误，而指南旨在让你编写的代码更容易阅读和理解。请务必牢记下述有关变量的规则。

> ➢ 变量名只能包含字母、数字和下画线。
> ➢ 变量名可以字母或下画线开头，但不能以数字开头，例如，可将变量命名为 message_1，但不能将其命名为 1_message。
> ➢ 变量名不能包含空格，但可使用下画线来分隔其中的单词。例如，变量名 greeting_message 可行，但变量名 greeting message 会引发错误。
> ➢ 标识符名称是区分大小写的。例如，myname 和 myName 不是一个标识符。注意前者中的小写 n 和后者中的大写 N。
> ➢ 不要将 Python 关键字和函数名用作变量名，即不要使用 Python 保留用于特殊用途的单词，如 print。
> ➢ 通俗易懂，见名知意。变量名应既简短又具有描述性。例如，name 比 n 好，student_name

比 s_n 好，name_length 比 length_of_persons_name 好。

➢ 如果变量名由两个或两个以上单词组成，则单词与单词之间使用下画线连接。

➢ 慎用小写字母 l 和大写字母 O，因为它们可能被人错看成数字 1 和 0。

要创建良好的变量名，需要经过一定的实践，在程序复杂而有趣时尤其如此。随着你编写的程序越来越多，并开始阅读别人编写的代码，将会越来越善于创建有意义的变量名。

有效标识符名称的例子有 i、__my_name、name_23 和 a1b2_c3。

无效标识符名称的例子有 2things、this is spaced out 和 my-name。

> **注意**
> 就目前而言，应使用小写的 Python 变量名。在变量名中使用大写字母虽然不会导致错误，但避免使用大写字母是个不错的主意。

### 2. 变量的赋值

Python 中的变量不需要声明，变量的赋值操作即是变量声明和定义的过程。每个变量均在内存中创建，都包括变量的标识、名称和值这些信息。例如：

```
x = 1
```

上面的代码创建了一个变量 x，并且赋值为 1，如图 1-28 所示。

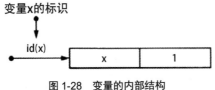

图 1-28　变量的内部结构

在 Python 中，我们可以先声明并初始化变量，然后修改变量值，如示例 3 所示。

**【示例 3】　声明并修改变量值**

```
# coding:UTF-8
num = 100                          # 声明并初始化变量
num = 90                           # 修改变量值
print(num)                         # 得到修改后的变量值
```

在示例中先定义变量 num，并且赋初值为 100，随后修改 num 的值为 90，所以最终得到的输出结果是 90。

Python 支持同时对多个变量赋值，如示例 4 所示。

**【示例 4】　给多个变量赋值**

```
# coding:UTF-8
a = (1,2,3)
(x, y, z) = a                      #❶
print("x = ", x)
print("y = ", y)
print("z = ", z)
```

首先定义了一个序列 a，这个序列有 3 个值：1、2、3。在代码❶处，把序列 a 的值分别赋值给序列(x, y, z)中的变量 x、y、z。运行示例代码，输出结果如下：

```
x =  1
y =  2
z =  3
```

通过序列的装包和拆包操作，实现了同时给多个变量赋值。

### 3. 常量

常量是指一旦初始化后就不能修改的固定值。例如，数字"1"、字符串"abc"都是常量。C++ 中使用 const 保留字指定常量，Java 使用 static 和 final 保留字指定常量，而 Python 并没有提供定义常量的保留字。Python 是一门功能强大的语言，用户可以自己定义一个常量类来实现常量的功能。

### 4. 使用del关键字删除变量

在 Python 中，所有的变量都会占据内存空间，如果变量不再使用，可以直接使用 del 关键字删除并释放它所占的内存空间。

**【示例5】 使用 del 关键字删除变量**

```
# coding:UTF-8
num = 100                              # 声明并初始化变量
del num                                # 删除 num 变量
print(num)                             # "错误" 无法继续使用 num 变量
```

程序执行结果：

```
NameError: name 'num' is not defined
```

本程序由于在输出 num 变量前使用 del 删除了该变量，所以在使用 print()方法时就会出现变量没有被定义的错误信息。

## 1.3.3  基本输入/输出

大多数程序都旨在解决用户的问题，为此通常需要从用户那里获取一些信息。Python 提供了用于实现输入/输出功能的 input()函数和 print()函数，下面分别对这两个函数进行介绍。通过获取用户输入并学会控制程序的运行时间，可编写出交互式程序。

### 1. input()函数

在程序需要一个名字时，你需要提示用户输入该名字；在程序需要一个名单时，你需要提示用户输入一系列名字。为此，你需要使用 input()函数。input()函数用于接收一个标准输入数据，该函数返回一个字符串类型数据，其语法格式如下：

```
input(*args, **kwargs)
```

下面通过一个模拟用户登录的案例，演示 print()函数与 input()函数的使用，具体如下。

**【示例6】 模拟用户登录**

```
# coding:UTF-8
user_name = input('请输入账号：')
password=input('请输入密码：')
print('登录成功！')
```

程序运行结果：

```
请输入账号： username
请输入密码： 12345
登录成功！
```

input()函数让程序暂停运行，等待用户输入一些文本，即要向用户显示的提示或说明，让用户知道该如何做。程序等待用户输入，并在用户按回车键后继续运行。获取用户输入后，Python 将其存储在一个变量中，以方便使用。

### 2．print()函数

print()函数用于向控制台输出数据，它可以输出任何类型的数据，该函数的语法格式如下：

```
print(*objects, sep=' ', end='\n', file=sys.stdout)
```

print()函数中各个参数的具体含义如下。

（1）objects：表示输出的对象。输出多个对象时，需要用逗号分隔。

（2）sep：用于间隔多个对象。

（3）end：用于设置以什么结尾。默认值是换行符\n。

（4）file：表示数据输出的文件对象。

下面通过一个打印信息的案例，演示 print()函数的使用，具体如下。

**【示例 7】　打印信息**

```
print("姓名：李四")
age = 18
print("年龄：", age)
print("掌握的编程语言：", end=" ")
print("C", end="、")
print("Java", end="、")
print("Python")
```

程序运行结果：

```
姓名：李四
年龄： 18
掌握的编程语言： C、Java、Python
```

## 1.3.4　良好的编程约定

程序的编写风格是一个人编写程序时表现出来的特点、习惯逻辑思路等。我们在开发程序时要重视其编写规范，程序不仅应该能够在机器上正确执行，还应便于调试、维护及阅读。

PEP8 是一份关于 Python 的编码规范指南，遵守该规范能够帮助 Python 开发者编写出优雅的代码，提高代码可读性。下面举例说明一些编程规范。

### 1．代码布局

（1）缩进。标准 Python 风格中每个缩进级别使用 4 个空格，不推荐使用制表符，禁止混用空格与 Tab 制表符。

（2）行的最大长度。每行最大长度为 79，换行可以使用反斜杠，但建议使用圆括号。

（3）空白行。顶层函数和定义的类之间空两行，类中的方法定义之间空一行；函数内逻辑无关的代码段之间空一行，其他地方尽量不要空行。

### 2．空格的使用

（1）右括号前不要加空格。

（2）逗号、冒号、分号前不要加空格。

（3）函数的左括号前不要加空格，如 fun(1)。

（4）序列的左括号前不要加空格，如 list[2]。

（5）操作符左右各加一个空格，如 a + b = c。

（6）不要将多条语句写在同一行。

（7）在 if、for、while 语句中，即使执行语句只有一句，也必须另起一行。

### 3. 代码注释

在大多数编程语言中，注释都是一项很有用的功能。在前面编写的程序中都只包含 Python 代码，但随着程序越来越大、越来越复杂，就应在其中添加说明，对解决问题的方法进行大致的阐述。注释让你能够使用自然语言在程序中添加说明。

#### （1）如何编写注释

在 Python 中，注释用井号"#"标识。井号后面的内容都会被 Python 解释器忽略，如下所示：

```
# 向大家问好
print("Hello Python people!")
```

Python 解释器将忽略第 1 行，只执行第 2 行。

```
Hello Python people!
```

#### （2）注释的分类

①块注释。块注释跟随被注释的代码，缩进至与代码相同的级别。块注释使用"#"开头。

②行内注释。行内注释是与代码语句同行的注释。行内注释与代码至少由两个空格分隔，注释以"#"开头。

③文档字符串。文档字符串指的是为所有公共模块、函数、类以及方法编写的文档说明。文档字符串使用三引号包裹。

**【示例 8】 定义单行注释对程序语句进行说明**

```
# coding:UTF-8
# 以下语句的功能是在屏幕上进行信息输出，格式为：print("输出内容")或 print('输出内容')
print("Python 语言官网 https://www.python.org")      # 屏幕上输出信息（双引号"""定义）
print('Python 语言官网 https://www.python.org')      # 屏幕上输出信息（单引号"'"定义）
```

**【示例 9】 使用多行注释进行功能描述**

```
# coding:UTF-8
"""
以下语句的功能是在屏幕上进行信息输出，格式为：print("输出内容")或 print('输出内容')
    Python 语言程序设计始终引领新时代技术格局，更多信息请登录：www.python.org
"""
print("Python 官网 https://www.python.org/ ")        # 信息输出
```

## 1.3.5 技能训练

**上机练习 1　变量与注释的使用**

### 需求说明

请完成下面的练习，在做每个练习时，都编写一个独立的程序。保存每个程序时，使用符合标准 Python 约定的文件名：使用小写字母和下画线，如 simple_message.py 和 simple_messages.py。

（1）简单消息：将一条消息存储到变量中，再将其打印出来。

（2）多条简单消息：将一条消息存储到变量中，将其打印出来；再将变量的值修改为一条新消息，并将其打印出来。

（3）添加注释：选择你编写的两个程序，在每个程序中都至少添加一条注释。如果程序太简单，实在没有什么需要说明的，就在程序文件开头加上你的姓名和当前日期，再用一句话阐述程序的功能。

# 1.4　Python程序执行原理

## 1.4.1　运行hello_world.py时发生的情况

运行 hello_world.py 时，Python 都做了些什么呢？下面来深入研究一下。实际上，即便是运行简单的程序，Python 所做的工作也相当多。

【示例 10】　hello_world.py
```
print("Hello Python world!")
```

运行上述代码时，你将看到如下输出：
```
Hello Python world!
```

运行文件 hello_world.py 时，末尾的.py 指出这是一个 Python 程序，因此编辑器将使用 Python 解释器来运行它。Python 解释器读取整个程序，确定其中每个单词的含义。例如，看到单词 print 时，解释器就会将括号中的内容打印到屏幕，而不会管括号中的内容是什么。

编写程序时，编辑器会以各种方式突出程序的不同部分。例如，它知道 print 是一个函数的名称，因此将其显示为蓝色；它知道 "Hello Python world!" 不是 Python 代码，因此将其显示为橙色。这种功能称为语法突出，在你刚开始编写程序时很有帮助。

## 1.4.2　Python的文件类型

Python 的文件类型主要分为 3 种，分别是源代码、字节代码和优化代码。这些代码都可以直接运行，不需要进行编译或者连接。这正是 Python 语言的特性，Python 的文件通过 python.exe 或 pythonw.exe 解释执行。

### 1. 源代码

Python 源代码的文件以 py 为扩展名，由 python.exe 解释，可以在控制台上运行。用 Python 语言写的程序不需要编译成二进制代码，可以直接运行源代码。pyw 是程序开发图形用户界面（GUI）的源文件的扩展名，作为桌面应用程序，这种文件是专门用于开发图形界面的，由 pythonw.exe 解释运行。py 和 pyw 类型的文件可以用文本工具打开并进行编辑。

### 2. 字节代码

Python 源文件经过编译后生成扩展名为 pyc 的文件，pyc 文件是编译过的字节文件。这种文件不能使用文本工具打开或修改。pyc 文件是与平台无关的。因此 Python 的程序可以运行在 Windows、UNIX 和 Linux 等操作系统上。py 文件直接运行后即可得到 pyc 类型的文件或者通过脚本生成该类型的文件。例如，下面这段脚本可以把 hello_world.py 文件编译为 hello_world.pyc 文件：
```
import py_compile
py_compile.compile("hello_world.py")
```

### 3. 优化代码

经过优化的源文件生成扩展名为 pyo 的文件，pyo 类型的文件需要命令行工具生成，pyo 文件也不能使用文本工具打开或修改。例如，用下面的步骤把 hello_world.py 文件编译成 hello_world.pyo 文件。

（1）启动命令窗口，进入 hello_world.py 文件所在目录。

（2）在命令行中输入 "python -O -m py_compile hello_world.py"。

> ➢ 参数-O 表示生成优化代码。
> ➢ 参数-m 表示把导入的 py_compile 模块作为脚本运行。编译 hello_world.pyo 需要调用 py_compile 模块中的 compile()方法。
> ➢ 参数 hello_world.py 是待编译的文件名。

编译完成后，会发现在 hello.py 的目录下已经生成了一个 hello_world.pyo 文件。

## 1.4.3　Python是一种解释型语言

Python 是一种解释型语言，它的源代码不需要编译，可以直接运行。Python 解释器将源代码转换为字节码，然后把编译好的字节码转发到 Python 虚拟机（Python Virtual Machine，PVM）中执行。接下来，通过一张图来描述 Python 程序的执行过程，如图 1-29 所示。

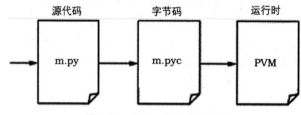

图 1-29　Python 程序执行过程

在图 1-29 中，当我们运行 Python 程序时，Python 解释器会执行下面两个步骤。

**（1）把源代码编译成字节码**

编译后的字节码是特定于 Python 的一种表现形式，它不是二进制的机器码，需要进一步编译才能被机器执行，这也是 Python 代码无法运行得像 C/C++一样快的原因。如果 Python 进程在计算机上拥有写入权限，那么它将把程序的字节码保存为一个扩展名为 pyc 的文件；如果 Python 无法在计算机上写入字节码，那么字节码将会在内存中生成并在程序结束时自动丢弃。在构建程序时，最好给 Python 赋予在计算机上写入的权限，这样只要源代码没有改变，生成的 pyc 文件就可以重复利用，提高执行效率。

**（2）把编译好的字节码转到 Python 虚拟机中执行**

Python 虚拟机是 Python 的运行引擎，是 Python 系统的一部分，它是迭代运行字节码指令的一个大循环，一个接一个地完成操作。

## 1.4.4　技能训练

**上机练习 2　　海洋单位距离的换算**

**需求说明**

在陆地上可以使用参照物确定两点间的距离，使用厘米、米、千米等作为计量单位，而海上缺少参照物，人们将赤道上经度的 1 分对应的距离记为 1 海里，使用海里作为海上计量单位。千米与海里可以通过以下公式换算：

```
海里=千米/1.852
```

编写程序，实现千米与海里的换算。

上机练习3　　打印学生证

**需求说明**

学生证上面一般会有盖着学校钢印的本人一寸彩色或者黑白照片，如是大学生，会有你所在学院以及班级，还有你的在校年限（入学时间—毕业时间）。学生持学生证乘坐火车、汽车、外出旅游等可以享受优惠待遇。编写程序，模拟输出如图 1-30 所示的学生证信息。

```
┌──────────────────────────────┐
│  XXXX 大学学生证                │
│  ----------------------       │
│  姓名：张三                    │
│  性别：男                      │
│  民族：汉族                    │
│  出生年月：2003-2-2            │
│  籍贯：湖南长沙                │
│  学院：信息技术学院            │
│  班级：计算机 1 班             │
│  入学年月：2021-9-1            │
└──────────────────────────────┘
```

图 1-30　学生证信息

## 本章总结

本章主要介绍了 Python 的一些入门知识，包括 Python 的特点、版本、应用领域、开发环境的搭建、编程规范、变量、输入/输出函数等。通过本章的学习，希望学生能够独立搭建 Python 开发环境，并对 Python 开发有初步的认识，为后续学习做好铺垫。

## 本章作业

**一、填空题**

1. Python 是由荷兰人＿＿＿＿＿＿＿＿＿＿开发的。

2. Python 是一种面向＿＿＿＿＿＿＿＿＿＿语言。

3. 由于 Python 具有良好的＿＿＿＿＿＿＿＿＿，因此 Python 编写的程序可以在任何平台上执行。

4. 缩进是 Python 的编码规范之一，Python 每个缩进级别为 4 个空格，可使用一个＿＿＿＿＿＿＿＿＿代替，但禁止其与空格混用。

5. Python 解释器安装完成后，在 Windows 或 Linux 的命令行中输入＿＿＿＿＿＿＿＿＿＿命令，可进入 Python 解释器。

**二、判断题**

1. Python 具有丰富的第三方库。（　　　）

2. Python 2 与 Python 3 中的异常处理方式相同。（　　　）

3. PyCharm 是一个完全免费的 IDE 工具。（　　　）

**三、选择题**

1. Python 程序文件的扩展名是（　　　）。

　　A．python　　　　　　　B．py　　　　　　　　　　C．pt　　　　　　　　　　D．py

2. 下列选项中，不属于 Python 特点的是（    ）。

    A．面向对象        B．运行效率高        C．可读性好        D．开源

3. 关于 Python 命名规范的说法中，下列描述错误的是（    ）。

    A．模块名、包名应简短且全为小写        B．类名首字母一般使用大写

    C．常量通常使用全大写命名          D．函数名中不可使用下画线

4. 关于 input()函数与 print()函数的说法中，下列描述错误的是（    ）。

    A．input()函数可以接收使用者输入的数据

    B．input()函数会返回一个字符串类型数据

    C．print()函数可以输出任何类型的数据

    D．print()函数输出的数据不支持换行操作

5. 下列选项中合法的标识符是（    ）。

    A．_7a_b        B．break        C．_a$b        D．7ab

## 四、简答题

1. 请简述 Python 的特点。

2. 请简述 Python 2 与 Python 3 的区别。

3. 简述 Python 的应用领域（至少 5 个）。

4. 简述 PyCharm 的便捷功能（至少 3 点）。

## 五、编程题

1. 使用 PyCharm IDE 编写 Python 程序，打印出以下符号：

=。=:)

2. 请使用 Python 中的 print()函数输出"I'm from China"。

# 第 2 章
# Python 基础语法

## 本章目标

◎ 了解数字类型的表示方法。

◎ 掌握数字类型转换函数。

◎ 掌握字符串的格式化输出。

◎ 掌握字符串的常见操作。

◎ 掌握字符串的索引与切片。

◎ 熟练使用运算符，明确混合运算中运算符的优先级。

## 本章简介

Python 的语法非常简练，因此 Python 编写的程序可读性强、容易理解，本章将介绍 Python 的基本语法及其概念。数据类型是构成编程语言语法的基础，不同的编程语言有不同的数据类型，但都具有常用的几种数据类型。Python 有几种内置的数据类型——数字、字符串、元组、列表和字典，本章将重点介绍数字和字符串数据类型。数字和字符串是 Python 程序中基本的数据类型，其中数字类型分为整型、浮点型、复数类型等，可通过运算符进行各种数学运算。Python 的语法与其他高级语言有很多不同之处，它使用了一些标记作为语法的一部分，如空格缩进、冒号等。本章将对 Python 的数据类型、各种形式 Python 数据的表示方法以及 Python 的基本运算进行讲解，并通过实例带领大家掌握它们的使用方法。

## 技术内容

## 2.1 数字类型

在编程中，经常使用数字来记录游戏得分、表示可视化数据、存储 Web 应用信息等。Python 根据数字的用法以不同的方式处理它们。鉴于整数使用起来最简单，下面就先来看看 Python 是如何管理它们的。

### 2.1.1 数字类型的表示方法

表示数字或数值的数据类型称为数字类型。Python 的内置数字类型分为整型（int）、浮点型

（float）、复数类型（complex），它们分别对应数学中的整数、小数和复数，此外，还有一种比较特殊的整型——布尔类型（bool）。Python 没有字符类型。使用 Python 编写程序时，不需要声明变量的类型，整型、长整型可以用二进制、八进制、十六进制。由于 Python 不需要显式地声明变量的类型，因此变量的类型由 Python 内部管理，在程序的后台实现数值与类型的关联，以及类型转换等操作。下面针对 Python 中的这 4 种数字类型分别进行讲解。

### 1．整型

类似-2、-1、0、1、2 这样的数据称为整型数据（简称整数）。在 Python 中，可以使用 4 种进制表示整型，分别为二进制（以"0B"或"0b"开头）、八进制（以"0o"或"0O"开头）、十进制（默认表示方式）和十六进制（以"0x"或"0X"开头）。例如，使用二进制、八进制和十六进制表示十进制的整数 10 的示例代码具体如下：

```
0b1010                          #二进制
0o12                            #八进制
0xA                             #十六进制
```

### 2．浮点型

Python 将带小数点的数据都称为浮点数，类似 1.2、0.5、3.14、-1.4、3.12e2 这样的数据被称为浮点型数据。大多数编程语言都使用了这个术语，它指出了这样一个事实：小数点可出现在数字的任何位置。浮点型数据用于保存带有小数点的数值，Python 的浮点数一般以十进制形式表示，对于较大或较小的浮点数，可以使用科学计数法表示。例如：

```
num_a = 3.14                    # 十进制形式表示
num_b = 2e3                     # 科学计数法表示(2*10³，即2000，e表示底数10)
num_c = 2e-2                    # 科学计数法表示(2*10⁻²，即0.02，e表示底数10)
```

### 3．复数类型

类似 3+2j、3.1+4.9j、-2.3-1.9j 这样的数据被称为复数，Python 中的复数有以下 3 个特点：

➢ 复数由实部和虚部构成，一般形式为 real+imagj。

➢ 实部 real 和虚部 imag 都是浮点型。

➢ 虚部必须有后缀 j 或 J。

在 Python 中有两种创建复数的方式：一种是按照复数的一般形式直接创建，另一种是通过内置函数 complex()创建。例如：

```
num_one = 3 + 2j                # 按照复数形式使用赋值运算符直接创建
num_two = complex(3, 2)         # 使用内置函数 complex()创建
```

📌 注意

复数类型的写法与数学中的写法类似，但是写为 c = 7 + 8i，则 Python 不能识别其中的"i"，将提示语法错误。

### 4．布尔类型

Python 中的布尔类型（bool）只有两个取值：True 和 False。实际上，布尔类型是一种特殊的整型，其中 True 对应的整数为 1，False 对应的整数为 0。Python 中的任何对象都可以转换为布尔类型，若要进行转换，则符合以下条件的数据都会被转换为 False。

➢ None。

➢ 任何为 0 的数字类型，如 0、0.0、0j。

➢ 任何空序列，如""、()、[]。

> ➤ 任何空字典，如{}。
> ➤ 用户定义的类实例，如类中定义了__bool__()或者__len__()。

除以上对象外，其他的对象都会被转换为 True。可以使用 bool()函数检测对象的布尔值。例如：

```
>>>bool(None)
False
>>>bool(0)
False
>>>bool([])
False
>>>bool (2)
True
```

## 2.1.2　技能训练 1

**上机练习 1**　　*根据身高体重计算 BMI 指数*

**需求说明**

BMI 指数即身体质量指数，是目前国际常用的衡量人体胖瘦程度以及是否健康的一个标准。BMI 指数计算公式如下：

身体质量指数（BMI）= 体重（kg）÷[身高(m)]$^2$

编写程序，实现根据输入的身高、体重计算 BMI 值的功能。

## 2.1.3　类型转换函数

在 Python 程序中，不同的基本类型的值经常需要进行相互的类型转换，类型转换分为自动类型转换和强制类型转换。

### 1．自动类型转换

Python 的所有数值型变量可以进行相互转换，如果系统支持把某种基本类型的值直接赋值给另一种基本类型的变量，则这种方式称为自动类型转换。当把一个表述范围较小的数值或变量直接赋给另外一个表述范围较大的变量时，系统将可以进行自动类型转换，否则需要强制类型转换。

**【示例 1】**　*数据类型转换*

```
# coding:UTF-8
num_a = 10                    # 定义整型数据
num_b = 20.5                  # 定义浮点型数据
result = num_a + num_b        # result 保存计算结果
print(result)                 # 输出计算结果
print(type(result))           # 获取 result 类型
```

num_a 为整型，num_b 为浮点型，所以在操作时会将整型自动转为浮点型进行计算。运行代码，控制台输出结果如下：

```
30.5
<class 'float'>
```

### 2．强制类型转换

Python 内置了一系列可实现强制类型转换的函数，保证用户在有需求的情况下，将目标数据转换为指定的类型。数字间进行转换的函数有 int()、float()、str()，这些函数的功能说明如表 2-1 所示。

表 2-1  类型转换函数的功能说明

| 函　　数 | 说　　明 |
| --- | --- |
| int() | 将浮点型、布尔类型和符合数值类型规范的字符串转换为整型 |
| float() | 将整型和符合数值类型规范的字符串转换为浮点型 |
| str() | 将数值类型转换为字符串 |

通过代码演示这些函数的使用方法，具体如下：

```
>>> int(3.6)                              #浮点型转整型，小数部分被截断
3
>>> float (3)                             #整型转浮点型
3.0
```

**（1）int()函数**

我们可以方便地使用 int()函数将其他的 Python 数据类型转换为整型。它会保留传入数据的整数部分并舍去小数部分。Python 里最简单的数据类型是布尔型，它只有两个可选值：True 和 False。当转换为整数时，它们分别代表 1 和 0：

```
>>>int(True)
1
>>>int(False)
0
```

当将浮点数转换为整数时，所有小数点后面的部分会被舍去：

```
>>>int(98.6)
98
>>>int(1.0e4)
10000
```

也可以将仅包含数字和正负号的字符串转换为整数，下面有几个例子：

```
>>>int('99')
99
>>>int('-23')
-23
>>>int('+12')
12
```

将一个整数转换为整数没有太大意义，既不会产生任何改变也不会造成任何损失：

```
>>>int(12345)
12345
```

**【示例 2】  通过 int()函数将字符串转换为整型**

```
# coding:UTF-8
str = "118"                                # 定义字符串型数据
num_f = 168.2                              # 定义浮点型数据
num_bol = True                             # 定义浮点型数据，数字 1 表示 True
result = int(str) + int(num_bol) + int(num_f)    # 整型加法计算
print(result)                              # 输出计算结果
print(type(result))                        # 观察数据类型
```

利用 int()函数将字符串、浮点型（不保留小数点）和布尔型变为整型后进行加法计算操作。运行代码，控制台输出结果如下：

```
287
<class 'int'>
```

**（2）float()函数**

整数全部由数字组成，而浮点数（在 Python 里称为 float）包含非数字的小数点。浮点数与整数很像：你可以使用运算符（+、-、*、/、//、** 和 %）以及 divmod()函数进行计算。使用 float()函数可以将其他数字类型转换为浮点型。与之前一样，布尔型在计算中等价于 1.0 和 0.0：

```
>>>float(True)
1.0
>>>float(False)
0.0
```

将整数转换为浮点数仅需要添加一个小数点：

```
>>>float(98)
98.0
>>>float('99')
99.0
```

此外，也可以将包含有效浮点数（数字、正负号、小数点、指数及指数的前缀 e）的字符串转换为真正的浮点型数字：

```
>>>float('98.6')
98.6
>>>float('-1.5')
-1.5
>>> float('1.0e4')
10000.0
```

在使用类型转换函数时有两点需要注意：

➢ int()函数、float()函数只能转换符合数字类型格式规范的字符串。

➢ 使用 int()函数将浮点数转换为整数时，若有必要会发生截断（取整），而非四舍五入。

用户在使用类型转换函数时，必须考虑到以上两点，否则可能会因字符串不符合要求而导致在转换时产生错误，或因截断而产生预期之外的计算结果。

**（3）str()函数**

我们经常需要在消息中使用变量的值。例如，要祝朋友生日快乐，可能会编写以下的代码：

```
age = 23
message = "Happy " + age + "th Birthday!"
print(message)
```

你可能认为，上述代码会打印一条简单的生日祝福语：Happy 23th Birthday!。但如果你运行这些代码，将发现它们会引发错误：

```
Traceback (most recent call last):
  File "Demo.py", line 2, in <module>
    message = "Happy " + age + "th Birthday!"
TypeError: can only concatenate str (not "int") to str      #❶
```

这是一个类型错误，意味着 Python 无法识别你使用的信息。在这个示例中，Python 发现你使用了一个值为整数（int）的变量，但它不知道该如何解读这个值（见❶）。Python 知道，这个变量表示的可能是数值 23，也可能是字符 2 和 3。像上面这样在字符串中使用整数时，需要显式地指出你希望 Python 将这个整数用作字符串。为此，可调用函数 str()，它让 Python 将非字符串值表示为字符串：

```
age = 23
message = "Happy " + str(age) + "rd Birthday!"
print(message)
```

这样，Python 就知道你要将数值 23 转换为字符串，进而在生日祝福消息中显示字符 2 和 3。经过上述处理后，将显示你期望的消息，而不会引发错误：

```
Happy 23rd Birthday!
```

大多数情况下，在 Python 中使用数字都非常简单。如果结果出乎意料，请检查 Python 是否按你期望的方式将数字解读为了数值或字符串。

**【示例 3】 键盘输入数据实现数字加法计算**

```
# coding:UTF-8
# 将键盘输入的数据直接利用 float()函数转为浮点型
num_a = float(input("请输入第一个数字："))
num_b = float(input("请输入第二个数字："))
result = num_a + num_b                              # 执行加法计算，类型为浮点型
print(str(num_a) + " + " + str(num_b) + " = "+ str(result))
```

非字符串数据使用+与字符串连接时，必须使用 str()函数进行转换，否则将出现"TypeError"错误。运行代码，控制台输出结果如下：

```
请输入第一个数字：10
请输入第二个数字：3.14
10.0 + 3.14 = 13.14
```

## 2.1.4  技能训练 2

**上机练习 2  指出你最喜欢的数字**

**需求说明**

将你最喜欢的数字存储在一个变量中，再使用这个变量创建一条消息，指出你最喜欢的数字，然后将这条消息打印出来。

**上机练习 3  模拟商店收银抹零行为**

**需求说明**

在商店购买东西时，可能会遇到这样的情况：挑选完商品进行结算时，商品的总价带有 0.1 元或 0.2 元的零头，商店老板在收取现金时经常会将这些零头抹去。

编写程序，模拟实现商店收银抹零行为。

## 2.2  字符串

大多数程序都定义并收集某种数据，然后使用它们来做些有意义的事情。鉴于此，对数据进行分类大有裨益。字符串虽然看似简单，但能够以很多不同的方式使用。

### 2.2.1  字符串的定义

字符串是一种用来表示文本的数据类型，它是由符号或者数值组成的一个连续序列。Python 中的字符串是不可变的，一旦创建便不可修改。Python 支持使用单引号、双引号和三引号定义字符串，其中，单引号和双引号通常用于定义单行字符串，三引号通常用于定义多行字符串与制作文档字符串。

#### 1. 定义单行字符串

在 Python 中，用引号括起的都是字符串，其中的引号可以是单引号，也可以是双引号，单引号

和双引号的作用是等价的，如下所示：

```
"This is a string."
'This is also a string.'
```

定义字符串时单引号与双引号可以嵌套使用。需要注意的是，在使用双引号表示的字符串中允许嵌套单引号，但不允许包含双引号。这种灵活性让你能够在字符串中包含引号和撇号，例如：

```
"Let's go"                                          #单引号双引号混合使用
'I told my friend, "Python is my favorite language!"'
"The language 'Python' is named after Monty Python, not the snake."
"One of Python's strengths is its diverse and supportive community."
```

此外，如果单引号或者双引号中的内容包含换行符，那么字符串会被自动换行。例如：

```
double_symbol= "hello \nPython"
```

程序输出结果：

```
hello
Python
```

### 2. 定义多行字符串

三引号在创建短字符串时没有什么特殊用处。它多用于创建多行字符串。使用三引号（三个单引号或者三个双引号）定义多行字符串时，在字符串中可以包含换行符、制表符或者其他特殊的字符。例如：

```
three_symbol = """my name is Python
                   my name is Python""" #使用三引号定义字符串
```

输出以上使用三引号定义的字符串，输出结果如下：

```
my name is Python
                   my name is Python
```

三引号是 Python 特有的语法，在三引号中可以输入单引号、双引号或换行符等字符：

```
# 三引号的用法
str = ''' he say "hello world!" '''
print(str)
```

代码的三引号中带有双引号，双引号也会被输出。输出结果如下：

```
he say "hello world!"
```

### 3. 制作文档字符串

三引号的另一种用法是制作文档字符串。Python 的每个对象都有一个属性__doc__，这个属性用于描述该对象的作用，如示例 4 所示。

🔘 【示例 4】　用三引号制作 doc 文档

```
# 用三引号制作 doc 文档
class Hello:
    '''hello class'''
    def printHello():
        '''print hello world'''
print("hello world!")
print(Hello.__doc__)
print(Hello.printHello.__doc__)
```

运行代码，控制台输出结果如下：

```
hello class
print hello world
```

#### 4．转义字符

如果要输出含有特殊字符（单引号、双引号等）的字符串，需要使用转义字符。Python 中的转义字符为 "\"，和 C、Java 中的转义字符符号相同。转义操作只要在特殊字符的前面加上 "\" 即可。Python 中的常用转义字符如表 2-2 所示。

表 2-2　Python 中的转义字符

| 转义字符 | 描　　述 | 转义字符 | 描　　述 |
| --- | --- | --- | --- |
| \（在行尾时） | 续行符 | \\ | 反斜杠符号 |
| \' | 单引号 | \" | 双引号 |
| \n | 换行 | \t | 横向制表符 |

下面这段代码说明了特殊字符的转义用法：

```
str = 'he say: \'hello world!\''
print(str)
```

代码中的单引号是特殊字符，需要在 "'" 前加上转义字符。代码的输出结果如下：

```
he say: 'hello world!'
```

使用双引号或三引号可以直接输出含有特殊字符的字符串，不需要使用转义字符：

```
str1= "he say :'hello world!' "
str2 ='''he say :'hello world!' '''
```

这两行代码的输出结果均为：

```
he say :'hello world!'
```

代码中使用了双引号表示字符串变量 str1，因此 Python 能够识别出该双引号内部的单引号是要输出的字符。代码使用三引号表示字符串变量 str2，注意，最后一个单引号后面留有一个空格，这个空格是为了让 Python 识别出三引号留下的。如果不留下这个空格，4 个单引号连在一起，Python 解释器就不能正确识别三引号，将提示如下错误：

```
SyntaxError: EOL while scanning single-quoted string
```

注意

　　输出的字符串中如果含有单引号，则需要使用双引号表示字符串；输出的字符串中如果含有双引号，则需要使用单引号表示字符串。

### 2.2.2　字符串的格式化输出

Python 的字符串可通过占位符%、format()方法和 f-strings 三种方式实现格式化输出，下面分别介绍这三种方式。

#### 1．占位符%

利用占位符%对字符串进行格式化时，Python 会使用一个带有格式符的字符串作为模板，这个格式符用于为真实值预留位置，并说明真实值应该呈现的格式。例如：

```
>>> name= '张三'
>>> '你好，我叫%s' % name
```

'你好，我叫张三'

一个字符串中可以同时含有多个占位符。例如：

```
>>> name = '张三'
>>> age = 12
>>> '你好，我叫%s，今年我%d 岁了。' % (name, age)
'你好，我叫张三，今年我 12 岁了。'
```

上述代码首先定义了变量 name 与 age，然后使用两个占位符%进行格式化输出，因为需要对两个变量进行格式化输出，所以可以使用"()"将这两个变量赋值存储起来。

不同的占位符为不同的变量预留位置，常见的占位符如表 2-3 所示。

表 2-3　常见占位符

| 符　号 | 说　明 | 符　号 | 说　明 |
| --- | --- | --- | --- |
| %s | 字符串 | %X | 十六进制整数（A~F 为大写） |
| %d | 十进制整数 | %e | 指数（底写为 e） |
| %o | 八进制整数 | %f | 浮点数 |
| %x | 十六进制整数（a~f 为小写） | | |

占位符%不仅可以通过格式化标记进行字符串格式化，还可以通过辅助标记实现精度控制输出，如示例 5 所示。

【示例 5】　**通过辅助标记实现精度控制输出**

```
num_a = 10.225423423423
num_b = 20.34
print("数字一：%5.2f、数字二：%010.2f" % (num_a, num_b))
```

运行代码，控制台输出结果如下：

数字一：10.23、数字二：0000020.34

"%5.2f"：表示总长度为 5（包含小数点），其中小数位长度为 2；"%010.2f"：表示总长度为 10（包含小数点），其中小数位长度为 2，如果位数不足则补 0。可以通过辅助标记实现浮点数据的显示，同时利用长度的限制方便地实现四舍五入功能。

使用占位符%时需要注意变量的类型，若变量类型与占位符不匹配，程序会产生异常。例如：

```
>>> name = '张三'
>>> age = '12'
>>> '你好，我叫%s，今年我%d 岁了。' % (name, age)
Traceback (most recent calllast) :
File "<stdin>", line 1, in <module>
TypeError;&d format: a number is required, not str
```

以上代码使用占位符%d 对字符串变量 age 进行格式化，由于变量类型与占位符不匹配，因此出现了 TypeError 异常。

### 2. format()方法

format()方法同样可以对字符串进行格式化输出，与占位符%不同的是，使用 format()方法不需要关注变量的类型。format()方法的基本使用格式如下：

```
<字符串>. format (<参数列表>)
```

在 format()方法中，使用"{}"为变量预留位置。例如：

```
>>> name = '张三'
>>> age = 12
```

```
>>> '你好，我的名字是:{}，今年我{}岁了。'.format(name,age)
'你好，我的名字是:张三，今年我 12 岁了。'
```

其中使用"{}"定义了最为基础的格式化数据占位标记，在进行数据填充时，只需要按照 format()函数标记的顺序传入所需要的数据就可以形成最终所需要的内容。如果字符串中包含多个"{}"，并且"{}"内没有指定任何序号（从 0 开始编号），那么默认按照"{}"出现的顺序分别用 format()方法中的参数进行替换；如果字符串的"{}"中明确指定了序号，那么按照序号对应的 format()方法的参数进行替换。例如：

```
>>> name= '张三'
>>> age=12
>>> ' 你好，我的名字是:{1}，今年我{0}岁了。'. format (age, name)
'你好，我的名字是:张三，今年我 12 岁了。,
```

format()方法还可以对数字进行格式化，包括保留 n 位小数、数字补齐和显示百分比，下面分别进行介绍。

（1）保留 n 位小数。使用 format()方法可以保留浮点数的 n 位小数，其格式为"{:.nf}"，其中 n 表示保留的小数位数。例如，变量 pi 的值为 3.1415，使用 format()方法保留 2 位小数：

```
>>> pi =3.1415
>>> '{:.2f}'.format(pi)
'3.14'
```

上述示例代码中，使用 format()方法保留变量 pi 的两位小数，其中"{:.2f}"可以分为"{:}"与".2f"，{:}表示获取变量 pi 的值，".2f"表示保留两位小数。

（2）数字补齐。使用 format()方法可以对数字进行补齐，其格式为"{:m>nd}"，其中 m 表示补齐的数字，n 表示补齐后数字的长度。例如，某个序列编号从 001 开始，此种编号可以在 1 之前使用两个"0"进行补齐：

```
>>> num=1
>>> '{:0>3d}'.format(num)
'001'
```

上述示例代码中，使用 format()方法对变量 num 的值进行补"0"操作，其中"{:0>3d}"的"0"表示要补的数字，">"表示在原数字左侧进行补充，"3"表示补充后数字的长度。

（3）显示百分比。使用 format()方法可以将数字以百分比形式显示，其格式为"{:.n%}"，其中 n 表示保留的小数位。例如，变量 num 的值为 0.1，将 num 值保留 0 位小数并以百分比格式显示：

```
>>> num=0.1
>>> '{:.0%}'.format(num)
'10%'
```

上述示例代码中，使用 format()方法将变量 num 的值以百分比形式显示，其中"{:.0%}"的"0"表示保留的小数位。

### 3．f-strings

f-strings 是从 Python 3.6 版本开始加入 Python 标准库的内容，它提供了一种更为简洁的格式化字符串方法。f-strings 在格式上以 f 或 F 引领字符串，字符串中使用{}标明被格式化的变量。f-strings 本质上不再是字符串常量，而是在运行时运算求值的表达式，所以在效率上优于占位符%和 format()方法。

使用 f-strings 不需要关注变量的类型，但是仍然需要关注变量传入的位置。例如：

```
>>> address='湖南'
>>> f'欢迎来到{address}。'
'欢迎来到湖南。'
```

使用 f-strings 还可以进行多个变量格式化输出。例如：

```
>>> name='张天'
>>> age=20
>>> gender='男'
>>> f'我的名字是{name}，今年{age}岁了，我的性别是{gender}.'
'我的名字是张天，今年 20 岁了，我的性别是男。'
```

## 2.2.3　字符串的常见操作

字符串在实际开发中会经常用到，掌握字符串的常用操作有助于提高代码编写效率。下面介绍针对字符串的常见操作。

### 1．字符串拼接

在 Python 中，可以使用 "+" 符号将多个字符串或字符串变量拼接起来，如下所示：

```
>>> 'Hello ' + 'Python!'
'Hello Python!'
```

也可以直接将一个字面字符串（非字符串变量）放到另一个的后面直接实现拼接：

```
>>> "Hello " "Python!"
'Hello Python!'
```

进行字符串拼接时，Python 并不会自动添加空格，而需要显式定义。但当我们调用 print() 进行打印时，Python 会在各个参数之间自动添加空格并在结尾添加换行符：

```
>>> a = 'Duck.'
>>> b = a
>>> c = 'Grey Duck!'
>>> a + b + c
'Duck.Duck.Grey Duck!'
>>>print(a, b, c)
Duck. Duck. Grey Duck!
```

### 2．字符串替换

字符串的 replace() 方法可使用新的子串替换目标字符串中原有的子串，其语法格式如下：

```
str.replace(old, new,count= None)
```

上述语法中，参数 old 表示原有子串；参数 new 表示新的子串；参数 count 用于设置替换次数。使用 replace() 方法可实现字符串替换。例如：

```
>>> word = '我是张三，我今年 28 岁'
>>>word.replace('我','他')
'他是张三，他今年 28 岁'
>>>word.replace('我','他',1)
'他是张三，我今年 28 岁'
```

如果在字符串中没有找到匹配的子串，会直接返回原字符串。例如：

```
>>> word= '我是张三，我今年 28 岁'
>>>word.replace('他','我')
'我是张三，我今年 28 岁'
```

### 3．使用*复制

使用 * 可以进行字符串复制。试着把下面几行代码输入到交互式解释器里，看看结果是什么：

```
start = 'Na ' * 4 + '\n'
middle = 'Hey ' * 3 + '\n'
```

```
end = 'Goodbye.'
print(start + start + middle + end)
```

运行代码，控制台输出结果如下：

```
Na NaNaNa
Na NaNaNa
Hey HeyHey
Goodbye.
```

### 4．使用[]提取字符

在字符串名后面添加[]，并在括号里指定偏移量，可以提取该位置的单个字符。第一个字符（最左侧）的偏移量为 0，下一个是 1，以此类推。最后一个字符（最右侧）的偏移量也可以用-1 表示，这样就不必从头数到尾。偏移量从右到左紧接着为-2、-3，以此类推。

```
>>> letters = 'abcdefghijklmnopqrstuvwxyz'
>>>letters[0]
'a'
>>>letters[1]
'b'
>>>letters[-1]
'z'
>>>letters[-2]
'y'
>>>letters[25]
'z'
>>>letters[5]
'f'
```

如果指定的偏移量超过了字符串的长度（记住，偏移量从 0 开始增加到字符串长度-1），会得到一个异常提醒：

```
>>>letters[100]
Traceback (most recent call last): File "<stdin>", line 1, in <module>
IndexError: string index out of range
```

位置索引在其他序列类型（列表和元组）中的使用也是如此，你将在后面章节见到。

### 5．使用len()获得长度

到目前为止，我们已经学会了使用许多特殊的符号（如 +）对字符串进行相应操作。但符号只有限的几种。从现在开始，我们将学习使用 Python 的内置函数。所谓函数，指的是可以执行某些特定操作的有名字的代码。len()函数可用于计算字符串包含的字符数：

```
>>>len(letters)
26
>>> empty = ""
>>>len(empty)
0
```

也可以对其他的序列类型使用 len()，这些内容都将在序列中介绍。

### 6．字符串分割

与广义函数 len()不同，有些函数只适用于字符串类型。为了调用字符串函数，你需要输入字符串的名称、一个点号，接着是需要调用的函数名，以及需要传入的参数：

```
string.function(arguments).
```

使用内置的字符串函数 split()可以基于分割符将字符串分割成由若干子串组成的列表。所谓列表（list），是由一系列值组成的序列，值与值之间由英文逗号隔开，整个列表被方括号所包裹。字符串的 split()方法可以使用分割符把字符串分割成序列，该方法的语法格式如下：

```
str.split(sep=None, maxsplit=-1)
```

在上述语法中，sep（分割符）默认为空字符，包括空格、换行(\n)、制表符(\t)等。如果 maxsplit 有指定值，则 split()方法将字符串 str 分割为 maxsplit 个子串，并返回一个分割以后的字符串列表。

使用 split()方法实现字符串分割。例如：

```
>>> word="12345"
>>>word.split ()
['1', '2', '3', '4', '5']
>>> word = "a,b,c,d,e"
>>>word.split(",")
['a', 'b', 'c', 'd', 'e']
>>>word.split(",",3)
['a', 'b', 'c', 'd', 'e']
>>>todos = 'get gloves,getmask,give cat vitamins,call ambulance'
>>>todos.split(',')
['get gloves', 'get mask', 'give cat vitamins', 'call ambulance']
```

上面例子中，字符串名为 todos，函数名为 split()，传入的参数为单一的分割符 ','。如果不指定分隔符，那么 split()将默认使用空白字符——换行符、空格、制表符。

```
>>>todos.split()
['get', 'gloves,get', 'mask,give', 'cat', 'vitamins,call', 'ambulance']
```

即使不传入参数，调用 split() 函数时仍需要带着括号，这样 Python 才能知道你想要进行函数调用。

### 7. 去除字符串两侧的空格

在程序中，额外的空格可能令人迷惑。对程序员来说，'python' 和'python ' 看起来几乎没什么两样，但对程序来说，它们却是两个不同的字符串。Python 能够发现'python ' 中额外的空格，并认为它是有意义的——除非你告诉它不是这样的。

空格很重要，因为你经常需要比较两个字符串是否相同。例如，一个重要的示例是，在用户登录网站时检查其用户名。但在一些简单得多的情形下，额外的空格也可能令人迷惑。所幸在 Python 中，删除用户输入的数据中多余的空格易如反掌。字符串对象的 strip()方法一般用于去除字符串两侧的空格，该方法的语法格式如下：

```
str.strip(chars = None)
```

strip()方法的参数 chars 用于设置要去除的字符，默认要去除的字符为空格。例如：

```
>>> word ="Strip"
>>>word.strip()
'Strip'
```

还可以指定要去除的字符为其他字符，如去除字符串两侧的"*"。代码如下：

```
>>> word = "**Strip**"
>>>word.strip("*")
'Strip'
```

### 8. 使用join()合并

可能你已经猜到了，join()函数与 split()函数正好相反：它将包含若干子串的列表分解，并将这些子串合成一个大的、完整的字符串。join() 的调用顺序看起来有点别扭，与 split()相反，你需要首先指定黏合用的字符串，然后再指定需要合并的列表：string.join(list)。因此，为了将列表 lines 中的多个子串合并成一个完整的字符串，我们应该使用语句：'\n'.join(lines)。下面的例子将列表中的名字通过逗号及空格黏合在一起：

```
>>>crypto_list = ['Yeti', 'Bigfoot', 'Loch Ness Monster']
>>>crypto_string = ', '.join(crypto_list)
>>>print('Found and signing book deals:', crypto_string)
Found and signing book deals: Yeti, Bigfoot, Loch Ness Monster
```

### 9. 大小写与对齐方式

我们的测试字符串如下所示：

```
>>> setup = 'a duck goes into a bar...'
```

将字符串末尾的省略号删除掉：

```
>>>setup.strip('.')
'a duck goes into a bar'
```

由于字符串是不可变的，上面这些例子实际上没有一个对 setup 真正做了修改。它们都仅仅是获取了 setup 的值，进行某些操作后将操作结果赋值给了另一个新的字符串而已。

将字符串首字母转换成大写：

```
>>>setup.capitalize()
'A duck goes into a bar...'
```

将所有单词的开头字母转换成大写：

```
>>>setup.title()
'A Duck Goes Into A Bar...'
```

将所有字母都转换成大写：

```
>>>setup.upper()
'A DUCK GOES INTO A BAR...'
```

将所有字母都转换成小写：

```
>>>setup.lower()
'a duck goes into a bar...'
```

将所有字母的大小写都进行转换：

```
>>>setup.swapcase()
'a DUCK GOES INTO A BAR...'
```

再来看看与格式排版相关的函数。这里，我们假设例子中的字符串被排版在指定长度（这里是30 个字符）的空间里。30 个字符位都居中：

```
>>>setup.center(30)
'  a duck goes into a bar...  '
```

左对齐：

```
>>>setup.ljust(30)
'a duck goes into a bar...  '
```

右对齐：

```
>>>setup.rjust(30)
'a duck goes into a bar...'
```

### 10. 使用replace()替换

由于字符串是不可变的，因此你无法直接插入字符或改变指定位置的字符。看看当我们试图将 'Henny' 改变为 'Penny' 时会发生什么：

```
>>> name = 'Henny'
>>>name[0] = 'P'
```

```
Traceback (most recent call last): File "<stdin>", line 1, in <module>
TypeError: 'str' object does not support item assignment
```

为了改变字符串，我们需要组合使用一些字符串函数，如 replace()，以及切片操作（很快就会学到）：

```
>>> name = 'Henny'
>>>name.replace('H', 'P')
'Penny'
>>> 'P' + name[1:]
'Penny'
```

使用 replace()函数可以进行简单的子串替换。你需要传入的参数包括：需要被替换的子串、用于替换的新子串以及需要替换多少处。最后一个参数如果省略，则默认只替换第一次出现的位置：

```
>>>setup.replace('duck', 'marmoset') 'a marmoset goes into a bar...'
```

修改最多 100 处：

```
>>>setup.replace('a ', 'a famous ', 100)
'a famous duck goes into a famous bar...'
```

当你准确地知道想要替换的子串是什么样子时，replace()是个非常不错的选择，但使用时一定要小心！在上面第二个例子中，如果我们粗心地把需要替换的子串写成了单个字符的'a'而不是两个字符的 'a '（a 后面跟着一个空格）的话，就会错误地将所有单词中出现的 a 一并替换：

```
>>>setup.replace('a', 'a famous', 100)
'a famous duck goes into a famous bafamousr...'
```

有时，你可能想确保被替换的子串是一个完整的词或者某一个词的开头，等等。

### 11. 使用制表符或换行符来添加空白

在编程中，空白泛指任何非打印字符，如空格、制表符和换行符。你可使用空白来组织输出，以使其更易读。要在字符串中添加制表符，可使用字符组合\t，如下述代码的❶处所示：

```
>>> print("Python")
Python
>>> print("\tPython")        # ❶
    Python
```

要在字符串中添加换行符，可使用字符组合\n：

```
>>> print("Languages:\nPython\nC\nJavaScript")
Languages:
Python
C
JavaScript
```

还可在同一个字符串中同时包含制表符和换行符。字符串 "\n\t" 让 Python 换到下一行，并在下一行开头添加一个制表符。下面的示例演示了如何使用一个单行字符串来生成四行输出：

```
>>> print("Languages:\n\tPython\n\tC\n\tJavaScript")
Languages:
    Python
    C
    JavaScript
```

在接下来的两章中，你将使用为数不多的几行代码来生成很多行输出，届时制表符和换行符将提供极大的帮助。

## 2.2.4 字符串的索引与切片

在程序的开发过程中，可能需要对一组字符串中的某些字符进行特定的操作。Python 可以通过字符串的索引与切片功能提取字符串中的特定字符或子串，下面分别对字符串的索引和切片进行讲解。

### 1. 索引

字符串是一个由元素组成的序列，每个元素所处的位置是固定的，并且对应着一个位置编号，编号从 0 开始，依次递增 1，这个位置编号被称为索引或者下标。

下面通过一张示意图来描述字符串的索引，如图 2-1 所示。图 2-1 中的索引自 0 开始从左至右依次递增，这样的索引称为正向索引；如果索引自-1 开始，从右至左依次递减，则为反向索引。反向索引的示意图如图 2-2 所示。

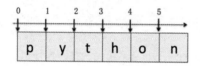

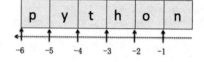

图 2-1 字符串的索引（正向）     图 2-2 字符串的索引（反向）

通过索引可以获取指定位置的字符，其语法格式如下：

字符串[索引]

假设变量 str_python 的值为"python"，使用正向索引和反向索引获取该变量中的字符"p"。例如：

```
str_python[0]                  #利用正向索引获取字符 p
str_python[-6]                 #利用反向索引获取字符 p
```

需要注意的是，当使用索引访问字符串值时，索引不能越界，否则程序会报索引越界的异常。

### 2. 切片

切片操作（slice）可以从一个字符串中抽取子字符串（字符串的一部分）。我们使用一对方括号、起始偏移量 start、终止偏移量 end 以及可选的步长 step 来定义一个切片。其中一些可以省略。切片得到的子串包含从 start 开始到 end 之前的全部字符。切片用于截取目标对象中的一部分，其语法格式如下：

[起始:结束:步长]

切片的默认步长为 1。需要注意的是，切片选取的区间属于左闭右开型，切下的子串包含起始位，但不包含结束位。

> [:] 提取从开头到结尾的整个字符串。
> [start:] 从 start 提取到结尾。
> [:end] 从开头提取到 end - 1。
> [start:end] 从 start 提取到 end - 1。
> [start:end:step] 从 start 提取到 end - 1，每 step 个字符提取一个。

与之前一样，偏移量从左至右从 0 开始，依次增加；从右至左从-1 开始，依次减小。如果省略 start，则切片会默认使用偏移量 0（开头）；如果省略 end，切片会默认使用偏移量 1（结尾）。

我们来创建一个由小写字母组成的字符串：

```
>>> letters = 'abcdefghijklmnopqrstuvwxyz'
```

仅仅使用[:]切片等价于使用[0 : -1]（也就是提取整个字符串）：

```
>>>letters[:]
'abcdefghijklmnopqrstuvwxyz'
```

下面是一个从偏移量 20 提取到字符串结尾的例子：

```
>>>letters[20:]
'uvwxyz'
```

现在，从偏移量 10 提取到结尾：

```
>>>letters[10:]
'klmnopqrstuvwxyz'
```

下一个例子提取了偏移量从 12 到 14 的字符（Python 的提取操作不包含最后一个偏移量对应的字符）：

```
>>>letters[12:15]
'mno'
```

提取最后三个字符：

```
>>>letters[-3:]
'xyz'
```

下面一个例子提取了从偏移量为 18 的字符到倒数第 4 个字符。注意与上一个例子的区别：当偏移量-3 作为开始位置时，将获得字符 x；而当它作为终止位置时，切片实际上会在偏移量-4 处停止，也就是提取到字符 w：

```
>>>letters[18:-3]
'stuvw'
```

接下来，试着提取从倒数第 6 个字符到倒数第 3 个字符：

```
>>>letters[-6:-2]
'uvwx'
```

如果你需要的步长不是默认的 1，可以在第二个冒号后面进行指定，就像下面几个例子所示。

从开头提取到结尾，步长设为 7：

```
>>> letters[::7]
'ahov'
```

从偏移量 4 提取到偏移量 19，步长设为 3：

```
>>>letters[4:20:3]
'ehknqt'
```

从偏移量 19 提取到结尾，步长设为 4：

```
>>>letters[19::4]
'tx'
```

从开头提取到偏移量 20，步长设为 5：

```
>>>letters[:21:5]
'afkpu'
```

是不是非常方便？但这还没有完。如果指定的步长为负数，机智的 Python 还会从右到左反向进行提取操作。下面这个例子便从右到左以步长为 1 进行提取：

```
>>>letters[-1::-1]
'zyxwvutsrqponmlkjihgfedcba'
```

事实上，你可以将上面的例子简化为下面这种形式，结果完全一致：

```
>>> letters[::-1]
'zyxwvutsrqponmlkjihgfedcba'
```

切片操作对于无效偏移量的容忍程度要远大于单字符提取操作。在切片中，小于起始位置的偏移量会被当作 0，大于终止位置的偏移量会被当作-1，就像接下来几个例子展示的一样。

提取倒数 50 个字符：

```
>>>letters[-50:]
'abcdefghijklmnopqrstuvwxyz'
```

提取从倒数第 51 个字符到倒数第 50 个字符：

```
>>>letters[-51:-50] ''
```

从开头提取到偏移量为 69 的字符：

```
>>>letters[:70]
'abcdefghijklmnopqrstuvwxyz'
```

从偏移量为 70 的字符提取到偏移量为 71 的字符：

```
>>>letters[70:71]
''
```

## 2.2.5 技能训练

**上机练习 4**　　**字符串应用**

**需求说明**

编写一个独立的程序，并将其保存为名称类似于 name_cases.py 的文件。

1.　个性化消息：将用户的姓名存到一个变量中，并向该用户显示一条消息。显示的消息应非常简单，如"Hello Eric, would you like to learn some Python today?"。

2.　调整名字的大小写：将一个人名存储到一个变量中，再以小写、大写和首字母大写的方式显示这个人名。

3.　名言 1：找一句你钦佩的名人说的名言，将这个名人的姓名和他的名言打印出来。输出应类似于下面这样（包括引号）：Albert Einstein once said, "A person who never made a mistake never tried anything new."

4.　名言 2：类似名言 1，但将名人的姓名存储在变量 famous_person 中，再创建要显示的消息，并将其存储在变量 message 中，然后打印这条消息。

5.　剔除人名中的空白：存储一个人名，并在其开头和末尾都包含一些空白字符。务必至少使用字符组合"\t"和"\n"各一次。打印这个人名，以显示其开头和末尾的空白。然后，分别使用剔除函数 lstrip()、rstrip() 和 strip()对人名进行处理，并将结果打印出来。

**上机练习 5**　　**文本进度条**

**需求说明**

进度条以动态方式实时显示计算机处理任务时的进度，它一般由已完成任务量与剩余未完成任务量的大小组成。编写程序，实现如图 2-3 所示的进度条动态显示的效果。

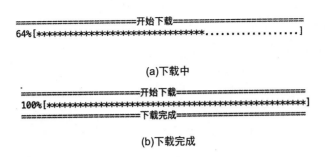

(a)下载中

(b)下载完成

图2-3　文本进度条

---

**上机练习6**　　敏感词替换

**需求说明**

敏感词是指带有敏感政治倾向、暴力倾向、不健康色彩的词或不文明的词。大部分网站、论坛、社交软件都会使用敏感词过滤系统，考虑到该系统的复杂性，这里使用字符串中的 replace() 方法模拟敏感词过滤，将含有敏感词的语句使用"*"符号进行替换。

编写程序，实现替换语句中敏感词功能。

# 2.3　运算符

相比其他编程语言，Python 中的运算符更为丰富，准功能更为强大。Python 中的运算符可分为算术运算符、比较运算符、赋值运算符、逻辑运算符等。本节将对这些运算符的使用进行讲解。

## 2.3.1　算术运算符

Python 中的算术运算符包括+、-、*、/、//、%和**，这些运算符都是双目运算符，每个运算符可以与两个操作数组成一个表达式。以操作数 a=1、b=2 为例，Python 中各个算术运算符的功能与示例如表 2-4 所示。

表2-4　算术运算符的功能与示例

| 运算符 | 功　　能 | 示　　例 |
|---|---|---|
| + | 加：使两个操作数相加，获取操作数的和 | a+b，结果为 3 |
| - | 减：使两个操作数相减，获取操作数的差 | a-b，结果为-1 |
| * | 乘：使两个操作数相乘，获取操作数的积 | a*b，结果为 2 |
| / | 除：使两个操作数相除，获取操作数的商 | a/b，结果为 0.5 |
| // | 整除：使两个操作数相除，获取商的整数部分 | a//b，结果为 0 |
| % | 取余：使两个操作数相除，获取余数 | a%b，结果为 1 |
| ** | 幂：使两个操作数进行幂运算 | a**b，结果为 1 |

在 Python 中，可对整数执行加（＋）减（－）乘（＊）除（/）运算。

```
>>> 2 + 3
5
>>> 3 - 2
1
>>> 2 * 3
6
```

```
>>> 3 / 2
1.5
```

在终端上，Python 直接返回运算结果。Python 使用两个乘号表示乘方运算：

```
>>> 3 ** 2
9
>>> 3 ** 3
27
>>> 10 ** 6
1000000
```

Python 还支持运算次序，因此你可在同一个表达式中使用多种运算。还可以使用括号来修改运算次序，让 Python 按所指定的次序执行运算，如下所示：

```
>>> 2 + 3*4
14
>>> (2 + 3) * 4
20
```

在这些示例中，空格不影响 Python 计算表达式的方式，它们的存在旨在让你阅读代码时，能迅速确定先执行哪些运算。

🌀注意

不同版本的 Python 执行"1/2"算术表达式的结果略有不同，Python 2.5 之前的版本执行结果可能等于 0。

与 C、Java 语言不同，Python 不支持自增运算符和自减运算符。例如，i++、i--是错误的语句，但是类似 i+=1 的语句是允许的。

Python 中的算术运算符支持对相同或不同类型的数字进行混合运算。例如：

```
>>>3+(3+2j)                          #整型+复数
(6 +2j)
>>>3*4.5                             #整型*浮点型
13.5
>>> 5.5-(2+35)                       #浮点型-复数
(3.5 -3j)
>>> True+ (1+2j)                     #布尔类型+复数
(2+2j)
```

无论参加运算的操作数是什么类型，解释器都能给出运算后的正确结果，这是因为 Python 在对不同类型的对象进行运算时，会强制将对象的类型进行临时类型转换。这些转换遵循如下规律：

（1）布尔类型在进行算术运算时，被视为数值 0 或 1。

（2）在整型与浮点型运算时，将整型转化为浮点型。

（3）在其他类型与复数运算时，将其他类型转换为复数类型。

简单来说，混合运算中类型相对简单的操作数会被转换为与复杂操作数相同的类型。

## 2.3.2 比较运算符

Python 中的比较运算符有： ==、!=、>、<、>=、<=，也称为关系运算符，比较运算符同样是双目运算符，它与两个操作数构成一个表达式。比较运算符的操作数可以是表达式或对象，以操作数 a=3、b=5 为例，其功能与示例分别如表 2-5 所示。

表 2-5  比较运算符的功能与示例

| 运算符 | 功　　能 | 示　　例 |
|---|---|---|
| == | 比较左值和右值，若相同则为真，否则为假 | a==b 不成立，结果为 False |
| != | 比较左值和右值，若不相同则为真，否则为假 | a!=b 成立，结果为 True |

| 运算符 | 功　能 | 示　例 |
|---|---|---|
| > | 比较左值和右值，若左值大于右值则为真，否则为假 | a>b 不成立，结果为 False |
| < | 比较左值和右值，若左值小于右值则为真，否则为假 | a<b 成立，结果为 True |
| >= | 比较左值和右值，若左值大于或等于右值则为真，否则为假 | a>=b 不成立，结果为 False<br>a>=b 成立，结果为 True |
| <= | 比较左值和右值，若左值小于或等于右值则为真，否则为假 | a<=b 成立，结果为 True<br>a<=b 成立，结果为 False |

比较运算符只对操作数进行比较，不会对操作数自身造成影响，即经过比较运算符运算后的操作数不会被修改。比较运算符与操作数构成的表达式的结果只能是 True 或 False，这种表达式通常用于布尔测试。

使用关系运算符，比较两个数的大小，如下所示：

```
num_a = 10                        # 定义整型变量
num_b = 10                        # 定义整型变量
result = num_a == num_b    # 比较 num_a 和 num_b 是否相同，并将结果赋予 result
print("数据比较结果：%s" % result)    # 输出判断结果
```

运行代码，控制台输出结果如下：

```
数据比较结果：True
```

比较字符串是否相等，如下所示：

```
print("数据比较结果：%s" % ("Python" == "Python"))  # 对字符串进行相等判断
print("数据比较结果：%s" % ("Python" >= "python"))  # 对字符串进行大小判断
```

在有大小写的情况下，进行编码比较处理，p 的编码要大于 P 的编码，示例运行结果如下：

```
数据比较结果：True
数据比较结果：False
```

**【示例 6】　判断年龄范围**

```
# coding:UTF-8
age = 20                        # 定义整型变量
result = 18 <= age < 30         # 多条件判断，判断 age 是否在 18～30 之间
print(result)                   # 输出执行结果
```

运行代码，控制台输出结果如下：

```
True
```

## 2.3.3　赋值运算符

赋值运算符的功能是：将一个表达式或对象赋予一个左值，其中左值必须是一个可修改的值，不能为一个常量。"="是基本的赋值运算符，还可与算术运算符组合成复合赋值运算符。Python 中的复合赋值运算符有+=、−=、*=、/=、//=. %=、**=，它们的功能相似，例如，"a+=b"等价于"a=a+b"，"a-=b"等价于"a=a-b"，等等。赋值运算符也是双目运算符，以 a=3，b=5 为例，Python 中各个赋值运算符的功能与示例如表 2-6 所示。

表 2-6　赋值运算符的功能与示例

| 运算符 | 功　能 | 示　例 |
|---|---|---|
| = | 等：将右值赋给左值 | a=b，a 为 5 |

续表

| 运算符 | 功　能 | 示　例 |
| --- | --- | --- |
| += | 加等：使右值与左值相加，将和赋给左值 | a+=b，a 为 8 |
| -= | 减等：使右值与左值相减，将差赋给左值 | a-=b，a 为-2 |
| *= | 乘等：使右值与左值相乘，将积赋给左值 | a*=b，a 为 15 |
| /= | 除等：使右值与左值相除，将商赋给左值 | a/=b，a 为 0.6 |
| //= | 整除等：使右值与左值相除，将商的整数部分赋给左值 | a//=b，a 为 0 |
| %= | 取余等：使右值与左值相除，将余数赋给左值 | a%=b，a 为 3 |
| **= | 幂等：获取左值的右值次方，将结果赋给左值 | a**=h，a 为 243 |

经以上操作后，左值 a 发生了改变，但右值 b 并没有被修改。以 "+=" 为例，代码如下：

```
>>> a = 3
>>> b = 5
>>> a+=b
>>> print (a)
8
>>> print (b)
5
```

需要说明的是，与 C 语言不同，在 Python 中进行赋值运算时，即便两侧操作数的类型不同也不会报错，且左值可正确地获取右操作数的值（不会发生截断等现象），这与 Python 中变量定义与赋值的方式有关。

### 2.3.4　逻辑运算符

Python 支持逻辑运算，但 Python 逻辑运算符的功能与其他语言有所不同。Python 中分别使用 and、or、not 这三个关键字作为逻辑运算 "与" "或" "非" 的运算符，其中 or 与 and 为双目运算符，not 为单目运算符。表 2-7 列出了 Python 中的逻辑运算符和表达式。

表 2-7　Python 中的逻辑运算符和表达式

| 逻辑运算符 | 逻辑表达式 | 说　明 |
| --- | --- | --- |
| and | x and y | 逻辑与，当 x 为 True 时，才计算 y |
| or | x or y | 逻辑或，当 x 为 False 时，才计算 y |
| not | not x | 逻辑非 |

逻辑运算符的操作数可以为表达式或对象，下面对它们的功能分别进行介绍。

#### 1. and

当使用运算符 and 连接两个操作数时，若左操作数的布尔值为 False，则返回左操作数或其计算结果（若为表达式），否则返回右操作数的执行结果。例如：

```
age = 20                                # 定义整型变量
name = "Python"                         # 定义字符串变量
result = age == 20 and name == "Python" # 使用 and 连接两个条件
print(result)                           # 输出计算结果
```

运行代码，控制台输出结果如下：

```
True
```

#### 2. or

当使用运算符 or 连接两个操作数时，左操作数的布尔值为 True，则返回左操作数，否则返回右操作数或其计算结果（若为表达式）。例如：

```
age = 20                              # 定义整型变量
name = "Python"                       # 定义字符串变量
result = age == 18 or name == "Python"  # 使用 or 连接两个条件
print(result)
```

运行代码，控制台输出结果如下：

```
True
```

### 3. not

当使用运算符 not 时，若操作数的布尔值为 False，则返回 True，否则返回 False。例如：

```
age = 20                  # 定义整型变量
result = not age == 18    # not 求反
print(result)             # 输出计算结果
```

运行代码，控制台输出结果如下：

```
True
```

### 4. 逻辑运算符的优先级

逻辑非的优先级大于逻辑与和逻辑或的优先级，而逻辑与和逻辑或的优先级相等。逻辑运算符的优先级低于关系运算符，必须先计算关系运算符，然后再计算逻辑运算符。

**【示例 7】　逻辑表达式的优先级别**

```
print("not 1 and0 =>", not 1 and 0)
print("not(1 and0)=>", not (1 and 0))
print("(1<= 2) and False or True =>", (1<= 2) and False or True)
print("(1<=2) or 1 > 1+2 => ", 1 < 2 ,"or", 1 > 2, "=>" ,(1<=2)or(1< 2))
```

运行代码，控制台输出结果如下：

```
not 1 and 0 => False
not (1 and 0) => True
(1 <= 2) and False or True => True
(1<=2) or 1 >1+2 => True or False => True
```

## 2.3.5　位运算符

程序中的所有数据在计算机内存中都以二进制形式存储，位运算即以二进制位为单位进行的运算。Python 的位运算主要包括按位左移、按位右移、按位与、按位或、按位异或、按位取反这 6 种。位运算符的使用说明如表 2-8 所示。

表 2-8　位运算符的使用说明

| 运算符 | 说　明 |
| --- | --- |
| << | 按位左移：按二进制形式把所有的数字向左移动对应的位数，高位移出（舍弃），低位的空位补零 |
| >> | 按位右移：按二进制形式把所有的数字向右移动对应的位数，高位移出（舍弃），低位的空位补零 |
| & | 按位与：只有对应的两个二进制位都为 1 时，结果才为 1 |
| \| | 按位或：只有对应的两个二进制位有一个为 1 时，结果才为 1 |
| ^ | 按位异或：进行异或的两个二进制位不同，结果为 1，否则为 0 |
| ~ | 按位取反：位为 1 则取其反为 0，位为 0 则取其反为 1（包含符号位） |

下面以 num_one=10 和 num_two=11 为例，分别使用表 2-8 中的运算符演示位运算操作。例如：

```
>>> f'左移两位：{ (num_one<<2) }'
'左移两位：40'
```

```
>>> f'右移两位：{ (num_one>>2) }'
'右移两位：2'
>>> f'按位与：{ (num_one&2) }'
'按位与：2'
>>> f'按位或：{ (num_one12) }'
'按位或：10'
>>> f'按位异或：{ (num_one^num_two) }'
'按位异或：1'
>>> f'按位取反:{(~num_one)}'
'按位取反：-1'
```

## 2.3.6  运算符优先级

想一想下面的表达式会产生什么结果？

```
>>> 2 + 3 * 4
```

如果你先进行加法运算 2 + 3 = 5，然后计算 5 * 4，最终得到 20。但如果你先进行乘法运算，3 * 4 = 12，接着 2 + 12，结果等于 14。与其他编程语言一样，在 Python 里，乘法的优先级要高于加法，因此第二种运算结果是正确的：

```
>>> 2 + 3 * 4
14
```

Python 支持使用多个不同的运算符连接简单表达式，实现相对复杂的功能。为了避免含有多个运算符的表达式出现歧义，Python 运算符在同一个表达式中具有不同的优先级。算术运算符的优先级大于关系运算符的优先级，关系运算符的优先级大于逻辑运算符的优先级。如果表达式中包含多种类型的运算符，Python 会根据运算符的优先级从高到低进行计算。表 2-9 从最低的优先级到最高的优先级依次列出了 Python 所有的运算符。Python 会首先计算表 2-9 中较下面的运算符，然后再计算表上面的运算符。

表 2-9　运算符优先级

| 运算符 | 说　明 |
| --- | --- |
| lambda | Lambda 表达式 |
| or | 布尔"或" |
| and | 布尔"与" |
| not | 布尔"非" |
| in，not in | 成员测试（字符串、列表、元组、字典中常用） |
| is，is not | 同一性测试 |
| <、<=、>、>=、!=、== | 比较 |
| \| | 按位或 |
| ^ | 按位异或 |
| & | 按位与 |
| <<、>> | 按位左移、按位右移 |
| +、- | 加法、减法 |
| *、/、% | 乘法、除法、取余 |
| +、- | 正负号 |
| ~ | 按位取反 |
| ** | 指数 |

但在实际编程中我们几乎从来没有查看过它，因为我们总可以使用括号来保证运算顺序与我们期望的一致：

```
>>> 2 + (3 * 4)
14
```

这样书写的代码也可让阅读者无须猜测代码的意图，免去了检查优先级表的麻烦。

默认情况下，运算符的优先级决定了复杂表达式中的哪个单一表达式先执行，但用户可使用圆括号 "()" 来改变表达式的执行顺序。通常圆括号中的表达式先执行，例如，对于表达式 "3+4*5"，若想让加法先执行，可写为 "(3+4)*5"。此外，若有多层圆括号，则最内层圆括号中的表达式先执行。

运算符一般按照自左向右的顺序结合，例如，在表达式 "3+5-4" 中，运算符+、-的优先级相同，解释器会先执行 "3+5"，再将 3+5 的执行结果 8 与操作数 4 一起执行 "8-4"，即执行顺序等同于 "(3+5)-4"；但赋值运算符的结合性为自右向左，如表达式 "a=b=c"，Python 解释器会先将 c 的值赋给 b，再将 b 的值赋给 a，即执行顺序等同于 "a=(b=c)"。

## 2.3.7　技能训练

**上机练习 7**　**数字 8**

### 需求说明

编写 4 个表达式，它们分别使用加法、减法、乘法和除法运算，但结果都是数字 8。为使用 print 语句来显示结果，务必将这些表达式用括号括起来，也就是说，你应该编写 4 行类似于下面的代码：

```
print(5 + 3)
```

输出应为 4 行，其中每行都只包含数字 8。

**上机练习 8**　**摄氏温度将其转为华氏温度**

### 需求说明

华氏温标：是德国人华伦海特（Fahrenheit）于 1714 年创立的温标。它以水银做测温物质，定冰的熔点为 32 华氏度，沸点为 212 华氏度，中间分为 180 华氏度。

摄氏温标：1740 年瑞典人摄尔修斯（Celsius）提出在标准大气压下，把冰水混合物的温度定为 0 摄氏度，水的沸点规定为 100 摄氏度。根据水这两个固定温度点来对温度进行分度。两点间做 100 等分，每段间隔称为 1 摄氏度，记作 1℃。

华氏温标与摄氏温标是两大国际主流的计量温度的标准，这两个不同的温度计量标准也是可以进行转换的，分别如下：

> ➢　摄氏温度转华氏温度："华氏度数 = 32+ 摄氏度数 × 1.8"。
> ➢　华氏温度转摄氏温度："摄氏度数=（华氏度数 − 32）÷ 1.8"。

编写程序，根据用户输入的摄氏温度数将其转换为华氏温度数。

## 本章总结

本章主要介绍了 Python 中的数据类型（包括数字类型、字符串类型）、数据类型转换、运算符等知识。通过本章的学习，希望读者能掌握 Python 中的基本数据类型的常见操作，多加思考并动手练习，为后续的学习打下扎实的基础。

## 本章作业

### 一、填空题

1. Python 的数字类型包含整型、_____、_____、_____。

2. 布尔类型是一种特殊的_____。

3. Python 中的复数是由_____和_____组成的。

4. Python 表达式 1/2 的值为_____，1//3+1//3+1//3 的值为_____，5%3 的值为_____。

5. 已知 s1='red hat'，print(s1.upper()) 的结果是_____，s1.swapcase() 的结果是_____，s1.title() 的结果是_____，s1.replace('hat','cat') 的结果是_____。

### 二、判断题

1. Python 中的整型可以使用二进制、八进制、十进制、十六进制表示。（    ）

2. 浮点型不可与复数类型数据进行计算。（    ）

3. 使用切片操作字符串其起始位置只能从 1 开始。（    ）

4. 在 Python 中可以使用 "<>" 表示不等于。（    ）

### 三、选择题

1. 已知 a=3，b=5，下列计算结果错误的是（    ）。

    A．a+=b 的值为 8　　B．a<<b 的值为 96　　　C．a and b 的值为 5　　D．a//b 的值为 0.6

2. 以下关于 Python 语句的叙述中，正确的是（    ）。

    A．同一层次的 Python 语句必须对齐

    B．Python 语句可以从一行的任意一列开始

    C．在执行 Python 语句时，可发现注释中的拼写错误

    D．Python 程序的每行只能写一条语句

3. 访问字符串中的部分字符的操作称为（    ）。

    A．切片　　　　　　B．合并　　　　　　　C．索引　　　　　　　D．赋值

4. 关于 Python 中的复数，下列说法错误的是（    ）。

    A．表示复数的语法形式是 a+bj　　　　　B．实部和虚部都必须是浮点数

    C．虚部必须加后缀 j，且必须是小写　　　D．函数 abs() 可以求复数的模

5. 关于 Python 字符串类型的说法中，下列描述错误的是（    ）。

    A．字符串用来表示文本的数据类型

    B．Python 中可以使用单引号、双引号、三引号定义字符串

    C．Python 中单引号与双引号不可一起使用

    D．使用三引号定义的字符串可以包含换行符

### 四、编程题

1. 使用数值类型声明多个变量，并使用不同方式为不同的数值类型的变量赋值。熟悉每种数据类型的赋值规则和表示方式。

2. 使用数学运算符、逻辑运算符编写 40 个表达式，先自行计算各表达式的值，然后通过程序输出这些表达式的值并进行对比，看看能否做到一切尽在掌握中。

3.　从标准输入读取两个整数并打印两行，其中第 1 行输出两个整数的整除结果；第 2 行输出两个整数的带小数的除法结果。不需要执行任何四舍五入或格式化操作。

4.　从标准输入读取两个整数并打印三行，其中第 1 行包含两个数的和；第 3 行包含两个数的差（第 1 个数减第 2 个数）；第 3 行包含两个数的乘积结果。

5.　请将字符串"python"逆序输出。

# 第3章
# 流程控制

本章目标

◎  掌握 if 语句的多种格式。
◎  熟练使用 if 语句的嵌套。
◎  掌握 for 循环与 while 循环的使用。
◎  熟悉 for 循环与 while 循环嵌套。
◎  掌握 break 与 continue 语句的使用。

本章简介

本章将介绍 Python 中控制语句的使用方法。程序中的语句默认自上而下顺序执行。流程控制指的是在程序执行时，通过一些特定的指令更改程序中语句的执行顺序，控制语句包括条件语句和循环语句。在实际应用中，许多问题都需要使用条件语句和循环语句进行控制，几乎所有的程序都要涉及判断、循环。这些语法和概念是学习一门编程语言的基础，也是最基本的要求。本章将对 Python 中的条件语句、循环语句和跳转语句进行讲解。

技术内容

## 3.1　结构化程序设计

结构化程序设计是以模块化设计为中心，将待开发的软件系统划分为若干个相互独立的模块，这样使完成每一个模块的工作变得明确，为设计一些较大的软件打下良好的基础。要完成一项工作任务，需要先设计，然后再实现设计。例如，施工图纸就是一个设计，工程师制作图纸的过程就是设计的过程，工人根据图纸施工的过程就是实现设计的过程。程序设计也是这样，首先需要明确要完成的目标，确定要做的步骤，然后再根据每个步骤去编写代码。

现实世界的事物是复杂的，为了方便描述客观世界中问题的处理步骤，可以以图形的方式来表达。程序流程图就是程序员用于设计的利器，程序流程图可以描述每个任务的要求以及实现步骤，程序流程图对任何编程语言都是通用的。图 3-1 描述了判断某个数字是属于正数、负数或零的流程。

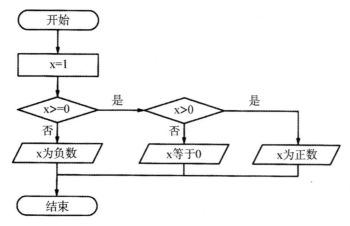

图 3-1 流程图示例

如图 3-1 所示，首先输入 x 的值，然后判断 x 是否大于等于 0。如果大于等于 0，则执行 x >= 0 的分支流程，否则，输出 "x 为负数"。我们接着看流程，如果 x 大于 0，输出 "x 为正数"，否则，输出 "x 等于 0"。

结构化程序设计提倡结构的清晰、设计的规范。结构化程序设计的主要方法是自顶向下、逐步细化。把需要解决的问题分成若干个任务来完成，再对每个任务进行设计，逐步细化。例如，房屋的装修。首先是确定装修方案以及装修任务（水电工程、水泥工程、家具工程等）；然后再对每个任务进行细分，确定子任务以及任务之间的施工顺序。确定好方案后，就可以具体实施了。实施的过程就是逐个完成子任务的过程。对于具体实现需要编写结构化的程序来完成，结构化程序设计分为 3 种结构——顺序结构、判断结构、循环结构。顺序结构非常简单，只有一条流程。下面将讨论另外两种结构的设计和实现。

## 3.2 条件语句

编程时经常需要检查一系列条件，并据此决定采取什么措施。在 Python 中，if 语句让你能够检查程序的当前状态，并据此采取相应的措施。条件语句是指根据条件表达式的不同计算结果，使程序执行到不同的代码块。Python 中的 if 语句可使程序产生分支，根据分支数量的不同，if 语句分为单分支 if 语句、双分支 if…else 语句和多分支 if…elif…else 语句。

### 3.2.1 一个简单示例

下面是一个简短的示例，演示了如何使用 if 语句来正确地处理特殊情形。假设你有一个水果列表，并想将其中每种水果的名称打印出来。对于大多数水果，都应以首字母大写的方式打印其名称，但对于水果名 apple，应以全大写的方式打印。下面的代码就是上述想法的实现过程。

【示例 1】 一个简单示例

```python
fruits = ['apple', 'banana', 'orange', 'watermelon']
for fruit in fruits:
    if fruit == 'apple':                      # ❶
        print(fruit.upper())
    else:
        print(fruit.title())
```

这个示例中的循环首先检查当前的水果名是否是 apple（见❶）。如果是，就以全大写的方式打印它；否则就以首字母大写的方式打印：

```
APPLE
Banana
Orange
Watermelon
```

这个示例涵盖了本章要介绍的很多概念。下面先来介绍可用来在程序中检查条件的测试。

## 3.2.2　条件测试

每条 if 语句的核心都是一个值为 True 或 False 的表达式，这种表达式被称为条件测试。Python 根据条件测试的值为 True 还是 False 来决定是否执行 if 语句中的代码。如果条件测试的值为 True，Python 就执行紧跟在 if 语句后面的代码；如果为 False，Python 就忽略这些代码。

### 1．检查是否相等

大多数条件测试都将一个变量的当前值同特定值进行比较。最简单的条件测试是检查变量的值是否与特定值相等：

```
>>>fruit = 'apple'                              #❶
>>>fruit == 'apple'                             #❷
True
```

我们首先使用一个等号将 fruit 的值设置为 apple（见❶），这种做法你已见过很多次。接下来，使用两个等号（==）检查 fruit 的值是否为 apple。这个相等运算符在它两边的值相等时返回 True，否则返回 False。在这个示例中，两边的值相等，因此 Python 返回 True。

如果变量 fruit 的值不是 banana，则上述测试将返回 False：

```
>>>fruit= 'apple'                               #❶
>>>fruit== 'banana'                             #❷
False
```

一个等号是陈述；对于❶处的代码，可解读为"将变量 fruit 的值设置为 apple"。两个等号是发问；对于❷处的代码，可解读为"变量 fruit 的值是 banana 吗？"。大多数编程语言使用等号的方式都与这里演示的相同。

### 2．检查是否相等时不考虑大小写

在 Python 中检查是否相等时区分大小写，例如，两个大小写不同的值会被视为不相等：

```
>>>fruit = 'Apple'
>>>fruit == 'apple'
False
```

如果大小写很重要，这种行为有其优点。但如果大小写无关紧要，而只想检查变量的值，可将变量的值转换为小写，再进行比较：

```
>>>fruit = 'Apple'
>>>fruit.lower() == 'apple'
True
```

无论值 Apple 的大小写如何，上述测试都将返回 True，因为该测试不区分大小写。函数 lower() 不会修改存储在变量 fruit 中的值，因此进行这样的比较时不会影响原来的变量：

```
>>>fruit = 'Apple'                              #❶
```

```
>>>fruit.lower() == 'apple'                    #❷
True
>>>fruit                                        #❸
'Apple'
```

在❶处，我们将首字母大写的字符串 Apple 存储在变量 fruit 中；在❷处，我们获取变量 fruit 的值并将其转换为小写，再将结果与字符串 apple 进行比较。这两个字符串相同，因此 Python 返回 True。从❸处的输出可知，这个条件测试并没有影响存储在变量 fruit 中的值。

网站采用类似的方式让用户输入的数据符合特定的格式。例如，网站可能使用类似的测试来确保用户名是独一无二的，而并非只是与另一个用户名的大小写不同。用户提交新的用户名时，将把它转换为小写，并与所有既有用户名的小写版本进行比较。执行这种检查时，如果已经有用户名 John（不管大小写如何），则用户提交用户名 John 时将遭到拒绝。

### 3. 检查是否不相等

要判断两个值是否不等，可结合使用惊叹号和等号（!=），其中的惊叹号表示不，在很多编程语言中都是如此。下面再使用一条 if 语句来演示如何使用不等运算符。我们把要求的水果拼盘配料存储在一个变量中，再打印一条消息，指出顾客要求的配料是否是榴莲（durian）。

🔍【示例 2】 *if 语句*

```
requested_topping = 'apple'
if requested_topping != 'durian':                    #❶
    print("这个水果不是榴莲!")
```

❶处的代码行将 requested_topping 的值与 durian 进行比较，如果它们不相等，Python 将返回 True，进而执行紧跟在 if 语句后面的代码；如果这两个值相等，Python 将返回 False，因此不执行紧跟在 if 语句后面的代码。由于 requested_topping 的值不是 durian，因此执行 print 语句：

```
这个水果不是榴莲!
```

你编写的大多数条件表达式都检查两个值是否相等，但有时候检查两个值是否不等的效率更高。

### 4. 比较数字

检查数值非常简单，例如，下面的代码检查一个人是否是 18 岁：

```
>>> age = 18
>>> age == 18
True
```

你还可以检查两个数字是否不等，例如，下面的代码在提供的答案不正确时打印一条消息：

```
answer = 17
if answer != 42:                                        #❶
    print("That is not the correct answer. Please try again!")
```

answer（17）不是 42，❶处的条件得到满足，因此缩进的代码块得以执行：

```
That is not the correct answer. Please try again!
```

条件语句中可包含各种数学比较，如小于、小于等于、大于、大于等于：

```
>>> age = 19
>>> age < 21
True
>>> age <= 21
True
>>> age > 21
False
>>> age >= 21
```

```
False
```

在 if 语句中可使用各种数学比较，这让你能够直接检查所关心的条件。

**5．检查多个条件**

你可能想同时检查多个条件，例如，有时候你需要在两个条件都为 True 时才执行相应的操作，而有时候你只要求一个条件为 True 时就执行相应的操作。在这些情况下，关键字 and 和 or 可助你一臂之力。

**（1）使用 and 检查多个条件**

要检查是否两个条件都为 True，可使用关键字 and 将两个条件测试合而为一；如果每个测试都通过了，则整个表达式就为 True；如果至少有一个测试没有通过，则整个表达式就为 False。

例如，要检查是否两个人都不小于 21 岁，可使用下面的测试：

```
>>> age_0 = 22                              #❶
>>> age_1 = 18
>>> age_0 >= 21 and age_1 >= 21             #❷
False
>>> age_1 = 22                              #❸
>>> age_0 >= 21 and age_1 >= 21
True
```

在❶处，我们定义了两个用于存储年龄的变量：age_0 和 age_1。在❷处，我们检查这两个变量是否都大于或等于 21；左边的测试通过了，但右边的测试没有通过，因此整个条件表达式的结果为 False。在❸处，我们将 age_1 改为 22，这样 age_1 的值大于 21，因此两个测试都通过了，整个条件表达式的结果为 True。

为改善可读性，可将每个测试都分别放在一对括号内，但并非必须这样做。如果你使用括号，测试将类似于下面这样：

```
(age_0 >= 21) and (age_1 >= 21)
```

**（2）使用 or 检查多个条件**

关键字 or 也能够让你检查多个条件，但只要至少有一个条件满足，就能通过整个测试。仅当两个测试都没有通过时，使用 or 的表达式才为 False。下面再次检查两个人的年龄，但检查的条件是至少有一个人的年龄不小于 21 岁：

```
>>> age_0 = 22                                      #❶
>>> age_1 = 18
>>> if age_0 >= 21 or age_1 >= 21                   #❷
True
>>> age_0 = 18                                      #❸
>>> age_0 >= 21 or age_1 >= 21
False
```

同样，我们首先定义了两个用于存储年龄的变量（见❶）。由于❷处对 age_0 的测试通过了，因此整个表达式的结果为 True。接下来，我们将 age_0 减小为 18；在❸处的测试中，两个测试都没有通过，因此整个表达式的结果为 False。

**6．检查特定值是否包含在列表中**

有时候，执行操作前必须检查列表是否包含特定的值。例如，结束用户的注册过程前，可能需要检查他提供的用户名是否已包含在用户名列表中。在地图程序中，可能需要检查用户提交的位置是否包含在已知位置列表中。

要判断特定的值是否已包含在列表中，可使用关键字 in。来看你可能为水果店编写的一些代码；

这些代码首先创建一个列表，其中包含用户点的水果配料，然后检查特定的配料是否包含在该列表中。

```
>>>fruits = ['apple', 'banana', 'orange', 'watermelon']
>>> 'apple' in fruits                                    #❶
True
>>> 'durian' in fruits                                   #❷
False
```

在❶处和❷处，关键字 in 让 Python 检查列表 fruits 是否包含 apple 和 durian。这种技术很有用，它让你能够在创建一个列表后，轻松地检查其中是否包含特定的值。

#### 7．检查特定值是否不包含在列表中

有些时候，确定特定的值未包含在列表中很重要；在这种情况下，可使用关键字 not in。例如，如果有一个列表，其中包含不喜欢的水果列表，就可在允许用户选择水果前检查他是否需要：

```
banned_fruits= ['durian', 'cherry tomato', 'avocado']
fruit= 'apple'
if fruit not in banned_fruits:                           #❶
    print(user.title() + ", You can choose this fruit.")
```

❶处的代码行明白易懂：如果 fruit 的值未包含在列表 banned_fruits 中，Python 将返回 True，进而执行缩进的代码行。水果 apple 未包含在列表 banned_fruits 中，因此用户可以选择该水果：

```
Apple, You can choose this fruit.
```

#### 8．布尔表达式

随着你对编程的了解越来越深入，将遇到术语——布尔表达式，它不过是条件测试的别名。与条件表达式一样，布尔表达式的结果要么为 True，要么为 False。布尔值通常用于记录条件，如游戏是否正在运行，或用户是否可以编辑网站的特定内容：

```
game_active = True
can_edit = False
```

在跟踪程序状态或程序中重要的条件方面，布尔值提供了一种高效的方式。

### 3.2.3　if 语句

理解条件测试后，就可以开始编写 if 语句了。if 语句有很多种，选择使用哪种取决于要测试的条件。前面讨论条件测试时，列举了多个 if 语句示例，下面更深入地讨论这个主题。程序开发中经常会用到条件判断，例如，用户登录时，需判断用户输入的用户名和密码是否全部正确，进而决定用户是否能够成功登录。类似这种需求的功能，都可以使用 if 语句实现。

if 语句是最简单的条件判断语句，它由三部分组成，分别是 if 关键字、条件表达式以及代码块。if 语句根据条件表达式的判断结果选择是否执行相应的代码块，其格式如下：

```
if 条件表达式：
    代码块
```

上述格式中，if 关键字可以理解为"如果"，当条件表达式的值为 True 时，Python 就会执行紧跟在 if 语句后面的代码；否则 Python 将忽略这些代码。if 语句的执行流程如图 3-2 所示。

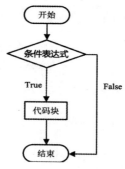

图 3-2　if 语句执行流程

例如，使用 if 语句判断是否达到上幼儿园的年龄，示例如下。

**【示例 3】** *if 语句*

```
age=5
if age >= 3:                                    #如果大于或等于 3 岁即可上幼儿园
    print("可以上幼儿园了")
```

上述代码中，首先定义了一个变量 age，将其赋值为 5，然后使用 if 语句判断表达式 "age>=3"
的值是否为 True，如果为 True，则输出 "可以上幼儿园了"。

假设有一个表示某人年龄的变量，而你想知道这个人是否已经成年，可使用如下代码：

```
age = 19
if age >= 18:                                   #❶
    print("你已经成年!")                          #❷
```

在❶处，Python 检查变量 age 的值是否大于或等于 18；答案是肯定的，因此 Python 执行❷处缩
进的 print 语句：

```
你已经成年!
```

在 if 语句中，注意缩进在代码中的作用。如果测试通过了，将执行 if 语句后面所有缩进的代码
行，否则将忽略它们。在紧跟着 if 语句后面的代码块中，可根据需要包含任意数量的代码行。下面
在一个人够投票的年龄时再打印一行输出，问他是否登记了：

```
age = 19
if age >= 18:
    print("你已经成年!")
    print("赶紧去开启你的梦想吧! ")
```

条件测试通过了，而两条 print 语句都缩进了，因此它们都将执行：

```
你已经成年!
赶紧去开启你的梦想吧!
```

如果 age 的值小于 18，则这个程序将不会有任何输出。

## 3.2.4　if…else 语句

if…else 语句产生两个分支，可根据条件表达式的判断结果选择执行哪一个分支。if…else 语句格
式如下：

```
if 条件表达式:
    代码块 1
```

```
else:
    代码块 2
```

上述格式中，如果 if 条件表达式结果为 True，则执行代码块 1；如果条件表达式结果为 False，则执行代码块 2。if…else 语句的执行流程如图 3-3 所示。

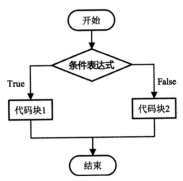

图 3-3　if…else 语句执行流程

例如，使用 if…else 语句描述用户登录场景，示例如下。

**⊘【示例 4】　if 语句**

```
u_name = input("请输入用户名:")
pwd = input("请输入密码:")
if u_name == "admin" and pwd="123":
    print("登录成功!即将进入主界面。")
else:
    print("您输入的用户名或密码错误，请重新输入。")
```

以上代码首先从控制台接收用户输入的用户名和密码，分别赋值给变量 u_name 和 pwd，然后通过 if…else 语句进行判断：如果用户输入的用户名和密码分别为 "admin" 和 "123"，则执行第 4 行代码，输出 "登录成功!即将进入主界面。"，否则执行第 6 行代码，输出 "您输入的用户名或密码错误，请重新输入。"。

经常需要在条件测试通过了时执行一个操作，并在没有通过时执行另一个操作；在这种情况下，可使用 Python 提供的 if…else 语句。if…else 语句块类似于简单的 if 语句，但其中的 else 语句让你能够指定条件测试未通过时要执行的操作。

下面的代码在一个人够投票的年龄时显示与前面相同的消息，同时在这个人不够投票的年龄时也显示一条消息：

```
age = 17
if age >= 18:                                    #❶
    print("You are old enough to vote!")
    print("Have you registered to vote yet?")
else:                                            #❷
    print("Sorry, you are too young to vote.")
    print("Please register to vote as soon as you turn 18!")
```

如果❶处的条件测试通过了，就执行第一个缩进的 print 语句块；如果测试结果为 False，就执行❷处的 else 代码块。这次 age 小于 18，条件测试未通过，因此执行 else 代码块中的代码：

```
Sorry, you are too young to vote.
Please register to vote as soon as you turn 18!
```

上述代码之所以可行，是因为只存在两种情形：要么够投票的年龄，要么不够。if…else 结构非常适合用于要让 Python 执行两种操作之一的情形。在这种简单的 if…else 结构中，总是会执行两个操作中的一个。

## 3.2.5 if…elif…else语句

if…else 语句可以处理两种情况，但是经常需要检查超过两个的情形，为此可使用 Python 提供的
if…elif…else 结构。Python 只执行 if…elif…else 结构中的一个代码块，它依次检查每个条件测试，直
到遇到通过了的条件测试。测试通过后，Python 将执行紧跟在它后面的代码，并跳过余下的测试。

### 1. if…elif…else语法

如果程序需要处理多种情况，可以使用 if…elif…else 语句。if…elif…else 语句格式如下：

```
if 条件表达式 1：
    代码块 1
elif 条件表达式 2：
    代码块 2
elif 条件表达式 3：
    代码块 3
…
elif 条件表达式 n-1：
    代码块 n-1
else:
    代码块 n
```

上述格式中，if 之后可以有任意数量的 elif 语句，如果条件表达式 1 的结果为 True，则执行代码
块 1；如果条件表达式 2 的结果为 True，则执行代码块 2。以此类推。如果 else 前面的条件表达式结
果都为 False，则执行代码块 n。if…elif…else 语句的执行流程如图 3-4 所示。

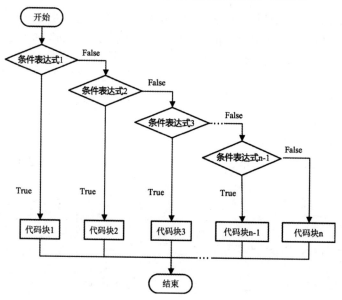

图 3-4　if…elif…else 语句

### 2. 使用单个elif代码块

在现实世界中，很多情况下需要考虑的情形都超过两个。例如，来看一个根据年龄段收费的游
乐场：

➢ 　4 岁以下免费；

➢ 　4~18 岁收费 5 元；

> 18 岁（含）以上收费 10 元。

如果只使用一条 if 语句，该如何确定门票价格呢？下面的代码确定一个人所属的年龄段，并打印一条包含门票价格的消息。

【示例 5】　*elif 代码块*

```
age = 12
if age < 4:                              # ❶
    print("您需要支付的门票金额为: 0 元")
elif age < 18:                           # ❷
    print("您需要支付的门票金额为: 5 元")
else:                                    # ❸
    print("您需要支付的门票金额为: 10 元")
```

❶处的 if 测试检查一个人是否不满 4 岁，如果是这样，Python 就打印一条合适的消息，并跳过余下的测试。❷处的 elif 代码行其实是另一个 if 测试，它仅在前面的测试未通过时才会运行。在这里，我们知道这个人不小于 4 岁，因为第一个测试未通过。如果这个人未满 18 岁，Python 将打印相应的消息，并跳过 else 代码块。如果 if 测试和 elif 测试都未通过，Python 将运行❸处 else 代码块中的代码。

在这个示例中，❶处测试的结果为 False，因此不执行其代码块。然而，第二个测试的结果为 True（12 小于 18），因此将执行其代码块。输出为一个句子，向用户指出了门票价格：

您需要支付的门票金额为: 5 元

只要年龄超过 17 岁，前两个测试就都不能通过。在这种情况下，将执行 else 代码块，指出门票价格为 10 元。为让代码更简洁，可不在 if…elif…else 代码块中打印门票价格，而只在其中设置门票价格，并在它后面添加一条简单的 print 语句。

【示例 6】　*if…elif…else 语句*

```
age = 12
if age < 4:
    price = 0                                       #❶
elif age < 18:
    price = 5                                       #❷
else:
    price = 10                                      #❸
print("您需要支付的门票金额为: " + str(price) + "元") #❹
```

❶处、❷处和❸处的代码行像前一个示例那样，根据人的年龄设置变量 price 的值。在 if…elif…else 结构中设置 price 的值后，一条未缩进的 print 语句❹会根据这个变量的值打印一条消息，指出门票的价格。

这些代码的输出与前一个示例相同，但 if…elif…else 结构的作用更小，它只确定门票价格，而不是在确定门票价格的同时打印一条消息。除效率更高外，这些修订后的代码还更容易修改：要调整输出消息的内容，只需修改一条而不是三条 print 语句。

### 3. 使用多个 elif 代码块

可根据需要使用任意数量的 elif 代码块，例如，假设前述游乐场要给老年人打折，可再添加一个条件测试，判断顾客是否符合打折条件。下面假设对于 65 岁（含）以上的老人，可以半价（即 5 元）购买门票。

【示例 7】　*多个 elif 代码块*

```
age = 12
if age < 4:
    price = 0
```

```
elif age < 18:
    price = 5
elif age < 65:                            # ❶
    price = 10
else:                                     # ❷
    price = 5
print("您需要支付的门票金额为: " + str(price) + "元")
```

这些代码大都未变。第二个 elif 代码块（见❶）通过检查确定年龄不到 65 岁后，才将门票价格设置为全票价格——10 元。请注意，在 else 代码块（见❷）中，必须将所赋的值改为 5，因为仅当年龄超过 65（含）时，才会执行这个代码块。

#### 4. 省略else代码块

Python 并不要求 if…elif 结构后面必须有 else 代码块。在有些情况下，else 代码块很有用；而在其他一些情况下，使用一条 elif 语句来处理特定的情形更清晰。

**【示例8】** *省略 else 代码块*

```
age = 12
if age < 4:
    price = 0
elif age < 18:
    price = 5
elif age < 65:
    price = 10
elif age >= 65:                             # ❶
    price = 5
print("Your admission cost is $" + str(price) + ".")
```

❶处的 elif 代码块在顾客的年龄超过 65（含）时，将价格设置为 5 美元，这比使用 else 代码块更清晰些。经过这样的修改后，每个代码块都仅在通过了相应的测试时才会执行。

## 3.2.6 技能训练

**上机练习1**    *判断 4 位回文数*

#### ▶▶需求说明

所谓回文数，就是各位数字从高位到低位正序排列和从低位到高位逆序排列都是同一数值的数，例如，数字 1221 按正序和逆序排列都为 1221，因此 1221 就是一个回文数；而 1234 的各位按倒序排列是 4321，4321 与 1234 不是同一个数，因此 1234 就不是一个回文数。

编写程序，判断输入的 4 位整数是否是回文数。

**上机练习2**    *奖金发放*

#### 需求说明

某企业发放的奖金是根据利润和提成计算的，其规则如表 3-1 所示。

表 3-1   奖金发放规则

| 利润/万元 | I≤10 | 10< I≤20 | 20< I≤30 | 30< I≤40 | 40< I≤60 | 60< I≤100 |
|---|---|---|---|---|---|---|
| 奖金提成/% | 10 | 7.5 | 5 | 3 | 1.5 | 1 |

编写程序，实现快速计算员工应得奖金的功能。

**上机练习 3** 　　　　**会员积分规则**

**需求说明**

某商场会员的积分规则如表 3-2 所示。

表 3-2　会员积分规则

| 会员积分 | 会员级别 | 会员积分 | 会员级别 |
| --- | --- | --- | --- |
| 0 | 注册会员 | 10000 < score≤30000 | 金牌会员 |
| 0< score≤2000 | 铜牌会员 | 30000 < score | 钻石会员 |
| 2000 < score≤10000 | 银牌会员 | | |

使用 if…elif…else 语句实现表 3-1 所示的会员规则。

**上机练习 4** 　　　　**根据身高体重计算某个人的 BMI 值**

**需求说明**

BMI 是国际上常用的衡量人体胖瘦程度以及是否健康的一个标准。我国制定的 BMI 的分类标准如表 3-3 所示。

表 3-3　BMI 的分类标准

| BMI | <18.5 | 18.5≤BMI≤24 | 24<BMI≤28 | 28< BMI≤32 | >32 |
| --- | --- | --- | --- | --- | --- |
| 分类 | 过轻 | 正常 | 过重 | 肥胖 | 非常肥胖 |

BMI 计算公式如下：

身体质量指数（BMI）= 体重（kg）÷[身高(m)]$^2$

本案例要求编写程序，根据用户输入的身高和体重计算 BMI 值，并找到对应的分类。

# 3.3　条件语句嵌套

## 3.3.1　if 语句嵌套

if 语句嵌套指的是 if 语句内部包含 if 语句，其格式如下：

```
if 条件表达式 1:
    代码块 1
    if 条件表达式 2:
    代码块 2
```

在上述 if 语句嵌套的格式中，先判断外层 if 语句中条件表达式 1 的结果是否为 True，如果结果为 True，则执行代码块 1，再判断内层 if 的条件表达式 2 的结果是否为 True，如果条件表达式 2 的结果为 True，则执行代码块 2。

针对 if 嵌套语句，有两点需要说明：

（1）if 语句可以多层嵌套，不仅限于两层。

（2）外层和内层的 if 判断都可以使用 if 语句、if…else 语句和 elif 语句。

在现实世界中，很多情况下需要考虑嵌套条件情况。例如，来看一个学校举行运动会比赛，百米赛跑成绩在 10 秒以内的学生有资格进入决赛，根据性别分为男子组和女子组。首先，要判断是否能够进入决赛，在确定进入决赛的情况下，再判断是进入男子组，还是进入女子组。这就需要使用嵌套 if 选择结构来解决。

嵌套 if 选择结构就是在 if 选择结构里面再嵌入 if 选择结构，它的流程图如图 3-5 所示。

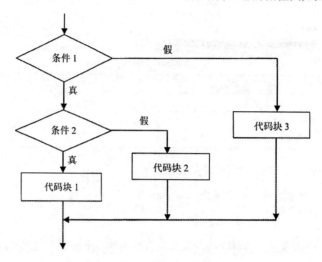

图 3-5 嵌套 if 选择结构的流程图

现在我们就使用嵌套 if 选择结构解决这个问题，代码如示例 9 所示。

【示例 9】 嵌套 if 选择语句

```python
score = int(input("请输入比赛成绩（s）: "))
gender = input("请输入性别: ")
if score <= 10:
    if gender == "男":
        print("进入男子组决赛! ")
    elif gender == "女":
        print("进入女子组决赛! ")
    else:
        print("进入决赛，性别输入有误，请核对")
else:
    print("淘汰! ")
```

只有当满足外层 if 选择结构的条件时，才会判断内层 if 的条件。else 总是与它前面最近的那个缺少 else 的 if 配对。运行代码，控制台输出结果如下：

```
请输入比赛成绩（s）: 8
请输入性别: 男
进入男子组决赛!
```

> 说明

if 结构书写规范如下。

➤ 为了使 if 结构更加清晰，内层的 if 结构相对于外层的 if 结构要有一定的缩进。

➤ 相匹配的一对 if 和 else 应该左对齐。

## 3.3.2 技能训练

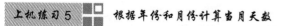
上机练习 5 根据年份和月份计算当月天数

### 需求说明

根据年份和月份计算当月一共有多少天。

**上机练习 4　模拟乘客进站流程**

**需求说明**

火车和地铁极大地方便了人们的出行，但为了防范不法分子，保障民众安全，进站乘坐火车或者乘坐地铁之前，需要先接受安检。部分车站先验票后安检，亦有车站先安检后验票。以先验票后安检的车站为例，乘客的进站流程如下。

（1）验票：检查乘客是否购买了车票

➢　如果没有车票，不允许进站；

➢　如果有车票，对行李进行安检。

（2）行李安检：检查是否携带危险物品

➢　如果携带危险物品，提示不允许上车；

➢　如果未携带危险物品，顺利进站。

编写程序，模拟乘客进站流程。

**上机练习 6　快递计费系统**

**需求说明**

快递行业的高速发展，使人们邮寄物品变得方便快捷。某快递点提供华东地区、华南地区、华北地区的寄件服务，其中华东地区编号为 01、华南地区编号为 02、华北地区编号为 03。该快递点寄件价目表具体如表 3-4 所示。

表 3-4　寄件价目表

| 地区编号 | 首重/元（≤2kg） | 续重/（元/kg） |
| --- | --- | --- |
| 华东地区(01) | 13 | 3 |
| 华南地区(02 ) | 12 | 2 |
| 华北地区(03) | 14 | 4 |

根据表 3-4 提供的数据编写程序，实现快递计费功能。

# 3.4　循环语句

Python 常用的循环包括 for 循环和 while 循环。本节将针对 for 循环与 while 循环的使用进行讲解。

## 3.4.1　for循环

### 1. for循环语法

for 循环可以对可迭代对象进行遍历。for 语句的格式如下：

```
for 临时变量 in 可迭代对象:
    执行语句 1
    执行语句 2
    ……
```

每执行一次循环，临时变量都会被赋值为可迭代对象的当前元素，提供给执行语句使用。例如，使用 for 语句遍历字符串的每个字符：

```
company ="好好学习"
for c in company:
    print (c)
```

程序运行结果：

```
好
好
学
习
```

### 2. for循环与range()函数

Python 的函数 range()能让你轻松地生成一系列的数字。for 循环常与 range()函数搭配使用，以控制 for 循环中代码段的执行次数。例如，可以像下面这样使用函数 range()来打印一系列的数字：

```
for value in range(1,5):
    print(value)
```

上述代码好像应该打印数字 1～5，但实际上它不会打印数字 5：

```
1
2
3
4
```

在代码中，range()只是打印数字 1～4，这是你在编程语言中经常看到的差一行为的结果。函数 range()让 Python 从你指定的第 1 个值开始数，并在到达你指定的第 2 个值后停止，因此输出不包含第 2 个值（这里为 5）。要打印数字 1～5，需要使用 range(1,6)：

```
for value in range(1,6):
    print(value)
```

这样，输出将从 1 开始，到 5 结束：

```
1
2
3
4
5
```

使用 range()时，如果输出不符合预期，请尝试将指定的值加 1 或减 1。

使用 for 循环实现 1～100 数据累加，如示例 10 所示。

**【示例 10】　使用 for 循环实现 1～100 数据累加**

```
# coding:UTF-8
sum = 0                        # 定义变量保存计算总和
for num in range(101):         # 生成最大数据为 100，范围：0～100，遍历 100 次
    sum += num                 # 数据累加
print(sum)                     # 输出累加结果
```

运行代码，控制台输出结果如下：

```
5050
```

## 3.4.2　技能训练 1

**上机练习 7　　逢 7 拍手游戏**

### 需求说明

逢 7 拍手游戏的规则是：从 1 开始顺序数数，数到有 7 或者包含 7 的倍数的时候拍手。编写程序，

模拟实现逢 7 拍手游戏，输出 100 以内需要拍手的数字。

 **上机练习 8　　数据加密**

#### 需求说明

数据加密是保存数据的一种方法，它通过加密算法和密钥将数据从明文转换为密文。

假设当前开发的程序中需要对用户的密码进行加密处理，而已知用户的密码均为 6 位数字，其加密规则如下：

> ➢　获取每个数字的 ASCII 值；
>
> ➢　将所有数字的 ASCII 值进行累加求和；
>
> ➢　将每个数字对应的 ASCII 值按照从前往后的顺序进行拼接，并将拼接后的结果进行反转；
>
> ➢　将反转的结果与前面累加的结果相加，所得的结果即为加密后的密码。

编写程序，按照上述加密规则对用户输入的密码进行加密，并输出加密后的密文。

### 3.4.3　while循环

while 循环是一个条件循环语句，当条件满足时重复执行代码块，直到条件不满足为止。

#### 1. while循环语法

while 循环的格式如下：

```
while 条件表达式:
    代码块
```

在以上格式中，首先判断条件表达式的结果是否为 True，如果条件表达式的结果为 True，则执行 while 循环中的代码块；然后再次判断条件表达式的结果是否为 True，如果条件表达式的结果为 True，则再次执行 while 循环中的代码块。每次执行完代码块都需要重新判断条件表达式的结果，直到条件表达式的结果为 False 时结束循环，不再执行 while 循环中的代码块。while 循环的流程如图 3-6 所示。

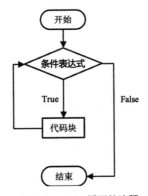

图 3-6　while 循环的流程

#### 2. 使用while循环

我们可以使用 while 语句实现循环功能，例如，下面的 while 循环从 1 数到 5。

**【示例 11】　while 循环语句**

```
current_number = 1
while current_number <= 5:
```

```
print(current_number)
current_number += 1
```

在第 1 行，我们将 current_number 设置为 1，从而指定从 1 开始数起。接下来的 while 循环被设置成这样：只要 current_number 小于或等于 5，就接着运行这个循环。循环中的代码打印 current_number 的值，再使用代码 current_number += 1（代码 current_number = current_number + 1 的简写）将其值加 1。

只要满足条件 current_number <= 5，Python 就接着运行这个循环。由于 1 小于 5，因此 Python 打印 1，并将 current_number 加 1，使其为 2；由于 2 小于 5，因此 Python 打印 2，并将 current_number 加 1，使其为 3，以此类推。一旦 current_number 大于 5，循环将停止，整个程序也将到此结束：

```
1
2
3
4
5
```

你每天使用的程序很可能就包含 while 循环。例如，游戏使用 while 循环，确保在玩家想玩时不断运行，并在玩家想退出时停止运行。如果程序在用户没有让它停止时停止运行，或者在用户要退出时还继续运行，那就太没有意思了；有鉴于此，while 循环很有用。

使用 while 循环计算 10!（10 的阶乘），示例代码如下。

【示例 12】　计算 10!

```
i=1
result = 1
while i<= 10:
    result *=i
    i+=1
print (result)
```

程序运行结果：

```
3628800
```

以上代码首先定义了两个变量 i 和 result，其中变量 i 表示乘数，初始值为 1；变量 result 表示计算结果，初始值也为 1，接着开始执行 while 语句，判断是否满足表达式 "i<=10"，由于表达式的执行结果为 True，循环体内的语句 result*=i 和 i+=1 被执行，result 值为 1，i 值变成 2；再次判断条件表达式，结果仍然为 True，执行循环体中的代码后 result 值变为 2，i 值变为 3，然后继续判断条件表达式，以此类推。直到 i=11 时，条件表达式 i<=10 的判断结果为 False，循环结束，最后输出 result 的值。使用 while 循环实现 1~100 的数字累加，示例代码如下。

【示例 13】　使用 while 循环实现 1~100 的数字累加

```
# coding:UTF-8
sum = 0                           # 保存累加计算结果
num = 1                           # 循环初始化条件
while num <= 100:                 # 循环判断
    sum += num                    # 数据累加
    num += 1                      # 修改循环条件
print(sum)                        # 输出最终计算结果
```

运行代码，控制台输出结果如下：

```
5050
```

## 3. 让用户选择何时退出

可使用 while 循环让程序在用户愿意时不断地运行，如下面的程序 parrot.py 所示。我们在其中定义了一个退出值，只要用户输入的不是这个值，程序就接着运行。

**【示例 14】 让用户选择何时退出 1**

```
prompt = "\n 告诉我一件事，我再重复一遍: "                          #❶
prompt += "\n 输入'quit'结束程序。 "
message = ""                                                        #❷
while message != 'quit':                                            #❸
    message = input(prompt)
    print(message)
```

在❶处，我们定义了一条提示消息，告诉用户他有两个选择：要么输入一条消息，要么输入退出值（这里为 quit）。接下来，我们创建了一个变量——message（见❷），用于存储用户输入的值。我们将变量 message 的初始值设置为空字符串""，让 Python 首次执行 while 代码行时有可供检查的东西。Python 首次执行 while 语句时，需要将 message 的值与 quit 进行比较，但此时用户还没有输入。如果没有可供比较的东西，Python 将无法继续运行程序。为解决这个问题，我们必须给变量 message指定一个初始值。虽然这个初始值只是一个空字符串，但符合要求，让 Python 能够执行 while 循环所需的比较。只要 message 的值不是 quit，这个循环（见❸）就会不断运行下去。

首次遇到这个循环时，message 是一个空字符串，因此 Python 进入这个循环。执行到代码行message = input(prompt)时，Python 显示提示消息，并等待用户输入。不管用户输入什么，都将存储到变量 message 中并打印出来；接下来，Python 重新检查 while 语句中的条件。只要用户输入的不是单词 quit，Python 就会再次显示提示消息并等待用户输入。等到用户终于输入 quit 后，Python 停止执行 while 循环，而整个程序也到此结束：

```
告诉我一件事，我再重复一遍:
输入'quit'结束程序。 Hello Python
Hello Python

告诉我一件事，我再重复一遍:
输入'quit'结束程序。 Hello Python
Hello Python

告诉我一件事，我再重复一遍:
输入'quit'结束程序。 quit
quit
```

这个程序很好，唯一美中不足的是，它将单词 quit 也作为一条消息打印了出来。为解决这种问题，只需使用一个简单的 if 测试即可。

**【示例 15】 让用户选择何时退出 2**

```
prompt = "\n 告诉我一件事，我再重复一遍: "                          #❶
prompt += "\n 输入'quit'结束程序。 "
message = ""                                                        #❷
while message != 'quit':                                            #❸
    message = input(prompt)
    if message != 'quit':
        print(message)
```

现在，程序在显示消息前将做简单的检查，仅在消息不是退出值时才打印它：

```
告诉我一件事，我再重复一遍:
输入'quit'结束程序。 Hello Python
Hello Python

告诉我一件事，我再重复一遍:
输入'quit'结束程序。 Hello Python
Hello Python
```

告诉我一件事，我再重复一遍：
输入'quit'结束程序。 quit

### 4. 使用标志

在前一个示例中，我们让程序在满足指定条件时就执行特定的任务。但在更复杂的程序中，很多不同的事件都会导致程序停止运行；在这种情况下，该怎么办呢？

例如，在游戏中，多种事件都可能导致游戏结束，如玩家一艘飞船都没有了或要保护的城市都被摧毁了。导致程序结束的事件有很多时，如果在一条 while 语句中检查所有这些条件，将既复杂又困难。

在要求很多条件都满足才继续运行的程序中，可定义一个变量，用于判断整个程序是否处于活动状态。这个变量被称为标志，充当了程序的交通信号灯。你可让程序在标志为 True 时继续运行，并在任何事件导致标志的值为 False 时让程序停止运行。这样，在 while 语句中就只需检查一个条件——标志的当前值是否为 True，并将所有测试（是否发生了应将标志设置为 False 的事件）都放在其他地方，从而让程序变得更为整洁。

下面在前一节的程序 parrot.py 中添加一个标志。我们把这个标志命名为 active（可给它指定任何名称），它将用于判断程序是否应继续运行。

【示例 16】   使用标志

```
prompt = "\n 告诉我一件事，我再重复一遍："
prompt += "\n 输入'quit'结束程序。"
active = True                                    #❶
while active:                                    #❷
    message = input(prompt)
    if message == 'quit':                        #❸
        active = False
    else:                                        #❹
        print(message)
```

我们将变量 active 设置成了 True（见❶），让程序最初处于活动状态。这样做简化了 while 语句，因为不需要在其中做任何比较——相关的逻辑由程序的其他部分处理。只要变量 active 为 True，循环就将继续运行（见❷）。

在 while 循环中，我们在用户输入后使用一条 if 语句来检查变量 message 的值。如果用户输入的是 quit（见❸），我们就将变量 active 设置为 False，这将导致 while 循环不再继续执行。如果用户输入的不是 quit（见❹），我们就将输入作为一条消息打印出来。

这个程序的输出与前一个示例相同。在前一个示例中，我们将条件测试直接放在了 while 语句中，而在这个程序中，我们使用了一个标志来指出程序是否处于活动状态，这样如果要添加测试（如 elif 语句）以检查是否发生了其他导致 active 变为 False 的事件，将很容易。在复杂的程序中，如很多事件都会导致程序停止运行的游戏中，标志很有用：在其中的任何一个事件导致活动标志变成 False 时，主游戏循环将退出，此时可显示一条游戏结束消息，并让用户选择是否要重新玩。

### 5. 避免无限循环

每个 while 循环都必须有停止运行的途径，这样才不会没完没了地执行下去。例如，下面的循环从 1 数到 5。

【示例 17】   避免无限循环

```
x = 1
while x <= 5:
    print(x)
```

```
    x += 1
```

但如果你像下面这样不小心遗漏了代码行 x += 1，那么这个循环将没完没了地运行下去：

```
# 这个循环将没完没了地运行！
x = 1
while x <= 5:
    print(x)
```

在这里，x 的初始值为 1，但根本不会变，因此条件测试语句 x <= 5 始终为 True，导致 while 循环没完没了地打印 1，如下所示：

```
1
1
1
1
--snip--
```

程序员常常会因不小心而编写出无限循环的程序，在循环的退出条件比较微妙时尤其如此。如果程序陷入无限循环，可按 Ctrl+C 组合键终止，也可关闭显示程序输出的终端窗口。

要避免编写无限循环，务必对每个 while 循环进行测试，确保它按预期那样结束。如果你希望程序在用户输入特定值时结束，可运行程序并输入这样的值；如果在这种情况下程序没有结束，请检查程序处理这个值的方式，确认程序至少有一个这样的地方能让循环条件为 False 或让 break 语句得以执行。

注意有些编辑器（如 Sublime Text）内嵌了输出窗口，这可能导致难以结束无限循环，因此不得不关闭编辑器来结束无限循环。

## 3.4.4　技能训练 2

**上机练习 9　水果沙拉配料**

**需求说明**

编写一个循环，提示用户输入一系列的水果沙拉配料，并在用户输入 quit 时结束循环。每当用户输入一种配料后，都打印一条消息，说我们会在水果沙拉中添加这种配料。

**上机练习 10　公园门票**

**需求说明**

有家公园根据游客的年龄收取不同的票价：不到 3 岁的游客免费；3～12 岁的游客为 10 元；超过 12 岁的游客为 15 元。请编写一个循环，在其中询问用户的年龄，指出其票价，并在输入 quit 时结束循环。

**上机练习 11　三个出口**

**需求说明**

以另一种方式完成上机练习 4 或练习 5，在程序中采取如下所有做法。

➢　在 while 循环中使用条件测试来结束循环。

➢　使用变量 active 来控制循环结束的时机。

➢　使用 break 语句在用户输入 quit 时退出循环。

**上机练习 12　　登录系统账号检测**

**需求说明**

登录系统一般具有账号、密码检测功能，即检测用户输入的账号、密码是否正确。若用户输入的账号或密码不正确，则提示"用户名或密码错误"和"您还有*次机会"；若用户输入的账号和密码正确，则提示"登录成功"；若输入的账号、密码错误次数超过 3 次，则提示"输入错误次数过多，请稍后再试"。

编写程序，模拟登录系统账号、密码检测功能，并限制账号或密码输错的次数至多 3 次。

## 3.5　循环语句嵌套

在编写代码时，可能需要对一段代码执行多次，这时可以使用循环语句。假设需要多次执行循环语句，那么可以将循环语句放在循环语句之中，实现循环嵌套。

### 3.5.1　while循环嵌套

while 循环中可以嵌套 while 循环，其格式如下：

```
while  条件表达式 1：
    代码块 1
    while  条件表达式 2：
        代码块 2
        ……
```

在以上格式中，首先判断外层 while 循环的条件表达式 1 是否成立，如果成立，则执行代码块 1，并能够执行内层 while 循环。执行内层 while 循环时，判断条件表达式 2 是否成立，如果成立则执行代码块 2，直至内层 while 循环结束。也就是说，每执行+次外层的 while 语句，都要将内层的 while 循环重复执行一遍。

例如，使用 while 循环嵌套语句打印由"*"组成的直角三角形，示例如下。

**【示例 18】　　while 循环嵌套语句**

```
i=1
while i<=5:
    j =1
    while j <= i:
        print("*", end =' ')
        j+=1
    print (end="\n")
    i+=1
```

程序运行结果：

```
*
* *
* * *
* * * *
* * * * *
```

值得一提的是，只要 while 循环嵌套格式正确，嵌套的形式和层数就不受限制。当然，如果嵌套的层级太多，代码会变得很复杂，难以理解。此时最好调整一下代码结构，将嵌套的层数控制在 3 层以内。

### 3.5.2 for循环嵌套

for 循环也可以嵌套使用。for 循环嵌套的格式如下：

```
for 临时变量 in 可迭代对象:
    代码块1
    for 临时变量 in 可迭代对象:
        代码块2
```

for 循环嵌套语句与 while 循环嵌套语句大同小异，都是先执行外层循环再执行内层循环，每执行一次外层循环都要执行一遍内层循环。使用 for 循环嵌套打印由 "*" 组成的直角三角形的示例如下。

**【示例 19】 利用循环嵌套输出直角三角形**

```
for i in range(1,6) :
    for j in range(i) :                    # 随着行的增加，输出的"*"增多
        print("*", end =' ')
    print()                                # 换行
```

程序运行结果如下：

```
*
* *
* * *
* * * *
* * * * *
```

使用 for 循环嵌套打印由 "*" 组成的等腰三角形的示例如下。

**【示例 20】 利用循环嵌套输出等腰三角形**

```
# coding:UTF-8
line = 5                                   # 打印的总行数
for x in range(0, line):                   # 外层循环控制输出行
    for z in range(0, line - x):           # 随着行的增加，输出的空格数减少
        print("", end=" ");                # 信息输出
    for y in range(0, x + 1):              # 随着行的增加，输出的"*"增多
        print("*", end=" ")                # 信息输出
    print()                                # 换行
```

程序运行结果如下：

```
    *
   * *
  * * *
 * * * *
* * * * *
```

通过 Python 特点改进循环输出等腰三角形的示例如下。

**【示例 21】 通过 Python 特点实现代码改进**

```
# coding:UTF-8
line = 5                                   # 总共打印的行数
for x in range(0, line):                   # 循环控制输出行
    print(" " * (line - x),end=" ")        # 空格输出
    print("* " * (x + 1))                  # "*"号输出
```

程序运行结果同示例相同。

### 3.5.3 技能训练

**上机练习 13    九九乘法表**

#### 需求说明

乘法口诀是中国古代筹算中进行乘法、除法、开方等运算的基本计算规则，沿用至今已有两千多年。古代的乘法口诀与现在使用的乘法口诀顺序相反，自上而下从"九九八十一"开始到"一一得一"为止，因此，古人用乘法口诀的前两个字"九九"作为此口诀的名称。

编写程序，实现通过 for 循环嵌套输出下列样式的九九乘法表的功能。

```
1*1=1
1*2=2    2*2=4
1*3=3    2*3=6    3*3=9
1*4=4    2*4=8    3*4=12   4*4=16
1*5=5    2*5=10   3*5=15   4*5=20   5*5-25
1*6=6    2*6=12   3*6=18   4*6=24   5*6=30   6*6=36
1*7=7    2*7=14   3*7=21   4*7=28   5*7=35   6*7=42   7*7=49
1*8=8    2*8=16   3*8=24   4*8=32   5*8=40   6*8=48   7*8=56   8*8=64
1*9=9    2*9=18   3*9=27   4*9=36   5*9=45   6*9-54   7*9=63   8*9=72   9*9=81
```

## 3.6  Python的其他语句

循环语句一般会一直执行完所有的情况后自然结束，但是在有些情况下，需要停止当前正在执行的循环，也就是跳出循环。Python 支持使用 break 语句跳出整个循环，使用 continue 语句跳出本次循环。

### 3.6.1  break语句

要立即退出循环，不再运行循环中余下的代码，也不管条件测试的结果如何，可使用 break 语句。break 语句用于控制程序流程，可使用它来控制哪些代码行执行，哪些代码行不执行，从而让程序按你的要求执行相应的代码。break 语句用于跳出离它最近一级的循环，能够用于 for 循环和 while 循环中，通常与 if 语句结合使用，放在 if 语句代码块中。其格式如下：

```
for 临时变量 in 可迭代对象：
    执行语句
    if 条件表达式：
        代码块
        break
```

例如，使用 for 循环遍历字符串 Python，一旦遍历到字符 t，就可以使用 break 语句跳出循环。示例代码如下。

**【示例 22】    for 循环中使用 break 语句**

```
name ="Python"
for word in name:
    print("-------")
    if (word =='t') :
        break
        print (word)
```

以上代码使用 for 循环遍历字符串 Python 中的字符，当遍历到字符 t 时，满足 if 语句中的条件表达式，因此执行 if 语句中的 break 语句，跳出 for 循环。

程序运行结果：

```
-------
P
-------
y
```

break 语句也可以用于 while 循环，其格式如下：

```
while 条件表达式:
    代码块
    if 条件表达式:
        代码块
        break
```

while 循环中使用 break 语句的示例代码如下。

**【示例 23】　while 循环中使用 break 语句**

```
i=0
max=5
while i< 10:
    i+=1
    print("-------")
    if(i== max) :
        break
    print(i)
```

以上代码首先定义变量 i 与 max，然后将 "i<10" 作为条件表达式，当 i 的值小于 10 时执行 while 循环中的代码块，每执行一次 while 循环 i 的值增加 1。在 while 循环的代码块中包含 if 语句，该 if 语句判断变量 i 的值与变量 max 的值是否相等，如果相等则执行 if 语句中的 break 语句。程序运行结果：

```
-------
1
-------
2
-------
3
-------
4
```

例如，来看一个让用户指出他到过哪些地方的程序。在这个程序中，我们可以在用户输入 quit 后使用 break 语句立即退出 while 循环。

**【示例 24】　使用标志退出循环**

```
prompt = "\n 请输入您访问过的城市的名称:"
prompt += "\n(完成后输入'quit'。) "
while True:                                          #❶
    city = input(prompt)
    if city == 'quit':
        break
    else:
        print("我去过" + city.title() + "!")
```

以 while True 开头的循环（见❶）将不断运行，直到遇到 break 语句。这个程序中的循环不断输入用户到过的城市的名字，直到他输入 quit 为止。用户输入 quit 后，将执行 break 语句，导致 Python 退出循环：

```
请输入您访问过的城市的名称:
(完成后输入'quit'。)北京
我去过北京!

请输入您访问过的城市的名称:
```

```
(完成后输入'quit'。) 杭州
我去过杭州！

请输入您访问过的城市的名称：
(完成后输入'quit'。) quit
```

**注意**

在任何 Python 循环中都可使用 break 语句。例如，可使用 break 语句来退出遍历列表或字典的 for 循环。

## 3.6.2 continue语句

要返回到循环开头，并根据条件测试结果决定是否继续执行循环，可使用 continue 语句，它不像 break 语句那样不再执行余下的代码并退出整个循环。continue 语句用于跳出当前循环，继续执行下一次循环。当执行到 continue 语句时，程序会忽略当前循环中剩余的代码，重新开始执行下一次循环。

例如，从列表中找出所有的正数，代码如下。

**【示例 25 】 continue 语句**

```
for element in [0, -2, 5, 7, -10]:
    if element <=0
        continue
    print (element)
```

以上代码遍历列表[0, -2, 5, 7, -10]中的所有元素，每取出一个元素就判断该元素的值是否小于或等于 0，当值小于或等于 0 时执行 if 语句中的 continue 语句，直接跳出本次循环，忽略剩下的循环语句，开始遍历列表中的下一个元素进行判断，直至取出所有的元素为止。

程序运行结果：

```
5
7
```

**注意**

若 break 语句位于循环嵌套结构中，该语句只会跳出离它最近的一级循环，外层的循环不会受到任何影响。break 和 continue 语句只能用于循环中，不能单独使用。

例如，来看一个从 1 数到 10，但只打印其中偶数的循环。

**【示例 26 】 continue 语句 2**

```
current_number = 0
while current_number< 10:
current_number += 1                              #❶
    if current_number % 2 == 0:
        continue
    print(current_number)
```

我们首先将 current_number 设置成了 0，由于它小于 10，Python 进入 while 循环。进入循环后，我们以步长为 1 的方式往上数（见❶），因此 current_number 为 1。接下来，if 语句检查 current_number 与 2 的求模运算结果。如果结果为 0（意味着 current_number 可被 2 整除），就执行 continue 语句，让 Python 忽略余下的代码，并返回到循环的开头。如果当前的数字不能被 2 整除，就执行循环中余下的代码，Python 将这个数字打印出来：

```
1
3
5
```

```
7
9
```

## 3.6.3 pass语句

Python 中的 pass 是空语句，它的出现是为了保持程序结构的完整性。pass 不做任何事情，一般用作占位语句。pass 语句的使用如示例 27 所示。

【示例27】 pass 语句

```
for letter in 'Runoob':
    if letter=='o':
        pass
        print ('执行 pass 块')
    print ('当前字母:', letter)
print ("Good bye!")
```

在示例中，当程序执行 pass 语句时，由于 pass 是空语句，程序会忽略该语句，按顺序执行其他语句。程序的运行结果如下所示。

```
当前字母: P
当前字母: y
当前字母: t
当前字母: h
执行 pass 块
当前字母: o
当前字母: n
Good bye!
```

## 3.6.4 else语句

前面在学习 if 语句的时候，会在 if 条件语句的范围之外发现 else 语句。其实，除了判断语句，Python 中的 while 和 for 循环中也可以使用 else 语句。在循环中使用时，else 语句只在循环完成后执行，也就是说，break 语句也会跳过 else 语句块。

利用 else 语句实现一个变量与 5 进行比较，比 5 小显示"is less than 5"，否则输出"is not less than 5"，代码如示例 28 所示。

【示例28】 else 语句

```
count =0
while count < 5:
    print(count, "is less than 5")
    count = count + 1
else:
    print(count, "is not less than 5")
```

在示例中，定义了一个变量 count，它的初始值为 0。接着执行 while 语句判断条件，由于 count 的值小于 5，所以条件成立，执行 while 循环使得 count 的值变成 1，以此类推。直到 count 的值为 5 时，循环条件不成立，结束整个循环，程序会执行 else 语句里面的代码。程序的运行结果如下所示。

```
0 is less than 5
1 is less than 5
2 is less than 5
3 is less than 5
4 is less than 5
5 is not less than 5
```

### 3.6.5　技能训练

**上机练习 14　猴子与桃**

**需求说明**

公园里有一只猴子和一堆桃子，猴子每天吃掉桃子总数的一半，在剩下一半中扔掉一个坏的。到第七天的时候，猴子睁开眼发现只剩下一个桃子。问公园里刚开始有多少个桃子？

**上机练习 15　猜数游戏**

**需求说明**

猜数游戏是一个古老的密码破译类、益智类小游戏，通常由两个人参与，一个人设置一个数字，一个人猜数字，当猜数字的人说出一个数字，由出题的人告知是否猜中：若猜测的数字大于设置的数字，出数字的人提示"很遗憾，你猜大了"；若猜测的数字小于设置的数字时，出题的人提示"很遗憾，你猜小了"；若猜数字的人在规定的次数内猜中设置的数字，出题的人提示"恭喜你，猜数成功"。

编写程序，实现遵循上述规则的猜数字游戏，并限制猜数机会只有 5 次。

## 本章总结

本章主要介绍了 Python 流程控制，包括 if 语句、if 语句的嵌套、循环语句、循环嵌套以及跳转语句。其中，对 if 语句主要介绍了 if 语句的格式，在循环语句中主要介绍了 for 循环和 while 循环，跳转语句主要介绍了 break 语句和 continue 语句。通过本章的学习，希望读者能够熟练掌握 Python 流程控制的语法，并灵活运用流程控制语句进行程序开发。

## 本章作业

### 一、填空题

1.　流程图是描述＿＿＿＿＿＿的常用工具。
2.　当循环结构的循环体由多个语句构成时，必须用＿＿＿＿＿＿的方式组成一个语句块。
3.　Python 中的循环语句有＿＿＿＿＿＿循环和＿＿＿＿＿＿循环。
4.　Python 中使用关键字＿＿＿＿＿＿表示条件语句。
5.　当 if 条件表达式为＿＿＿＿＿＿才会执行满足条件的语句。

### 二、判断题

1.　Python 中 break 和 continue 语句可以单独使用。（　　　）
2.　if…else 语句可以处理多个分支条件。（　　　）
3.　for 循环嵌套就是在 for 循环中再加一个 for 循环。（　　　）
4.　if 语句最多可以嵌套两层。（　　　）

### 三、选择题

1.　下面不属于程序的基本控制结构的是（　　　）。
　　A．顺序结构　　　B．选择结构　　　C．循环结构　　　D．输入输出结构

2. 在 Python 中，实现多分支选择结构的较好方法是（　　）。

　　A．if　　　　　　　　B．if…else　　　　　　C．if…elif…else　　　D．if 嵌套

3. 关于 while 循环和 for 循环的区别，下列叙述中正确的是（　　）。

　　A．while 语句的循环体至少无条件执行一次，for 语句的循环体有可能一次都不执行

　　B．while 语句只能用于循环次数未知的循环，for 语句只能用于循环次数已知的循环

　　C．在很多情况下，while 语句和 for 语句可以等价使用

　　D．while 语句只能用于可迭代变量，for 语句可以用任意表达式表示条件

4. 下列关于 for 循环的描述，说法正确的是（　　）。

　　A．for 循环可以遍历可迭代对象

　　B．for 循环不能使用循环嵌套

　　C．for 循环不可以与 if 语句一起使用

　　D．for 循环可以遍历数据，但不能控制循环次数

5. 下列语句中用于跳出循环体的语句是（　　）。

　　A．continue　　　　　　B．break　　　　　　　C．if　　　　　　　　D．while

## 四、简答题

1. 流程控制语句有几种？简述你对每种流程控制语句的理解。

2. 请写出嵌套 if 控制语句的语法和流程图。

3. 说明以下三个 if 语句的区别。

语句一：

```
if i>0:
    if j>0:n=1
    else:n=2
```

语句二：

```
if i>0:
    if j>0:n=1
else:n=2
```

语句三：

```
if i>0:n=1
else:
    if j>0:n=2
```

4. 下面的循环会打印多少次"I Love Python"？

```
for i in range(0, 10, 2):
    print('I Love Python')
```

## 五、编程题

1. 餐馆订位：编写一个程序，询问用户有多少人用餐。如果超过 8 人，就打印一条消息，指出没有空桌；否则指出有空桌。

2. 10 的整数倍：让用户输入一个数字，并指出这个数字是否是 10 的整数倍。

3. 编写程序，输入两个数，比较它们的大小并输出其中较大者。

4. 使用 for 循环输出 1+2+3+…+100 的结果。

5. 使用 while 循环输出 100 以内的偶数。

# 第4章
# 列表和元组

## 本章目标

◎ 掌握列表的创建与访问列表元素的方式。

◎ 掌握列表的遍历和排序。

◎ 掌握添加、删除、修改列表元素的方式。

◎ 熟悉嵌套列表的使用。

◎ 掌握创建元组与访问元组元素的方式。

## 本章简介

前面介绍了 Python 最底层的基本数据类型：布尔型、整型、浮点型以及字符串型。如果把这些数据类型看作是组成 Python 的原子，那么本章将要提到的数据结构就像分子一样。在这一章中，我们会把之前所学的基本 Python 类型以更为复杂的方式组织起来。这些数据结构以后会经常用到。在编程中，最常见的工作就是将数据进行拆分或合并，将其加工为特定的形式，而数据结构就是用以切分数据的钢锯以及合并数据的黏合枪。

列表和元组是 Python 内置的两种重要的数据类型，它们都是序列类型，可以存放任何类型的数据，并且支持索引、切片、遍历等一系列操作。本章将对列表和元组这两种数据类型进行介绍，你将学习列表是什么以及如何使用列表元素。列表让你能够在一个地方存储成组的信息，其中可以只包含几个元素，也可以包含数百万个元素。列表是新手可直接使用的最强大的 Python 功能之一，它融合了众多重要的编程概念。

## 技术内容

## 4.1 认识列表

### 4.1.1 什么是列表

列表（List）是 Python 中非常重要的数据类型，列表非常适合利用顺序和位置定位某一元素，尤其是当元素的顺序或内容经常发生改变时。与字符串不同，列表是可变的。它由一系列元素组成，所有的元素被包含在一对方括号中，是 Python 中最灵活的有序序列，列表可以存储任意类型的元素，通常作为函数的返回类型。列表和元组相似，也是由一组元素组成的，开发人员可以对列表实现添加、删除和查找等操作，元素的值可以被修改。在列表中，具有相同值的元素允许出现多次。

📖 说明

　　使用过 Java 语言的读者可能想到了 Java 语言中的 List 接口，其中的 ArrayList 类继承自 List 接口，实现了动态数组的功能，可以添加或删除任意类型的对象。Python 中列表的作用和 ArrayList 类相似，用法更灵活。

## 4.1.2　列表的创建方式

Python 创建列表的方式非常简单，既可以使用中括号"[]"创建，也可以使用内置的 list()函数快速创建。

### 1．使用中括号"[]"创建列表

使用中括号"[]"创建列表时，只需要在中括号"[]"中使用逗号分隔每个元素即可。列表的创建格式如下所示：

```
list_name=[元素 1, 元素 2, .. ]
```

列表可以由零个或多个元素组成，元素之间用逗号分开，整个列表被方括号所包裹：

```
>>> list1 = [ ]        #空列表
>>> list2 = ['Monday', 'Tuesday', 'Wednesday', 'Thursday', 'Friday']
                                #列表中元素类型均为字符串类型
>>> list3 = ['emu', 'ostrich', 'cassowary']
>>> list4 = [1, 'a', '&', 2.3]         #列表中元素类型不同
```

### 2．使用list()函数创建列表

可以使用 list()函数来创建一个空列表：

```
>>>another_empty_list = list()
>>>another_empty_list
[]
```

使用 list()函数同样可以创建列表，需要注意的是该函数接收的参数必须是一个可迭代类型的数据。例如：

```
li_one = list (1)             #因为 int 类型数据不是可迭代类型，所以列表创建失败
li_two = list('python')       #字符串类型是可迭代类型
li_three = list([1, 'python'])     #列表类型是可迭代类型
```

## 4.1.3　访问列表元素

列表中的元素可以通过索引或切片的方式访问，下面分别使用这两种方式访问列表元素。

### 1．使用索引方式访问列表元素

使用索引可以获取列表中的指定元素。和字符串一样，通过偏移量可以从列表中提取对应位置的元素：

```
>>>list1 = ["Java", "C#", "Python"]
>>>list1[0]
'Java'
>>>list1[1]
'C#'
>>>list1[2]
'Python'
```

同样，负偏移量代表从尾部开始计数：

```
>>>list1[-1]
'Python'
>>>list1[-2]
'C#'
>>>list1[-3]
'Java'
```

指定的偏移量对于待访问列表必须有效——该位置的元素在访问前已正确赋值。

注意

日常生活中，对某些东西计数或者编号的时候，可能会从 1 开始。所以 Python 使用的编号机制可能看起来很奇怪，但这种方法其实非常自然。在后面的章节中可以看到，这样做的一个原因是可以从最后一个元素开始计数：序列中的最后一个元素标记为-1，倒数第二个元素为-2，以此类推。这就意味着我们可以从第一个元素向前或者向后计数了，第一个元素位于最开始，索引为 0，使用一段时间后，我们就会习惯于这种计数方式了。

### 2. 使用切片方式访问列表元素

使用切片可以截取列表中的部分元素，得到一个新列表。例如：

```
>>>li_one = ['p', 'y', 't', 'h', 'o', 'n']
```

使用切片提取列表的一个子序列：

```
>>>li_one[0:2]
['p', 'y']
```

获取列表中索引为 2 至末尾的元素：

```
>>>li_one[2:]
['t', 'h', 'o', 'n']
```

获取列表中索引为 0 至索引为 3 的元素：

```
>>>li_one[:3]
['p', 'y', 't']
```

与字符串一样，列表的切片也可以设定除 1 外的步长。获取列表中的所有元素：

```
>>>li_one[::1]
['p', 'y', 't', 'h', 'o', 'n']
```

列表的切片仍然是一个列表。下面的例子从列表的开头开始每 2 个提取一个元素：

```
>>>li_one[::2]
['p', 't', 'o']
```

获取列表中索引为 1 至索引为 4 且步长为 2 的元素：

```
>>>li_one[1:4:2]
['y', 'h']
```

再试试从尾部开始提取，步长仍为 2：

```
>>>li_one[::-2]
['n', 'h', 'y']
```

利用切片还可以巧妙地实现列表逆序：

```
>>>li_one[::-1]
['n', 'o', 'h', 't', 'y', 'p']
```

## 4.1.4　列表的常用方法

在 Python 中，列表是由类 list 实现的，使用函数 help(list)查看 list 类的定义，可以快速了解列表所包含的方法，Help 函数同样适用于其他 Python 类。表 4-1 列出了列表的常用方法。

表 4-1　列表的常用方法

| 方法名 | 说　明 |
|---|---|
| append (object) | 在列表的末尾添加一个对象 object |
| insert (index, object) | 在指定的索引 index 处插入一个对象 object |
| remove (value) | 删除列表中首次出现的 value 值 |
| pop ( [ index]) | 删除索引 index 指定的值；如果 index 不指定，则删除列表中最后一个元素 |
| extend (iterable) | 将 iterable 指定的元素添加到列表的末尾 |
| index (value, [start, [stop]]) | 返回 value 现在出现在列表中的索引 |
| sort(cmp=None, key=None, reverse=False) | 列表的排序 |
| reverse() | 列表的反转 |

## 4.1.5　技能训练

**需求说明**

请尝试编写一些简短的程序来完成下面的练习。

（1）将一些朋友的姓名存储在一个列表中，并将其命名为 names。依次访问该列表中的每个元素，从而将每个朋友的姓名都打印出来。

（2）继续使用前面的 names 列表，但不打印每个朋友的姓名，而为每人打印一条消息。每条消息都包含相同的问候语，但抬头为相应朋友的姓名。

**需求说明**

使用 list()函数与 range()函数来创建一个列表，使用一个 for 循环打印数字 1～20（含）。

上机练习 3　3 的倍数

**需求说明**

创建一个列表，其中包含 3～30 内能被 3 整除的数字；再使用一个 for 循环将这个列表中的数字都打印出来。

上机练习 4　计算立方

**需求说明**

将同一个数字乘三次称为立方。例如，在 Python 中，2 的立方用 2**3 表示。请创建一个列表，其中包含前 10 个整数（即 1～10）的立方，再使用一个 for 循环将这些立方值都打印出来。

**上机练习 5　　切片使用**

**需求说明**

自定义一个列表，以完成如下任务。

➤ 打印消息"The first three items in the list are:"，再使用切片来打印列表的前三个元素。

➤ 打印消息"Three items from the middle of the list are:"，再使用切片来打印列表中间的三个元素。

➤ 打印消息"The last three items in the list are:"，再使用切片来打印列表末尾的三个元素。

**上机练习 6　　刮刮乐**

**需求说明**

刮刮乐的玩法多种多样，彩民只要刮去刮刮乐上的银色油墨即可查看是否中奖。每张刮刮乐都有多个兑奖区，每个兑奖区对应着不同的获奖信息，包括"一等奖""二等奖""三等奖"和"谢谢惠顾"。假设现在有一张刮刮乐，该卡片上面共有 8 个刮奖区，大家只能刮开其中一个区域。

编写程序，实现模拟刮刮乐刮奖的过程。

## 4.2　列表的遍历、排序和查找

### 4.2.1　列表的遍历

我们经常需要遍历列表的所有元素，对每个元素执行相同的操作。例如，在游戏中，可能需要将每个界面元素平移相同的距离；对于包含数字的列表，可能需要对每个元素执行相同的统计运算；在网站中，可能需要显示文章列表中的每个标题。需要对列表中的每个元素都执行相同的操作时，可使用 Python 中的 for 循环。

假设我们有一个班级学生名单，需要将其中每个学生的名字都打印出来。为此，我们可以分别获取名单中的每个名字，但这种做法会导致多个问题。例如，如果名单很长，将包含大量重复的代码。另外，每当名单的长度发生变化时，都必须修改代码。通过使用 for 循环，可让 Python 去处理这些问题。

下面使用 for 循环来打印学生名单中的所有名字。

**【示例 1】　列表的遍历**

```
students = ['张三', '李四', '王五']          #❶
for student in students:                    #❷
    print(student)                          #❸
```

首先，我们定义了一个列表（见❶）。接下来，我们定义了一个 for 循环（见❷）；这行代码让 Python 从列表 students 中取出一个名字，并将其存储在变量 student 中。最后，我们让 Python 打印前面存储到变量 student 中的名字（见❸）。这样，对于列表中的每个名字，Python 都将重复执行❷处和❸处的代码行。你可以这样解读这些代码：对于列表 students 中的每位学生，都将其名字打印出来。输出很简单，就是列表中所有的姓名：

```
张三
李四
王五
```

## 4.2.2 列表的排序

列表的排序是将元素按照某种规定进行排列。列表中常用的排序方法有 sort()、reverse()、sorted()。下面介绍如何使用这些方法。

### 1. sort()方法——对列表进行永久性排序

sort()方法能够对列表元素排序，其语法格式如下：

```
sort(key=None, reverse=False)
```

上述格式中，参数 key 表示指定的排序规则，该参数可以是列表支持的函数；参数 reverse 表示控制列表元素排序的方式，该参数可以取值 True 或者 False，如果 reverse 的值为 True，表示降序排列；如果参数 reverse 的值为 False（默认值），表示升序排列。使用 sort()方法对列表排序后，排序后的列表会覆盖原来的列表。Python 的方法 sort()让你能够较为轻松地对列表进行排序。假设你有一个水果列表，并要让其中的水果按字母顺序排列。为简化这项任务，我们假设该列表中的所有值都是小写的。

【示例 2】 sort()方法

```
fruits = ['banana', 'apple', 'orange', 'watermelon']
fruits.sort()                              #❶
print(fruits)
```

方法 sort()（见❶）永久性地修改了列表元素的排列顺序。现在，水果是按字母顺序排列的，再也无法恢复为原来的排列顺序：

```
['apple', 'banana', 'orange', 'watermelon']
```

你还可以按与字母顺序相反的顺序排列列表元素，为此，只需向 sort()方法传递参数 reverse=True。下面的示例将水果列表按与字母顺序相反的顺序排列：

```
fruits = ['banana', 'apple', 'orange', 'watermelon']
fruits.sort(reverse=True)
print(fruits)
```

同样，对列表元素排列顺序的修改是永久性的：

```
['watermelon', 'orange', 'banana', 'apple']
```

### 2. sorted()方法——对列表进行临时排序

要保留列表元素原来的排列顺序，同时以特定的顺序呈现它们，可使用函数 sorted()。函数 sorted()让你能够按特定顺序显示列表元素，同时不影响它们在列表中的原始排列顺序。下面尝试对水果列表调用这个函数。

【示例 3】 sorted()方法

```
fruits = ['banana', 'apple', 'orange', 'watermelon']

print("Here is the original list:")        #❶
print(fruits)

print("\nHere is the sorted list:")        #❷
print(sorted(fruits))

print("\nHere is the original list again:")    #❸
print(fruits)
```

我们首先按原始顺序打印列表（见❶），再按字母顺序显示该列表（见❷）。以特定顺序显示列表后，我们进行核实，确认列表元素的排列顺序与以前的相同（见❸）。

```
Here is the original list:
['banana', 'apple', 'orange', 'watermelon']

Here is the sorted list:
['apple', 'banana', 'orange', 'watermelon']

Here is the original list again:  #❹
['banana', 'apple', 'orange', 'watermelon']
```

注意，调用函数 sorted()后，列表元素的排列顺序并没有变（见❹）。如果你要按与字母顺序相反的顺序显示列表，也可向函数 sorted()传递参数"reverse=True"。

**注意**

在并非所有的字母都是小写时，按字母顺序排列列表要复杂些。决定排列顺序时，有多种解读大写字母的方式，要指定准确的排列顺序，可能比我们这里所做的要复杂。然而，大多数排序方式都基于本节介绍的知识。

### 3. reverse()方法——反转列表元素排列顺序

要反转列表元素的排列顺序，可使用方法 reverse()。假设水果列表是按购买时间排列的，可轻松地按相反的顺序排列其中的水果。

**【示例 4】 reverse()方法**

```
fruits = ['banana', 'apple', 'orange', 'watermelon']
print(fruits)

fruits.reverse()
print(fruits)
```

注意，reverse()不是指按与字母顺序相反的顺序排列列表元素，而只是反转列表元素的排列顺序：

```
['banana', 'apple', 'orange', 'watermelon']
['watermelon', 'orange', 'apple', 'banana']
```

方法 reverse()永久性地修改列表元素的排列顺序，但可随时恢复到原来的排列顺序，为此只需对列表再次调用 reverse()即可。

## 4.2.3 列表的查找

### 1. 使用index()查询具有特定值的元素位置

如果想知道等于某一个值的元素位于列表的什么位置，可以使用 index()函数进行查询：

```
>>>fruits = ['Banana', 'Apple', 'Orange', 'Watermelon']
>>>fruits.index('Apple')
1
```

### 2. 使用in判断值是否存在

判断一个值是否存在于给定的列表中有许多方式，其中最具有 Python 风格的是使用 in：

```
>>>fruits = ['Banana', 'Apple', 'Orange', 'Watermelon']
>>> 'Banana' in fruits
True
>>> 'Strawberry' in fruits
False
```

同一个值可能出现在列表的多个位置，但只要至少出现一次，in 就会返回 True：

```
>>> words = ['a', 'deer', 'a' 'female', 'deer']
```

```
>>> 'deer' in words
True
```

　　如果经常需要判断一个值是否存在于一个列表中，但并不关心列表中元素之间的顺序，那么使用 Python 集合进行存储和查找会是更好的选择。

### 3．使用len()获取长度

len()可以返回列表长度：

```
>>>fruits = ['Banana', 'Apple', 'Orange']
>>>len(fruits)
3
```

　　使用函数 len 可快速获悉列表的长度。在下面的示例中，列表包含 4 个元素，因此其长度为 4：

```
>>>fruits = ['banana', 'apple', 'orange', 'watermelon']
>>>len(fruits)
4
```

　　在你需要完成如下任务时，len()很有用，注意 Python 计算列表元素数时从 1 开始，因此确定列表长度时，你应该不会遇到差一错误。

### 4．使用count()记录特定值出现的次数

　　使用 count()可以记录某一个特定值在列表中出现的次数：

```
>>>fruits = ['Banana', 'Apple', 'Orange']
>>>fruits.count('Orange')
1
>>>fruits.count('Strawberry')
0
```

## 4.2.4　技能训练

**上机练习7**　　*列表的排序*

**需求说明**

　　想出至少 5 个你渴望去旅游的地方。将这些地方存储在一个列表中，并确保其中的元素不是按字母顺序排列的。

- ➢　按原始排列顺序打印该列表。不要考虑输出是否整洁的问题，只管打印原始 Python 列表。
- ➢　使用 sorted()按字母顺序打印这个列表，同时不要修改它。再次打印该列表，核实排列顺序未变。
- ➢　使用 sorted()按与字母顺序相反的顺序打印这个列表，同时不要修改它。再次打印该列表，核实排列顺序未变。
- ➢　使用 reverse()修改列表元素的排列顺序。打印该列表，核实排列顺序确实变了。
- ➢　使用 reverse()再次修改列表元素的排列顺序。打印该列表，核实已恢复到原来的排列顺序。
- ➢　使用 sort()修改该列表，使其元素按字母顺序排列。打印该列表，核实排列顺序确实变了。
- ➢　使用 sort()修改该列表，使其元素按与字母顺序相反的顺序排列。打印该列表，核实排列顺序确实变了。

**上机练习 8 ■ 商品价格区间设置与排序**

### 需求说明

在网上购物时，面对琳琅满目的商品，如何快速选择适合自己的商品呢？为了能够让用户快速地定位到适合自己的商品，每个电商购物平台都提供价格排序与设置价格区间的功能。

假设现在某平台共有 10 件商品，每件商品对应的价格如表 4-2 所示。

表 4-2　商品价格

| 序　号 | 价格（元） | 序　号 | 价格（元） |
| --- | --- | --- | --- |
| 1 | 399 | 6 | 749 |
| 2 | 4 369 | 7 | 235 |
| 3 | 539 | 8 | 190 |
| 4 | 288 | 9 | 99 |
| 5 | 109 | 10 | 1 000 |

用户根据提示"请输入最高价格："和"请输入最低价格："分别输入最高价格和最低价格，选定符合自己需求的价格区间，并按照提示"1.价格降序排序（换行）2.价格升序排序（换行）请选择排序方式："输入相应的序号，最终将排序后的价格区间内的价格全部输出。

编写程序，实现以上描述的设置价格区间和价格排序的功能。

## 4.3　添加、删除和修改列表元素

我们创建的大多数列表都将是动态的，这意味着列表创建后，将随着程序的运行来增、删、改元素。

### 4.3.1　在列表中添加元素

你可能出于众多原因要在列表中添加新元素，例如，你可能希望游戏中出现新的玩家、添加可视化数据或给网站添加新注册的用户。Python 提供了多种在既有列表中添加新数据的方式。向列表中添加元素的常用方法有 append()、extend()和 insert()，这些方法的具体介绍如下。

#### 1．append()方法——在列表末尾添加元素

传统的向列表中添加元素的方法是利用 append()函数将元素一个个添加到尾部。该方法的声明如下所示：

```
append(object)
```

其中，object 可以是元组、列表、字典或任何其他对象。假设前面的例子中我们忘记了添加 Watermelon，没关系，由于列表是可变的，可以方便地把它添加到尾部：

```
>>>fruits.append('Watermelon')
>>>fruits
['Banana', 'Apple', 'Orange', 'Watermelon']
```

#### 2．insert()方法——在指定位置插入元素

insert()方法用于将元素插入列表的指定位置。例如：

【示例 5】　insert()方法

```
names = [ 'baby', 'Lucy', 'Alise']
names.insert(2,'Peter')
print(names)
```

上述代码使用 insert()方法将新元素 Peter 插入到列表 names 中索引为 2 的位置。程序运行结果：

```
['baby', 'Lucy', 'Peter', 'Alise']
```

append()函数只能将新元素插入到列表尾部，而使用 insert()可以将元素插入到列表的任意位置。指定偏移量为 0 可以插入到列表头部。如果指定的偏移量超过了尾部，则会插入到列表最后，就如同 append()一样，这一操作不会产生 Python 异常。

```
>>>fruits.insert(3, 'Strawberry')
>>>fruits
['Banana', 'Apple', 'Orange', 'Strawberry', 'Watermelon']
>>>fruits.insert(10, 'Grape')
>>>fruits
['Banana', 'Apple', 'Orange', 'Strawberry', 'Watermelon', 'Grape']
```

### 3．使用extend()或+=合并列表

extend()方法用于在列表末尾一次性添加另一个序列中的所有元素，即使用新列表扩展原来的列表。一个好心人又给了我们一份其他水果的名字列表 others，我们希望能把它加到已有的 fruits 列表中：

```
>>>fruits = ['Banana', 'Apple', 'Orange', 'Watermelon']
>>> others = ['Strawberry', 'Grape']
>>>fruits.extend(others)
>>>fruits
['Banana', 'Apple', 'Orange', 'Watermelon', 'Strawberry', 'Grape']
```

也可以使用 +=：

```
>>>fruits = ['Banana', 'Apple', 'Orange', 'Watermelon']
>>> others = ['Strawberry', 'Grape']
>>>fruits += others
>>>fruits
['Banana', 'Apple', 'Orange', 'Watermelon', 'Strawberry', 'Grape']
```

如果错误地使用了 append()，那么 others 会被当成一个单独的元素进行添加，而不是将其中的内容进行合并：

```
>>>fruits = ['Banana', 'Apple', 'Orange', 'Watermelon']
>>> others = ['Strawberry', 'Grape']
>>>fruits.append(others)
>>>fruits
['Banana', 'Apple', 'Orange', 'Watermelon', ['Strawberry', 'Grape']]
```

这个例子再次体现了列表可以包含不同类型的元素。上面的列表包含了 4 个字符串元素以及一个含有两个字符串的列表元素。

## 4.3.2 修改列表元素

修改列表元素的语法与访问列表元素的语法类似。要修改列表元素，可指定列表名和要修改的元素的索引，再指定该元素的新值。就像可以通过偏移量访问某元素一样，你也可以通过赋值对它进行修改：

```
>>>fruits = ['Banana', 'Apple', 'Orange']
>>>fruits[2] = 'Grape'
>>>fruits
['Banana', 'Apple', 'Grape']
```

与之前一样，列表的偏移量必须是合法有效的。通过这种方式无法修改字符串中的指定字符，因为字符串是不可变的。列表是可变的，因此你可以改变列表中的元素个数，以及元素的值。

### 4.3.3 删除列表元素

我们经常需要从列表中删除一个或多个元素。例如，当用户在你创建的 Web 应用中注销其账户时，你需要将该用户从活跃用户列表中删除。你可以根据位置或值来删除列表中的元素。删除列表元素的常用方式有 del 语句、remove()方法和 pop()方法，具体介绍如下。

#### 1．del语句——删除指定位置的元素

如果知道要删除的元素在列表中的位置，可使用 del 语句。在前面的水果列表中我们要删除 Grape 信息，因此我们需要撤销刚才最后插入的元素：

```
>>> del fruits[-1]
>>>fruits
['Banana', 'Apple', 'Orange', 'Strawberry', 'Watermelon']
```

当列表中一个元素被删除后，位于它后面的元素会自动往前移动填补空出的位置，且列表长度减 1。再试试从更新后的 fruits 列表中删除 Orange：

```
>>>fruits = ['Banana', 'Apple', 'Orange', 'Strawberry', 'Watermelon']
>>>fruits[2]
'Orange'
>>> del fruits[2]
>>> fruits
['Banana', 'Apple', 'Strawberry', 'Watermelon']
>>>fruits[2]
'Strawberry'
```

del 是 Python 语句，而不是列表方法——无法通过 fruits[-2].del()进行调用。del 就像是赋值语句（＝）的逆过程：它将一个 Python 对象与它的名字分离。如果这个对象无其他名称引用，则其占用空间也会被清除。

#### 2．remove()方法——根据值删除元素

remove()方法用于移除列表中的某个元素，该方法的声明如下所示：

```
remove(value)
```

该方法将删除元素 value。若列表中有多个匹配的元素，则只会移除匹配到的第一个元素。如果 value 不在列表中，则 Python 将抛出 ValueError 异常。如果不确定或不关心元素在列表中的位置，则可以使用 remove()根据指定的值删除元素。例如：

```
>>>fruits = ['Banana', 'Apple', 'Orange', 'Strawberry', 'Watermelon']
>>>fruits.remove('Strawberry')
>>>fruits
['Banana', 'Apple', 'Orange', 'Watermelon']
```

🎧 注意

方法 remove()只删除第一个指定的值。如果要删除的值可能在列表中出现多次，就需要使用循环来判断是否删除了所有这样的值。

#### 3．pop()方法——获取并删除指定位置的元素

有时候，你要将元素从列表中删除，并接着使用它的值。例如，在 Web 应用程序中，你可能要将用户从活跃成员列表中删除，并将其加入非活跃成员列表中。方法 pop()可删除列表末尾的元素，并让你能够接着使用它。术语弹出（pop）源自这样的类比：列表就像一个栈，而删除列表末尾的元素相当于弹出栈顶元素。使用 pop()同样可以获取列表中指定位置的元素，但在获取完成后，该元素会被自动删除。如果你为 pop()指定了偏移量，它会返回偏移量对应位置的元素；如果不指定，则默认使用-1。因此，pop(0)将返回列表的头元素，而 pop()或 pop(-1)则会返回列表的尾元素：

```
>>>fruits = ['Banana', 'Apple', 'Orange', 'Watermelon']
>>>fruits.pop()
'Watermelon'
>>>fruits
['Banana', 'Apple', 'Orange']
>>>fruits.pop (1)
'Apple'
>>>fruits
['Banana', 'Orange']
```

📖 说 明

　　如果使用 append() 来添加元素到尾部，并通过 pop() 从尾部删除元素，实际上，就实现了一个被称为 LIFO（后进先出）队列的数据结构。我们更习惯称之为栈（stack）。如果使用 pop(0) 来删除元素则创建了一个 FIFO（先进先出）队列。这两种数据结构非常有用，你可以不断接收数据，并根据需求对最先到达的数据（FIFO）或最后到达的数据（LIFO）进行处理。

### 4.3.4　技能训练

 *好友管理系统*

**需求说明**

　　如今的社交软件层出不穷，虽然功能千变万化，但都具有好友管理系统的基本功能，包括添加好友、删除好友、备注好友、展示好友等。下面是一个简单的好友管理系统的功能菜单，如图 4-1 所示。

```
欢迎使用好友管理系统
1: 添加好友
2: 删除好友
3: 备注好友
4: 展示好友
5: 退出
```

**图 4-1　好友管理系统的功能菜单**

　　图 4-1 所示的好友管理系统有 5 个功能，每个功能都对应一个序号，用户可根据提示"请输入您的选项"选择序号执行相应的操作，包括：

➤ 添加好友：用户根据提示"请输入要添加的好友："输入要添加好友的姓名，添加后会提示"好友添加成功"。

➤ 删除好友：用户根据提示"请输入要删除好友的姓名："输入要删除好友的姓名，删除后提示"删除成功"。

➤ 备注好友：用户根据提示"请输入要修改的好友姓名："和"请输入修改后的好友姓名："分别输入修改前和修改后的好友姓名，修改后会提示"备注成功"。

➤ 展示好友：若用户还没有添加过好友，提示"好友列表为空"，否则返回每个好友的姓名。

➤ 退出：关闭好友管理系统。

　　编写程序，模拟实现如上所述的好友管理系统。

## 4.4　嵌套列表

　　列表可以存储任何元素，当然也可以存储列表，如果列表存储的元素也是列表，则称为嵌套列表。本节将针对嵌套列表的创建以及访问进行介绍。

## 4.4.1　嵌套列表的创建与访问

嵌套列表的创建方式与普通列表的创建方式相同。例如：

```
[[0], [1], [2, 3]]
```

以上代码创建了一个嵌套列表，该列表中又包含 3 个列表，其中索引为 0 的元素为[0]，索引为 1 的元素为[1]，索引为 2 的元素为[2, 3]。

嵌套列表中元素的访问方式与普通列表一样，可以使用索引访问嵌套列表中的元素。若希望访问嵌套的内层列表中的元素，需要先使用索引获取内层列表，再使用索引访问被嵌套的列表中的元素。列表可以包含各种类型的元素，包括其他列表，如下所示：

```
>>>fruits = ['apple','banana','orange']
>>>vegetables = ['cabbage','carrot','cauliflower']
>>>meat = ['pork','beef']
>>>foods=[fruits, vegetables,'yogurt',meat]
```

foods 这个列表的结构是什么样子的？

```
>>>foods
[['apple', 'banana', 'orange'], ['cabbage', 'carrot', 'cauliflower'], 'yogurt',
['pork', 'beef']]
```

来访问第一个元素看看：

```
>>>foods[0]
['apple', 'banana', 'orange']
```

第 1 个元素还是一个列表：事实上，它就是 fruits，也就是创建 foods 列表时设定的第 1 个元素。以此类推，不难猜测第 2 个元素是什么：

```
>>>foods[1]
['cabbage', 'carrot', 'cauliflower']
```

和预想的一样，这是之前指定的第 2 个元素 vegetables。如果想要访问 vegetables 的第 1 个元素，可以指定双重索引从 foods 中提取：

```
>>>foods[1][0]
'cabbage'
```

上面例子中的[1]指向外层列表 foods 的第 2 个元素，而[0]则指向内层列表的第 1 个元素。

假设现在有一个嵌套列表['张三', '李四'], ['王五'], ['赵六', '田七']，该列表内层列表的索引中的索引结构如图 4-2 所示。

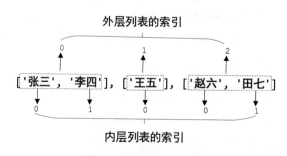

图 4-2　嵌套列表的索引结构

如果希望获取嵌套的第 1 个列表中的第 1 个元素，则代码如下：

```
names = [['张三', '李四'], ['王五'], ['赵六', '田七']]
print(names[0][0])                           #访问嵌套列表中第 1 个列表的第 1 个元素
```

以上代码定义了一个嵌套列表 names，嵌套的外层列表中共包含 3 个列表元素，并使用 names[0][0]获取第 1 个列表的第 1 个元素。程序运行结果：

```
张三
```

### 4.4.2　技能训练

　随机分配办公室

**需求说明**

某学校新招聘了 8 名教师，已知该学校有 3 个空闲办公室且工位充足，现需要随机安排这 8 名教师的工位。

编写程序，将 8 名教师随机分配到 3 个办公室中。

　　随机选择办公室，可以使用 random.randint(0,2)实现，需使用 import random 导入 random 模块。

## 4.5　认识元组

列表非常适合用于存储在程序运行期间可能变化的数据集。列表是可以修改的，这对处理网站的用户列表或游戏中的角色列表至关重要。然而，有时候你需要创建一系列不可修改的元素，元组可以满足这种需求。Python 将不能修改的值称为不可变的，而不可变的列表被称为元组，将无法再进行增加、删除或修改元素等操作。因此，元组就像是一个常量列表。

### 4.5.1　元组的创建方式

元组（tuple）由一系列元素组成，所有元素被包含在一对圆括号中。创建元组时，可以不指定元素的个数，相当于不定长的数组，但是一旦创建后就不能修改元组的长度。元组的创建方式与列表的创建方式相似，可以通过圆括号"()"或内置的 tuple()函数快速创建。

#### 1. 使用圆括号"()"创建元组

使用圆括号"()"创建元组，并将元组中的元素用逗号进行分隔。元组创建的格式如下所示：

```
tuple_name =(元素 1, 元素 2,…)
```

下面的例子展示了创建元组的过程，它的语法与我们直观上预想的有一些差别。可以用"()"创建一个空元组：

```
>>>empty_tuple = ()
>>>empty_tuple
()
```

创建包含一个或多个元素的元组时，每一个元素后面都需要跟着一个逗号，即使只包含一个元素也不能省略：

```
>>>fruits = 'Banana',
>>>fruits
('Banana',)
```

如果创建的元组所包含的元素数量超过 1，则最后一个元素后面的逗号可以省略：

```
>>>fruits= 'Banana', 'Apple', 'Orange'
>>>fruits
('Banana', 'Apple', 'Orange')
```

Python 的交互式解释器输出元组时会自动添加一对圆括号。你并不需要这么做——定义元组真正靠的是每个元素的后缀逗号——但如果你习惯添加一对括号也无可厚非。可以用括号将所有元素包裹起来，这会使得程序更加清晰：

```
>>>fruits= ('Banana', 'Apple', 'Orange')
>>>fruits
('Banana', 'Apple', 'Orange')
```

可以一口气将元组赋值给多个变量：

```
>>>fruits= ('Banana', 'Apple', 'Orange')
>>> a, b, c = fruits
>>> a
'Banana'
>>> b
'Apple'
>>> c
'Orange'
```

有时这个过程被称为元组解包。可以利用元组在一条语句中对多个变量的值进行交换，而不需要借助临时变量：

```
>>>aa = '111'
>>>bb = '222'
>>>aa, bb = bb, aa
>>>aa
'222'
>>>bb
'111'
```

### 2．使用tuple()函数创建元组

使用 tuple()函数创建元组时，如果不传入任何数据，就会创建一个空元组；如果要创建包含元素的元组，就必须要传入可迭代类型的数据。tuple()函数可以用其他类型的数据来创建元组：

```
>>>tuple_null = tuple()
>>>tuple_null
()
>>>tuple_str = tuple('abc')
>>>tuple_str
('a', 'b', 'c')
>>>tuple_list = tuple([1, 2, 3])
>>>tuple_list
(1, 2, 3)
>>>fruits = ['Banana', 'Apple', 'Orange']
>>> tuple(fruits)
('Banana', 'Apple', 'Orange')
```

## 4.5.2　访问元组元素

可以通过索引或切片的方式来访问元组中的元素，具体介绍如下：

#### 1. 使用索引访问单个元素

元组可以使用索引访问元组中的元素，如示例 6 所示。

【示例 6】　*访问元组中的元素*

```
tuple_demo = ('hello', 100, 'Python')
print(tuple_demo[0])
print(tuple_demo[1])
print(tuple_demo[2])
```

程序运行结果：

```
hello
100
Python
```

#### 2. 使用切片访问元组元素

元组还可以使用切片来访问元组中的元素。例如：

```
exam_tuple = ('h', 'e', 'l', 'l', 'o')
print(exam_tuple[2:5])
```

以上定义了一个包含 5 个元素的元组，并使用切片截取了索引 2 到索引 5 的元素。程序运行结果：

```
('l', 'l', 'o')
```

### 4.5.3　元组的遍历

元组的遍历是指通过循环语句依次访问元组中各元素的值。遍历元组需要用到 range()和 len()这两个函数。range()和 len()都是 Python 的内建函数，这些函数可直接调用，不需用 import 语句导入模块。内建函数是 Python 自动导入的函数，相当于 Java 中的 lang 包。

len()计算出元组中元素的个数，range()返回一个由数字组成的列表，range()的声明如下所示：

```
range([start,] stop[, step]),-> list of integers
```

➤　range()返回一个递增或递减的数字列表，列表的元素值由 3 个参数决定。
➤　参数 start 表示列表开始的值，默认值为 "0"。
➤　参数 stop 表示列表结束的值，该参数不可缺少。
➤　参数 step 表示步长，每次递增或递减的值，默认值为 "1"。

像列表一样，也可以使用 for 循环来遍历元组中的所有值。

【示例 7】　*for 循环遍历元组中的元素*

```
dimensions = (200, 50)
for dimension in dimensions:
    print(dimension)
```

就像遍历列表时一样，Python 返回元组中所有的元素：

```
200
50
```

演示二元元组的遍历如示例 8 所示。

【示例 8】　*for 循环遍历二元元组中的元素*

```
tuple = (("apple", "banana"), ("grape", "orange"), ("watermelon",), ("grape",))
for i in range(len(tuple)):
    print("tuple[%d]: " % i, end=" ")
```

```
        for j in range(len(tuple[i])):
            print(tuple[i][j], end=" ")
    print()
```

代码创建了一个由 4 个子元组组成的二元元组 tuple。利用双层 for 循环遍历 tuple 元组，输出元组中各个元素的值。tuple 元组的遍历结果：

```
tuple[0]:  apple banana
tuple[1]:  grape orange
tuple[2]:  watermelon
tuple[3]:  grape
```

### 4.5.4 修改元组变量

#### 1. 元组是"不可变"的

元组中的元素是不允许修改的，除非在元组中包含可变类型的数据。例如，定义一个包含 3 个不可变类型元素的元组，并尝试修改第一个元素的值。示例代码如下：

```
exam_tuple = ('hello', 100,'Python')
exam_tuple[0] = 'hi '
```

运行代码，出现如下所示的报错信息：

```
Traceback (most recent call last) :
  File "<stdin>", line 1,in<module>
TypeError: 'tuple' object does a not support item assignment
```

若元组中的某个元素是可变类型的数据（如列表），则可以将列表中的元素进行修改。例如：

```
tuple_char = ('a', 'b', ['1', '2'])
tuple_char[2][0]
tuple_char[2][1] = 'd'
print(tuple_char)
```

程序运行结果：

```
('a', 'b', ['c', 'd'])
```

以上元组数据修改前，后如图 4-3 所示。

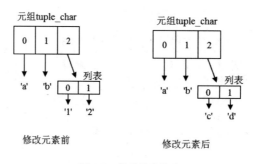

图 4-3　修改元素前后

从表面上看，元组的元素确实变了，但其实变的不是元组的元素，而是列表的元素。元组最初指向的列表并没有改成别的列表，因此元组所谓的"不变"意思为元组每个元素的指向永远不变。即元组最初指向 a，就不能改成指向 b；指向一个列表，就不能改成指向其他类型的对象，但指向的这个列表本身是可变的。

**2. 给存储元组的变量赋值**

虽然不能修改元组的元素，但可以给存储元组的变量赋值。因此，如果要修改示例 7 的矩形的尺寸，可重新定义整个元组。

【示例 9】　**给存储元组的变量赋值**

```
dimensions = (200, 50)                              #❶
print("Original dimensions:")
for dimension in dimensions:
    print(dimension)
dimensions = (400, 100)                             #❷
print("\nModified dimensions:")                     #❸
for dimension in dimensions:
    print(dimension)
```

我们首先定义一个元组，并将其存储的尺寸打印出来（见❶）；接下来，将一个新元组存储到变量 dimensions 中（见❷）；然后，打印新的尺寸（见❸）。这次，Python 不会报告任何错误，因为给元组变量赋值是合法的：

```
Original dimensions:
200
50

Modified dimensions:
400
100
```

相比于列表，元组是更简单的数据结构。如果需要存储的一组值在程序的整个生命周期内都不变，可使用元组。

## 4.5.5　技能训练

上机练习 11　**中文数字对照表**

**需求说明**

阿拉伯数字因其具有简单易写、方便使用的特点，成为了最流行的数字书写方式，但在使用阿拉伯数字计数时，可以将某些数字不漏痕迹地修改成其他数字，例如，将数字"1"修改为数字"7"，将数字"3"修改为数字"8"。为了避免引起不必要的麻烦，可以使用中文大写数字如壹、贰、叁、肆……替换阿拉伯数字，替换规则如图 4-4 所示。

| 零 | 壹 | 贰 | 叁 | 肆 | 伍 | 陆 | 柒 | 捌 | 玖 |
| --- | --- | --- | --- | --- | --- | --- | --- | --- | --- |
| 0 | 1 | 2 | 3 | 4 | 5 | 6 | 7 | 8 | 9 |

**图 4-4　中文与阿拉伯数字替换规则**

编写程序，实现将输入的阿拉伯数字转换为中文大写数字的功能。

# 本章总结

本章主要介绍了 Python 中列表与元组的基本使用方法，首先介绍了列表，包括列表的创建、访问列表元素、列表的遍历和排序、嵌套类别，以及添加、删除和修改列表元素，然后介绍了元组，包括元组的创建、访问元组的元素。通过本章的学习，希望读者能够掌握列表和元组的基本使用方法，并灵活运用列表和元组进行 Python 程序开发。

# 本章作业

## 一、填空题

1. 列表可以使用内置的_____函数创建。

2. Python 中列表的元素可通过索引或_____方式去访问。

3. 元组可以使用内置的_____函数创建。

4. 序列元素的编号称为_____，它从_____开始，访问序列元素时将它用_____括起来。

5. 设有列表 L=[1,2,3,4,5,6,7,8,9]，则 L[2:4]的值是_____，L[::2]的值是_____，L[-1]的值是_____，L[-1:-1-len(L):-1]的值是_____。

## 二、判断题

1. 列表只可以存储同一类型的数据。（　　　）

2. 元组支持增加、删除、修改元素等操作。（　　　）

3. 列表的索引是从 1 开始的。（　　　）

4. 如果元组中只有一个元素时，则需要在该元素后面加上逗号。（　　　）

## 三、选择题

1. 下列方法中，可以对列表元素排序的是（　　　）。

　　A. sort()　　　　　B. reverse()　　　　C. max()　　　　D. list()

2. 对于列表 L=[1,2,'Python',[1,2,3,4,5]]，L[-3]指的是（　　　）。

　　A. 1　　　　　　　B. 2　　　　　　　C. 'Python'　　　D. [1,2,3,4,5]

3. 下列方法中，默认删除列表的最后一个元素的是（　　　）。

　　A. del　　　　　　B. remove()　　　　C. pop()　　　　D. extend()

4. 下列 Python 程序的运行结果是（　　　）。

```
s1=[4,5,6]
s2=s1
s1[1]=0
print(s2)
```

　　A. [4, 5, 6]　　　B. [4, 0, 6]　　　　C. [0, 5, 6]　　　D. [4, 5, 0]

5. 下列语句中，可以正确创建元组的语句是（　　　）。

　　A. tu_one = tuple('1', '2')　　　　　　B. tu_two = ('q')

　　C. tu_three = ('on',)　　　　　　　　D. tu_four = (4,)

## 四、简答题

1. 简述列表（list）结构的特点。

2. 写出下列程序的运行结果。

```
n=tuple([[1]*5 for i in range(4)])
for i in range(len(n)):
    for j in range(i,len(n[0])):
        n[i][j]=i+j
    print(sum(n[i]))
```

**五、编程题**

1. 已知列表 li_num1 = [4, 5, 2, 7]、li_num2 = [3, 6]，请将两个列表合并为一个列表，并将列表中的元素按照从大到小排序。

2. 已知元组 tu_num1 = ('p', 'y', 't', ['o', 'n'])，请给元组中的列表添加 "h" 字符。

3. 给定一个 list，将该列表的从 start 到 end 的所有元素复制到另一个 list 中。

4. 提示用户输入 N 个字符串，将它们封装成元组，然后计算并输入该元组乘以 3 的结果，再计算并输出该元组加上('hello', 'python')的结果。

5. 用户输入一个整数 n，生成长度为 n 的列表，将 n 个随机数放入列表中。

# 第 5 章
# 字典与集合

## 本章目标

◎ 掌握字典的创建和访问元素的方式。

◎ 掌握字典的基本操作。

◎ 掌握集合的创建和常见操作。

◎ 了解集合操作符的使用。

## 本章简介

Python 中的组合类型包括序列类型、集合类型和映射类型，其中的序列类型主要包括字符串、元组和列表；集合类型是一个无序组合元素的概念，与数学中的集合类似；映射类型是"键-值"数据项的组合，主要以字典形式体现。字符串、元组和列表在前面的章节中已有讲解，本章将介绍字典和集合这两种类型。

## 技术内容

## 5.1 认识字典

字典（dictionary）与列表类似，但其中元素的顺序无关紧要，因为它们不是通过像 0 或 1 的偏移量访问的。取而代之，每个元素拥有与之对应的互不相同的键（key），需要通过键来访问元素。键通常是字符串，但它还可以是 Python 中其他任意的不可变类型：布尔型、整型、浮点型、元组、字符串，以及其他一些在后面的内容中会见到的类型。字典是可变的，因此你可以增加、删除或修改其中的键值对。

如果使用过只支持数组或列表的语言，那么你很快就会爱上 Python 里的字典类型。在其他语言中，字典可能会被称作关系型数组、哈希表或哈希图。在 Python 中，字典还经常会被简写成 dict。

### 5.1.1 一个简单的字典

来看一个示例，其中包含一些学生信息，这些学生的学号和姓名各不相同。下面是一个简单的字典，存储了有关特定学生的信息。

【示例1】　一个简单的字典

```
student = {'id': 1, 'name': '张三'}
print(student['id'])
print(student['name'])
```

字典 student 存储了学生的颜色和点数。使用两条 print 语句来访问并打印这些信息，如下所示：

```
1
张三
```

与大多数编程概念一样，要熟练使用字典，也需要一段时间的练习。使用字典一段时间后，你就会明白为何它们能够高效地模拟现实世界中的情形。

## 5.1.2　字典的创建方式

字典由一系列的"键-值"（key-value）对组成，"键-值"对之间用"逗号"隔开，并且被包含在一对花括号中。字典与 Java 语言中的 HashMap 类作用类似，都是采用"键-值"对映射的方式存储数据的。例如，在开发管理系统时，通常把栏目编号作为"键"、栏目名称作为"值"存储在字典结构中，通过栏目编号引用栏目名称。Python 可以使用大括号包含多个键值对的形式创建字典，也可以使用内置的 dict() 函数创建字典。

### 1. 使用大括号"{}"创建字典

使用大括号"{}"创建字典时，字典中的键（key）和值（value）使用冒号连接，每个键值对之间使用逗号分隔。其语法格式如下：

```
dictionary_name = {key1 : value1, key2 : value2, …}
```

其中，key1、key2 等表示字典的 key 值，value1、value2 等表示字典的 value 值。例如，使用花括号创建一个记录个人信息的字典，具体代码如下：

```
info_dict = {'name': 'Harry', 'age': 21, 'addr': '北京'}
```

用大括号（{}）将一系列以逗号隔开的键值对（key-value）包裹起来即可进行字典的创建。最简单的字典是空字典，它不包含任何键值对：

```
>>>empty_dict = {}
>>>empty_dict
{}
```

Python 允许在列表、元组或字典的最后一个元素后面添加逗号，这不会产生任何问题。此外，在括号之间输入键值对来创建字典时并不强制缩进，我们这么做只是为了增加代码的可读性。

字典通过一对中括号和索引来访问指定的元素，如示例 2 所示。

【示例2】　字典的创建和访问

```
dict = {'a': 'apple', 'b': 'banana', 'g': 'grape', 'o': 'orange'}
print(dict)
print(dict["a"])
```

运行程序，程序的输出结果如下。

```
{'a': 'apple', 'b': 'banana', 'o': 'orange', 'g': 'grape'}
apple
```

代码中书写的顺序不是字典实际存储的顺序，字典将根据每个元素的 Hashcode 值进行排列。字典的"键"是区分大小写的。例如，dict ["a"] 与 dict ["A"] 分别指向不同的值，应分别对待。

创建字典时，也可以使用数字作为索引，如示例 3 所示。

**【示例 3】 使用数字作为索引**

```
dict = {1 : "apple", 2 : "banana", 3 :"grape", 4 : "orange"}
print(dict)
print(dict[2])
```

运行程序，程序的输出结果如下。

```
{1: 'apple', 2: 'banana', 3: 'grape', 4: 'orange'}
banana
```

代码创建字典 dict，使用数字引用对应的值。

前面多次使用了 print 函数输出结果，print() 的使用非常灵活，也可以在 print() 中使用字典，下面这行代码演示了字典在 print() 中的使用：

```
print("%s, %(a)s, %(b)s" % {"a":"apple" , "b":"banana"})
```

其中隐式地创建了字典 {'a': 'apple', 'b': 'banana'}，这个字典用来定制 print() 中的参数列表。输出这个字典的内容，"%(a)s" 获取字典中对应 key 值 "a" 的 value 值，"%(b)s" 获取字典中对应 key 值 "b" 的 value 值。输出结果：

```
{'a': 'apple', 'b': 'banana'}, apple, banana
```

### 2. 使用内置的 dict() 函数创建字典

使用 dict() 函数创建字典时，键和值使用 "=" 进行连接，其语法格式如下：

```
dict(键 1=值 1, 键 2=值 2…)
```

例如，使用 dict() 函数创建一个记录个人信息的字典，具体代码如下：

```
dict (name= 'Harry', age=21, addr='北京')
```

**注意**

字典中的键是唯一的，如果创建字典时出现重复的键若使用 dict() 函数创建，会提示语法错误；若使用大括号创建，键对应的值会被覆盖。

可以用 dict() 将包含双值子序列的序列转换成字典（你可能会经常遇到这种子序列，例如 "1，张三，男，18" 或者 "2，李四，女，17"，等等）。每个子序列的第 1 个元素作为键，第 2 个元素作为值。

首先，这里有一个使用 lol（a list of two-item list）创建字典的小例子：

```
>>> lol = [ ['a', 'b'], ['c', 'd'], ['e', 'f'] ]
>>>dict(lol)
{'a': 'b', 'c': 'd', 'e': 'f'}
```

记住，字典中元素的顺序是无关紧要的，实际存储顺序可能取决于你添加元素的顺序。可以对任何包含双值子序列的序列使用 dict()，下面是其他例子。包含双值元组的列表：

```
>>> lot = [ ('a', 'b'), ('c', 'd'), ('e', 'f') ]
>>>dict(lot)
{'a': 'b', 'c': 'd', 'e': 'f'}
```

包含双值列表的元组：

```
>>>tol = ( ['a', 'b'], ['c', 'd'], ['e', 'f'] )
>>>dict(tol)
{'a': 'b', 'c': 'd', 'e': 'f'}
```

双字符的字符串组成的列表：

```
>>> los = [ 'ab', 'cd', 'ef' ]
>>>dict(los)
{'a': 'b', 'c': 'd', 'e': 'f'}
```

双字符的字符串组成的元组：

```
>>>tos = ( 'ab', 'cd', 'ef' )
>>>dict(tos)
{'a': 'b', 'c': 'd', 'e': 'f'}
```

## 5.1.3　通过键访问字典

字典的访问与元组、列表有所不同，元组和列表是通过数字索引来获取对应值的，因为字典中的键是唯一的，所以可以通过键获取对应的值。访问字典元素的格式如下所示：

```
value = dict[key]
```

以如下的字典为例：

```
color_dict = {'purple': '紫色', 'green': '绿色', 'black': '黑色'}
```

通过字典 color_dict 中的键获取相应的值。例如：

```
color_dict['purple']          #获取键为 purple 对应的值"紫色"
color_dict['green']           #获取键为 green 对应的值"绿色"
color_dict['black']           #获取键为 black 对应的值"黑色"
```

如果字典中不存在待访问的键，会引发 KeyError 异常。例如，访问字典 color_dict 中不存在的键 red，代码如下：

```
color_dict['red']
```

程序运行代码结果：

```
Traceback (most recent call last) :
    File "<stdin>", line 1,in<module>
KeyError:'red'
```

为了避免引起上述异常，在访问字典元素时可以先使用 Python 中的成员运算符 in 与 not in 检测某个键是否存在，再根据检测结果执行不同的代码。例如：

```
if 'red' in color_dict:
    print(color_dict['red'])
else:
    print('键不存在')
```

## 5.1.4　技能训练

**上机练习 1　单词识别**

**需求说明**

周一到周日的英文依次为：Monday、Tuesday、Wednesday、Thursday、Friday、Saturday 和 Sunday，在这 7 个单词的范围之内，通过第一或前两个字母即可判断对应的是哪个单词。

编写程序，实现根据第一或前两个字母输出 Monday、Tuesday、Wednesday、Thursday、Friday、Saturday 和 Sunday 之中完整单词的功能。

## 5.2　字典的基本操作

字典的添加、删除和修改非常简单，添加或修改操作只需要编写一条赋值语句即可，例如：

```
dict["x"] = "value"
```

如果索引"x"不在字典 dict 的 key 列表中，那么字典 dict 将添加一条新的映射（x:value）；如果索引"x"已在字典 dict 的 key 列表中，那么字典 dict 将直接修改索引 x 对应的 value 值。除了利用下标操作字典，Python 为字典提供了一些常用的方法，如表 5-1 所示。

表 5-1　字典中的常用方法

| 方法名 | 说　明 |
| --- | --- |
| items () | 返回（key, value)元组组成的列表 |
| iteritems() | 返回指向字典的遍历器 |
| setdefault (k[ ,d]) | 创建新的元素并设置默认值 |
| pop (k[,d]) | 删除索引 k 对应的 value 值，并返回该值 |
| get (k[ ,d]) | 返回索引 k 对应的 value 值 |
| keys() | 返回字典中 key 的列表 |
| values () | 返回字典中 value 的列表 |
| update (E) | 把字典 E 中数据扩展到原字典中 |
| copy() | 复制一个字典中的所有的数据 |

### 5.2.1　字典元素的添加和修改

#### 1．使用[key]添加或修改元素

向字典中添加元素非常简单，只需指定该元素的键并赋予相应的值即可。如果该元素的键已经存在于字典中，那么该键对应的旧值会被新值取代。如果该元素的键并未在字典中出现，则会被加入字典中。与列表不同，你不需要担心赋值过程中 Python 会抛出越界异常。

#### 2．使用update()方法添加或修改元素

如果需要添加新的元素到已经存在的字典中，那么可以调用字典的 update()方法。update()把一个字典中的 key 和 value 值全部复制到另一个字典中，update()相当于一个合并函数。update()的声明如下所示：

```
D.update (E) -> None
```

如果把字典 E 的内容合并到字典 D 中，当 key 已经存在则执行修改操作，并替换原 value 值。

#### 3．添加和修改字典元素

字典支持使用 update()方法或通过指定的键添加元素或修改元素，下面分别演示如何添加和修改字典元素。

【示例4】　添加和修改字典元素

```
add_dict= {'stu1': '张三'}
add_dict.update(stu2 = '李四')              #使用 update()方法添加元素
add_dict['stu3'] = '王五'                    #通过指定键添加元素
print(add_dict)
```

以上代码通过 update()方法添加元素"'stu2':'李四'"，通过指定键值添加元素"'stu3':'王五'"。程序运行结果：

```
{'stu1':张三', 'stu2': '李四', 'stu3': '王五'}
```

修改字典元素的本质是通过已存在的键获取元素，再重新对元素赋值的。例如：

**【示例5】　添加和修改字典元素2**

```
modify_dict = {'stu1': '张三', 'stu2': '李四', 'stu3': '王五'}
modify_dict.update(stu2='张强')                 #使用 update()方法修改元素
modify_dict['stu3'] = '李华'                     #通过指定键修改元素
print(modify_dict)
```

以上代码通过 update()方法将 stu2 的值修改为"张强"，通过指定键值将 stu3 的值修改为"李华"。程序运行结果：

```
{'stu1': '张三', 'stu2': '张强', 'stu3': '李华'}
```

## 5.2.2　字典元素的删除

Python 支持通过 pop()、popitem() 和 clear()方法删除字典中的元素，下面分别介绍这几个方法的功能。

### 1. pop()

列表可以调用 pop()方法弹出列表中一个元素，字典也有一个 pop()方法，该方法的声明和作用与列表的 pop()有些不同。字典的 pop()的声明如下所示：

```
D.pop(k[,d]) -> v
```

pop()必须指定参数才能删除对应的值。其中，参数 k 表示字典的索引，如果字典 D 中存在索引 k，那么返回值 v 等于 D[k]，如果字典 D 中没有找到索引 k，则返回值为 d。pop()方法可根据指定键值删除字典中的指定元素，若删除成功，则该方法返回目标元素的值。例如：

**【示例6】　pop()方法**

```
per_info = {'001': '张三', '002': '李四', '003': '王五', '004': '赵六', }
per_info.pop('001')           #使用 pop()删除指定键为 001 的元素
print(per_info)
```

程序运行结果：

```
张三
{'002': '李四', '003': '王五', '004': '赵六'}
```

由以上输出结果可知，指定元素被成功删除。

### 2. popitem()

使用 popitem()方法可以随机删除字典中的元素。实际上 popitem()之所以能删除随机元素，是因为字典元素本身是无序的，没有所谓的"第一项""最后一项"。若删除成功，则 popitem()方法就返回目标元素。例如：

**【示例7】　popitem()方法**

```
per_info = {'001': '张三', '002': '李四', '003': '王五', '004': '赵六'}
per_info.popitem()   #使用 popitem()方法随机删除元素
print(per_info)
```

程序运行结果：

```
('004', '赵六')
{'001':'张三',  002': '李四','003': '王五'}
```

### 3. clear()方法——删除所有元素

使用 clear()，或者给字典变量重新赋值一个空字典（{}）可以将字典中所有的元素删除：

```
>>>pythons.clear()
>>> pythons
{}
>>> pythons = {}
>>> pythons
{}
```

clear()方法用于清空字典中的元素。例如：

**【示例8】 clear()方法**

```
per_info = {'001': '张三', '002': '李四', '003': '王五', '004': '赵六', }
per_info.clear()    #使用 clear()方法清空字典中的元素
print(per_info)
```

程序运行结果：

```
{}
```

由以上运行结果可知，字典 per_info 已被清空。

**【示例9】 字典的添加、删除和修改操作**

```
dict = {"a" : "apple", "b" : "banana", "g" : "grape", "o" :"orange"}
dict["w"] = "watermelon"
del(dict["a"])
dict["g"] ="grapefruit"
print(dict.pop("b"))
print(dict)
dict.clear()
print(dict)
```

上述代码创建字典 dict，这里使用字母索引引用对应的值。运行程序，在控制台输出结果如下所示：

```
banana
{'g': 'grapefruit', 'o': 'orange', 'w': 'watermelon'}
{}
```

由于字典是无序的，因此字典中没有 append()、remove()等方法。

## 5.2.3 字典元素的查询

前面介绍了如何通过键访问字典中元素的值，除此之外，字典还支持其他的查询操作。下面以信号灯字典 signals 为例，对字典的常见查询操作进行介绍。

```
signals = {'green': 'go', 'yellow': 'go faster', 'red': 'smile for the camera'}
```

### 1. 查看字典的所有元素

使用 items()方法可以查看字典的所有元素。例如：

```
print(signals.items())
```

程序运行结果：

```
dict_items([('green', 'go'), ('yellow', 'go faster'), ('red', 'smile for the
camera')])
```

items()方法会返回一个 dict_items 对象，该对象支持迭代操作，字典的遍历有多种方式，最直接的方式是通过"for…in…"语句完成遍历 dict_items 对象中的数据并以(key,value)的形式显示。下面这段代码演示了字典的遍历操作。

**【示例 10】 查看字典的所有元素**

```
signals = {'green': 'go', 'yellow': 'go faster', 'red': 'smile for the camera'}
for i in signals.items():
    print(i)
```

程序运行结果：

```
('green', 'go')
('yellow', 'go faster')
('red', 'smile for the camera')
```

### 2. 查看字典中的所有键

通过 keys()方法可以查看字典中所有的键。例如：

```
print(signals.keys())
```

程序运行结果：

```
dict_keys(['green', 'yellow', 'red'])
```

keys()方法会返回一个 dict_keys 对象，该对象也支持迭代操作，通过 for 循环遍历输出字典中所有的键。例如：

**【示例 11】 查看字典的所有键**

```
for i in signals.keys():
    print(i)
```

程序运行结果：

```
green
yellow
red
```

在 Python 2 中，keys()会返回一个列表，而在 Python 3 中则会返回 dict_keys()，它是键的迭代形式。这种返回形式对于大型的字典非常有用，因为它不需要时间和空间来创建返回的列表。有时你需要的可能就是一个完整的列表，但在 Python 3 中，你只能自己调用 list()将 dict_keys 转换为列表类型。

```
print(list(signals.keys()))
```

程序运行结果：

```
['green', 'red', 'yellow']
```

在 Python 3 里，你同样需要手动使用 list()将 values()和 items()的返回值转换为普通的 Python 列表。后面的例子中会用到这些。

### 3. 查看字典中的所有值

values()方法返回字典中所有的值。例如：

```
print(signals.values())
```

程序运行结果：

```
dict_values(['go', 'go faster', 'smile for the camera'])
```

values()方法会返回一个 dict_values 对象，该对象支持迭代操作，使用 for 循环遍历输出字典中所有的值。例如：

**【示例 12】 查看字典的所有值**

```
signals = {'green': 'go', 'yellow': 'go faster', 'red': 'smile for the camera'}
for i in signals.values():
    print(i)
```

程序运行结果：

```
go
go faster
smile for the camera
```

使用 values() 可以获取字典中的所有值：

```
>>>list( signals.values() )
['go', 'smile for the camera', 'go faster']
```

#### 4．get()方法——获取字典中的某个value值

前面已经提到，要获取字典中的某个 value 值，可以使用 dict[key] 的结构访问。另一种获取 value 值的办法是使用字典的 get() 方法，get() 的声明如下：

```
D.get(k[,d]) -> D[k]
```

参数 k 表示字典的键值，参数 d 可以作为 get() 的返回值，参数 d 可以默认，默认值为 "None"。get() 相当于一条 if…else… 语句，参数 k 如果在字典 D 中，get() 将返回 D[k]；参数 k 如果不在字典 D 中，则返回参数 d。get() 的等价代码如下所示：

```
#get()的等价代码
D = {"key1" :"value1", "key2" : "value2"}
if "key1" in D:
    print(D["key1"])
else:
    print("None")
```

由于在字典 D 中查找到了 key 值 "key1"，所以输出结果为 "value1"。你需要指定字典名、键以及一个可选值。如果键存在，会得到与之对应的值：

```
>>>signals.get('green')
'go'
```

反之，若键不存在，如果你指定了可选值，那么 get() 函数将返回这个可选值：

```
>>>signals.get('blue', 'Not a color')
'Not a color'
```

否则，会得到 None（在交互式解释器中什么也不会显示）：

```
>>>signals.get('blue')
None
```

## 5.2.4  技能训练

**上机练习 2**  *存储用户姓名与年龄*

#### 需求说明

现在要求通过键盘输入一行数据，输入数据的结构为 "姓名:年龄|姓名:年龄|姓名:年龄|姓名:年龄|"，随后将这些数据进行拆分并且保存在字典之中，将姓名设置为字典 KEY，将年龄设置为字典 VALUE。

**上机练习 3**  *手机通讯录*

#### 需求说明

通讯录是记录了联系人姓名和联系方式的名录，手机通讯录是最常见的通讯录之一，人们可以在通讯录中通过姓名查看相关联系人的联系方式、邮箱、地址等信息，也可以在其中新增联系人，

或修改、删除联系人信息。下面是一个常见通讯录的功能菜单，如图 5-1 所示。

```
====================
欢迎使用通讯录：
1. 添加联系人
2. 查看通讯录
3. 删除联系人
4. 修改联系人
5. 查找联系人
6. 退出
====================
```

**图 5-1　通讯录功能菜单**

图 5-1 所示的通讯录中包含 6 个功能，每个功能都对应一个序号，用户可根据提示"请输入功能序号"选择序号执行相应的操作，包括：

（1）添加联系人：用户根据提示"请输入联系人的姓名："""请输入联系人的手机号：""请输入联系人的邮箱："和"请输入联系人的地址："分别输入联系人的姓名、手机号、邮箱和地址，输入完成后提示"保存成功"。注意，若输入的用户信息为空会提示"请输入正确信息"。

（2）查看通讯录：按固定的格式打印通讯录记录每个联系人的信息。若通讯录中还没有添加过联系人，则提示"通讯录无信息"。

（3）删除联系人：用户根据提示"请输入要删除的联系人姓名："输入联系人的姓名，若该联系人存在于通讯录中，则提示"可以删除就直接删除"，否则提示"该联系人不在通讯录中"。注意，若通讯录中还没有添加过联系人，则提示"通讯录无信息"。

（4）修改联系人：用户根据提示输入要修改联系人的姓名，之后按照提示"请输入新的姓名：""请输入新的手机号：""请输入新的邮箱：""请输入新的地址："，分别输入该联系人的新姓名、新手机号、新邮箱、新地址，并打印此时的通讯录信息。注意，若通讯录中还没有添加过联系人，则提示"通讯录无信息"。

（5）查找联系人：用户根据提示"请输入要查找的联系人姓名"输入联系人的姓名，若该联系人存在于通讯录中，则打印该联系人的所有信息，否则提示"该联系人不在通讯录中"。注意，若通讯录中还没有添加过联系人则提示"通讯录无信息"。

（6）退出：退出手机通讯录。

编写程序，模拟实现如上所述功能。

## 5.3　嵌套字典

有时候，需要将一系列字典存储在列表中，或将列表作为值存储在字典中，这称为嵌套。你可以在列表中嵌套字典、在字典中嵌套列表甚至在字典中嵌套字典。正如下面的示例将演示的，嵌套是一项强大的功能。

### 5.3.1　字典列表

字典 user_0 包含一个用户的各种信息，但无法存储第二个用户的信息，更别说屏幕上全部用户的信息了。如何管理成群结队的用户呢？一种办法是创建一个用户列表，其中每个用户都是一个字典，包含有关该用户的各种信息。例如，下面的代码创建一个包含 3 个用户的列表。

**【示例 13】　字典列表**

```
user_0 = {'id': 1, 'name': '张三'}
user_1 = {'id': 2, 'name': '李四'}
user_2 = {'id': 3, 'name': '王五'}
users = [user_0, user_1, user_2]                              #❶
for user in users:
    print(user)
```

我们首先创建了 3 个字典，其中每个字典都表示一个用户。在❶处，我们将这些字典都放到一个名为 users 的列表中。最后，我们遍历这个列表，并将每个用户都打印出来：

```
{'id': 1, 'name': '张三'}
{'id': 2, 'name': '李四'}
{'id': 3, 'name': '王五'}
```

更符合现实的情形是，用户不止 3 个，且每个用户都是使用代码自动生成的。在下面的示例中，我们使用 range()生成了 30 个用户。

**【示例 14】　使用 range()生成了 30 个用户 2**

```
# 创建一个用于存储用户的空列表
users = []
# 创建 30 个用户
for user_number in range(30):                                 #❶
    new_user = {'id': user_number, 'name': 'name'+str(user_number)}   #❷
    users.append(new_user)                                    #❸
# 显示前五个用户
for alien in users[:5]:                                       #❹
    print(alien)
print("...................")
# 显示创建了多少个用户
print("总用户数: " + str(len(users)))                          #❺
```

在这个示例中，首先创建了一个空列表，用于存储接下来将创建的所有用户。在❶处，range()返回一系列数字，其唯一的用途是告诉 Python 我们要重复这个循环多少次。每次执行这个循环时，都创建一个用户（见❷），并将其附加到列表 aliens 末尾（见❸）。在❹处，使用一个切片来打印前 5 个用户；在❺处，打印列表的长度，以证明确实创建了 30 个用户：

```
{'id': 0, 'name': 'name0'}
{'id': 1, 'name': 'name1'}
{'id': 2, 'name': 'name2'}
{'id': 3, 'name': 'name3'}
{'id': 4, 'name': 'name4'}
...................
总用户数: 30
```

这些用户都具有相同的特征，但在 Python 看来，每个用户都是独立的，这让我们能够独立地修改每个用户。在什么情况下需要处理成群结队的用户呢？想象一下，可能随着用户信息的变化。必要时，我们可以使用 for 循环和 if 语句来修改某些用户的信息。例如，要将前 3 个用户名都改为"张三"，可以这样做：

**【示例 15】　使用 range()生成了 30 个用户 2**

```
# 创建一个用于存储用户的空列表
users = []
# 创建 30 个用户
for user_number in range(30):
    new_user = {'id': user_number, 'name': 'name'+str(user_number)}
    users.append(new_user)
for user in users[0:3]:
```

```
        if user['id'] >0 :
            user['name'] = '张三'
# 显示前五个用户
for alien in users[:5]:
    print(alien)
print("..................")
# 显示创建了多少个用户
print("总用户数: " + str(len(users)))
```

鉴于我们要修改前 3 个用户，需要遍历一个只包含这些用户的切片。当前，所有用户都是叫"张三"，但情况并非总是如此，因此我们编写了一条 if 语句来确保只修改 id 大于 0 的情况。如果用户 id 大于 0，我们就将其用户名都改为"张三"，如下面的输出所示：

```
{'id': 0, 'name': 'name0'}
{'id': 1, 'name': '张三'}
{'id': 2, 'name': '张三'}
{'id': 3, 'name': 'name3'}
{'id': 4, 'name': 'name4'}
..................
总用户数: 30
```

经常需要在列表中包含大量的字典，而其中每个字典都包含特定对象的众多信息。例如，你可能需要为网站的每个用户创建一个字典，并将这些字典存储在一个名为 users 的列表中。在这个列表中，所有字典的结构都相同，因此你可以遍历这个列表，并以相同的方式处理其中的每个字典。

## 5.3.2　在字典中存储列表

有时候，需要将列表存储在字典中，而不是将字典存储在列表中。例如，你如何描述顾客点的比萨呢？如果使用列表，只能存储要添加的比萨配料；但如果使用字典，就不仅可在其中包含配料列表，还可包含其他有关比萨的描述。

在下面的示例中，存储了比萨的两方面信息：外皮类型和配料列表。其中的配料列表是一个与键 toppings 相关联的值。要访问该列表，我们使用字典名和键 toppings，就像访问字典中的其他值一样。这将返回一个配料列表，而不是单个值。

**【示例 16】　在字典中存储列表 1**

```
# 存储所点比萨的信息
pizza = {                                          #❶
    'crust': 'thick',
    'toppings': ['mushrooms', 'extra cheese']
}
# 概述所点的比萨
print("You ordered a " + pizza['crust'] + "-crust pizza " + "with the following
toppings:")                                        #❷
    for topping in pizza['toppings']:              #❸
    print("\t" + topping)
```

我们首先创建了一个字典，其中存储了有关顾客所点比萨的信息（见❶）。在这个字典中，一个键是 crust，与之相关联的值是字符串 thick；下一个键是 toppings，与之相关联的值是一个列表，其中存储了顾客要求添加的所有配料。制作前我们概述了顾客所点的比萨（见❷）。为打印配料，我们编写了一个 for 循环（见❸）。为访问配料列表，我们使用了键 toppings，这样 Python 将从字典中提取配料列表。

下面的输出概述了要制作的比萨：

```
You ordered a thick-crust pizza with the following toppings:
mushrooms
extra cheese
```

　　每当需要在字典中将一个键关联到多个值时，都可以在字典中嵌套一个列表。在本章前面有关喜欢的编程语言的示例中，如果将每个人的回答都存储在一个列表中，被调查者就可选择多种喜欢的语言。在这种情况下，当我们遍历字典时，与每个被调查者相关联的都是一个语言列表，而不是一种语言；因此，在遍历该字典的 for 循环中，我们需要再使用一个 for 循环来遍历与被调查者相关联的语言列表。

**【示例 17】　*在字典中存储列表 2***

```
favorite_languages = {                              #❶
    'jen': ['python', 'ruby'],
    'sarah': ['c'],
    'edward': ['ruby', 'go'],
    'phil': ['python', 'haskell'],
}
for name, languages in favorite_languages.items():    #❷
    print("\n" + name.title() + "'s favorite languages are:")
    for language in languages:                         #❸
        print("\t" + language.title())
```

　　正如你看到的，现在与每个名字相关联的值都是一个列表（见❶）。请注意，有些人喜欢的语言只有一种，而有些人有多种。遍历字典时（见❷），我们使用了变量 languages 来依次存储字典中的每个值，因为我们知道这些值都是列表。在遍历字典的主循环中，我们又使用了一个 for 循环来遍历每个人喜欢的语言列表（见❸）。现在，每个人想列出多少种你喜欢的语言都可以：

```
Jen's favorite languages are:
    Python
    Ruby

Sarah's favorite languages are:
    C

Edward's favorite languages are:
    Ruby
    Go

Phil's favorite languages are:
    Python
    Haskell
```

　　为进一步改进这个程序，可在遍历字典的 for 循环开头添加一条 if 语句，通过查看 len(languages) 的值来确定当前的被调查者喜欢的语言是否有多种。如果他喜欢的语言有多种，那就像以前一样显示输出；如果只有一种，那就修改相应输出的措辞，如显示 Sarah's favorite language is C。

**注意**

　　*列表和字典的嵌套层级不应太多。如果嵌套层级比前面的示例多得多，则很可能有更简单的解决问题的方案。*

### 5.3.3　在字典中存储字典

　　可在字典中嵌套字典，但这样做时，代码可能会很快复杂起来。例如，如果有多个网站用户，每个都有独特的用户名，则可在字典中将用户名作为键，然后将每位用户的信息存储在一个字典中，并将该字典作为与用户名相关联的值。在下面的程序中，对于每位用户，我们都存储了其三项信息：名、姓和居住地；为访问这些信息，我们遍历所有的用户名，并访问与每个用户名相关联的信息字典。

**【示例 18】在字典中存储字典**

```
users = {
'aeinstein': {'first': 'albert','last': 'einstein', 'location': 'princeton',},
'mcurie': {'first': 'marie','last': 'curie','location': 'paris',},
}
for username, user_info in users.items():                    #❶
    print("\nUsername: " + username)                         #❷
    full_name = user_info['first'] + " " + user_info['last'] #❸
    location = user_info['location']
    print("\tFull name: " + full_name.title())               #❹
    print("\tLocation: " + location.title())
```

我们首先定义了一个名为 users 的字典，其中包含两个键：用户名 aeinstein 和 mcurie；与每个键相关联的值都是一个字典，其中包含用户的名、姓和居住地。在❶处，我们遍历字典 users，让 Python 依次将每个键存储在变量 username 中，并依次将与当前键相关联的字典存储在变量 user_info 中。在主循环内部的❷处，我们将用户名打印出来。

在❸处，我们开始访问内部的字典。变量 user_info 包含用户信息字典，而该字典包含三个键：first、last 和 location；对于每位用户，我们都使用这些键来生成整洁的姓名和居住地，然后打印有关用户的简要信息（见❹）：

```
Username: aeinstein
    Full name: Albert Einstein
    Location: Princeton

Username: mcurie
    Full name: Marie Curie
    Location: Paris
```

### 5.3.4　技能训练

**上机练习 4　存储宠物信息**

**需求说明**

创建多个字典，对于每个字典，都使用一个宠物的名称来给它命名；在每个字典中，包含宠物的类型及其主人的名字。将这些字典存储在一个名为 pets 的列表中，再遍历该列表，并将宠物的所有信息都打印出来。

## 5.4　认识集合

集合就像舍弃了值，仅剩下键的字典一样。键与键之间也不允许重复。如果你仅仅想知道某一个元素是否存在而不关心其他的，则使用集合是个非常好的选择。如果需要为键附加其他信息的话，建议使用字典。假如你将两个包含相同键的集合进行并操作，由于集合中的元素只能出现一次，因此得到的并集将包含两个集合所有的键，但每个键仅出现一次。空或空集指的是包含零个元素的集合。

### 5.4.1　集合的创建方式

Python 中的集合分为可变集合与不可变集合，可变集合由 set()函数创建，集合中的元素可以动态地增加或删除；不可变集合由 frozenset()函数创建，集合中的元素不可改变。这两个函数的语法格式如下：

```
set([iterable])
frozenset([iterable])
```

上述两个函数的参数 iterable 是一个可迭代对象，返回值是 set 或 frozenset 对象。若没有指定可迭代的对象，则会返回一个空的集合。

### 1．可变集合的创建

我们可以使用 set()函数创建一个集合，或者用大括号将一系列以逗号隔开的值包裹起来，如下所示：

```
>>>empty_set = set()
>>>empty_set
set()
>>>even_numbers = {0, 2, 4, 6, 8}
>>>even_numbers
{0, 8, 2, 4, 6}
>>>odd_numbers = {1, 3, 5, 7, 9}
>>>odd_numbers
{9, 3, 1, 5, 7}
```

与字典的键一样，集合是无序的。使用 set()函数创建可变集合。例如：

```
set_one = set([1, 2, 3])                #使用 set()函数创建可变集合，传入一个列表
set_two = set((1, 2, 3))                #使用 set()函数创建可变集合，传入一个元组
```

此外，还可以直接使用大括号创建可变集合，大括号中的多个元素以逗号分隔。例如：

```
set_three = {1, 2, 3}                    #使用大括号创建可变集合
```

### 2．不可变集合的创建

使用 frozenset()函数创建的集合是不可变集合。例如：

```
frozenset_one = frozenset(('a', 'c', 'b', 'e', 'd'))     #传入一个元组
frozenset_two = frozenset(['a', 'c', 'b', 'e', 'd'])     #传入一个列表
```

## 5.4.2　集合元素的添加、删除和清空

在 Python 中，可变集合支持添加、删除和清空元素这些基本操作。

### 1．添加元素

可变集合的 add()方法或 update()方法都可以实现向集合中添加元素，不同的是，add()方法只能添加一个元素，而 update()方法可以添加多个元素。例如：

```
demo_set = set()                        #创建一个 set 集合
demo_set.add('py')                      #使用 add()方法添加元素
demo_set.update("thon")                 #使用 update()方法添加元素
print(demo_set)
```

上述代码分别使用 add()方法与 update()方法向集合 demo_set 中添加元素，其中 add()方法将"py"作为一个整体添加到集合 demo_set 中，而 update()方法将"thon"拆分成多个元素添加到集合 demo_set 中。

程序运行结果：

```
{'o', 'n', 'h', 't', 'py'}
```

### 2．删除元素

Python 使用 remove()方法、discard()方法和 pop()方法删除可变集合中的元素，下面介绍这三个方法的具体功能。

（1）remove()方法：用于删除可变集合中的指定元素。例如：

```
remove_set = {'red', 'green', 'black'}
remove_set.remove('red')
print(remove_set)
```

程序运行结果：

```
{'black', 'green'}
```

需要注意，若指定的元素不在集合中，则会出现 KeyError 错误。

（2）discard()方法：也可以删除指定的元素，但若指定的元素不存在，则该方法不执行任何操作。例如：

```
discard_set = {'python', 'php', 'java'}
discard_set.discard('java')
discard_set.discard('ios')
print(discard_set)
```

程序运行结果：

```
{'python', 'php'}
```

（3）pop()方法：用于删除可变集合中的随机元素。例如：

```
pop_set = {'green', 'blue', 'white'}
pop_set.pop()                    # 随机删除
print(pop_set)
```

程序运行结果：

```
{'blue', 'white'}
```

### 3．清空set集合元素

如果需要清空可变集合中的元素，可以使用 clear()方法实现。例如：

```
clear_set = {'red', 'green', 'black'}
clear_set.clear()
print(clear_set)
```

程序运行结果：

```
set()
```

## 5.4.3　集合类型的操作符

Python 支持通过操作符|、&、-、^对集合进行联合、取交集、差补和对称差分操作。已知有 set_a={'a', 'c'}和 set_b={'b', 'c'}，使用阴影部分表示这两个集合执行联合、取交集、差补和对称差分操作的结果，如图 5-2 所示。

下面分别对集合的 4 种操作符进行介绍。

### 1．联合操作符"|"

联合操作是将集合 set_a 与集合 set_b 合并成一个新的集合。联合使用"|"符号实现。例如：

```
set_a={'a', 'c'}
set_b={'b', 'c'}
print(set_a | set_b)          # 使用|操作符合并两个集合
```

程序运行结果：

```
{ 'a', 'b','c'}
```

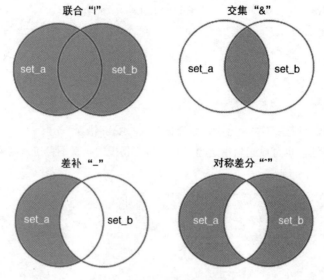

图 5-2　两个集合的相互操作

### 2．交集操作符 "&"

交集操作是将集合 set_a 与集合 set_b 中相同的元素提取为一个新集合。交集使用 "&" 符号实现。例如：

```
set_a={'a', 'c'}
set_b={'b', 'c'}
print(set_a&set_b)                # 使用&操作符获取两个集合共有的元素
```

程序运行结果：

```
{'c'}
```

### 3．差补操作符 "-"

差补操作是将只属于集合 set_a 或者只属于集合 set_b 中的元素作为一个新的集合。差补使用 "-" 符号实现。例如：

```
set_a={'a', 'c'}
set_b={'b', 'c'}
print(set_a - set_b)             #使用 "-" 操作符获取只属于集合 set_a 的元素
print(set_b - set_a)             #使用 "-" 操作符获取只属于集合 set_b 的元素
```

程序运行结果：

```
{'a'}
{'b'}
```

### 4．对称差分操作符 "^"

对称差分操作是将只属于集合 set_a 与只属于集合 set_b 中的元素组成一个新集合。对称差分使用 "^" 符号实现。例如：

```
print(set_a ^ set_b)                   #使用 "^" 操作符获取只属于 set_a 和只属于 set_b 的元素
```

程序运行结果：

```
{'b', 'a'}
```

### 5.4.4　技能训练

上机练习 5　　*编写生词库*

**需求说明**

背单词是英语学习中最基础的一环，不少学生在背诵单词的过程中会整理自己的生词本，以不断拓展自己的词汇量。编写生词本程序，该程序需具备以下功能。

（1）查看生词列表功能：输出生词本中的全部单词；若生词本中没有单词，则提示"生词本内容为空"。

（2）背单词功能：从生词列表中取出一个单词，要求用户输入相应的中文意思，输入正确提示"太棒了"，输入错误提示"再想想"。

（3）添加新单词功能：用户分别输入新单词和中文意思，输入完成后展示添加的新单词和中文意思，并提示用户"单词添加成功"。若用户输入的单词已经存在于生词本中，则提示"此单词已存在"。

（4）删除单词功能：展示生词列表，用户输入单词以选择要删除的生词，若输入的单词不存在提示"删除的单词不存在"，生词删除后提示"删除成功"。

（5）清空生词本功能：查询生词列表，若列表为空提示"生词本内容为空"，否则清空生词本中的全部单词，并输出提示信息"生词本已清空"。

（6）退出生词本功能：退出生词本。

## 5.5　列表、元组、字典和集合的比较

列表、元组、字典和集合都是 Python 中的组合数据类型，它们都拥有不同的特点。下面分别从可变性、唯一性和有序性三个特点进行比较，它们的区别如表 5-2 所示。

表 5-2　列表、元组、字典和集合的区别

| 类型 | 可变性 | 唯一性 | 有序性 |
|------|--------|--------|--------|
| 列表 | 可变 | 可重复 | 有序 |
| 元组 | 不可变 | 可重复 | 有序 |
| 字典 | 可变 | 可重复 | 无序 |
| 集合 | 可变/不可变 | 不可重复 | 无序 |

回顾一下，我们学会了使用方括号"[]"创建列表，使用逗号创建元组，使用大括号"{}"创建字典。在每一种类型中，都可以通过方括号对单个元素进行访问：

```
>>>marx_list = ['Banana', 'Apple', 'Orange']
>>>marx_tuple = ('Banana', 'Apple', 'Orange')
>>>marx_dict = {'Banana': 'banjo', 'Apple': 'piano', 'Orange': 'harp'}
>>>marx_list[2]
'Orange'
>>>marx_tuple[2]
'Orange'
>>>marx_dict['Orange']
'harp'
```

对于列表和元组来说，方括号里的内容是整型的偏移量；而对于字典来说，方括号里的是键。它们返回的都是元素的值。

# 本章总结

本章主要介绍了 Python 中的字典与集合，包括字典的创建、访问，字典的基本操作以及集合的创建、基本操作。通过本章的学习，希望读者能够熟练使用字典和集合存储数据，为后续的开发打好基础。

# 本章作业

### 一、填空题

1. 在 Python 中，字典和集合都使用_____作为定界符。字典的每个元素由两部分组成，即_____和_____，其中_____不允许重复。

2. 集合是一个无序、_____的数据集，它包括_____和_____两种类型，前者可以通过大括号或函数创建，后者需要通过函数创建。

3. 设 a=set([1,2,2,3,3,3,4,4,4,4])，则 sum(a)的值是_____。

4. {1,2,3,4} & {3,4,5}的值是_____，{1,2,3,4} | {3,4,5}的值是_____，{1,2,3,4} - {3,4,5}的值是_____。

5. 设有 s1={1,2,3}，s2={2,3,5}，则 s1.update(s2)执行后，s1 的值为_____，s1.intersection(s2)的执行结果为_____，s1.difference(s2)的执行结果为_____。

### 二、判断题

1. 字典中的键是唯一的。（     ）

2. 集合中的元素是无序的。（     ）

3. 字典中的元素可通过索引方式访问。（     ）

4. 集合中的元素可以是重复的。（     ）

### 三、选择题

1. 下列方法中，可以获取字典中所有键的是（     ）。

    A．keys()　　　　B．value()　　　　　C．list()　　　　　　　D．values()

2. 对于字典 D={'A':10,'B':20,'C':30,'D':40}，对第 4 个字典元素的访问形式是（     ）。

    A．D[3]　　　　B．D[4]　　　　　　C．D[D]　　　　　　　D．D['D']

3. 下列方法中，不能删除字典中元素的是（     ）。

    A．clear()　　　B．remove()　　　　C．pop()　　　　　　　D．popitem()

4. Python 语句 print(type({1:1,2:2,3:3,4:4}))的输出结果是（     ）。

    A．<class 'tuple'>　　　　　　　　　B．<class 'dict'>

    C．<class 'set'>　　　　　　　　　　D．<class 'frozenset'>

5. 下列语句中，可以正确创建字典的是（     ）。

    A．test_one = ()　　　　　　　　　B．test_two = {'a': 'A'}

    C．test_three = dict('a')　　　　　　D．test_four = dict{'a': 'A'}

## 四、简答题

1. 简述字典（dict）结构的特点。

2. 写出下列程序的运行结果。

```
numbers={}
numbers[(1,2,3)]=1
numbers[(2,1)]=2
numbers[(1,2)]=3
sum=0
for k in numbers:
    sum+=numbers[k]
print(len(numbers),sum,numbers)
```

3. 分别写出下列两个程序的输出结果，输出结果为何不同？

程序一：

```
d1={'a':1,'b':2}
d2=d1
d1['a']=6
sum=d1['a']+d2['a']
print(sum)
```

程序二：

```
d1={'a':1,'b':2}
d2=dict(d1)
d1['a']=6
sum=d1['a']+d2['a']
print(sum)
```

## 五、编程题

1. 已知字符串 str= 'skdaskerkjsalkj'，请统计该字符串中各字符出现的次数。

2. 已知列表 li_one = [1,2,1,2,3,5,4,3,5,7,4,7,8]，编写程序实现删除列表 li_one 中重复数据的功能。

3. 从键盘输入整数 x，判断它是否是集合 a、b、c 的元素，若是分别输出 1、2、3，若都不是输出 4，要求集合 a 从键盘输入。

## 本章目标

◎ 掌握函数的定义与调用。

◎ 掌握函数的参数传递方式。

◎ 掌握局部变量和全局变量的使用。

◎ 熟悉匿名函数与递归函数的使用。

◎ 了解常用的内置函数。

## 本章简介

当程序实现的功能较为复杂时，开发人员通常会将其中的功能性代码定义为一个函数，提高代码复用性、降低代码冗余、使程序结构更加清晰。函数指被封装起来的、实现某种功能的一段代码，它可以被其他函数调用。通过使用函数，程序的编写、阅读、测试和修复都将更容易。本章将对函数的定义与调用、函数参数的传递、变量作用域、匿名函数、递归函数以及 Python 常用的内置函数进行介绍。

## 技术内容

## 6.1 定义函数

Python 安装包、标准库中自带的函数统称为内置函数，用户自己编写的函数称为自定义函数，不管是哪种函数，其定义和调用方式都是一样的。本节将对函数定义与调用进行介绍。

在 Python 中，使用关键字 def 定义函数，其语法格式如下：

```
def 函数名([参数列表]):
    ["函数文档字符串"]
    函数体
    [return 语句]
```

关于上述语法格式的介绍如下。

（1）def 关键字：函数以 def 关键字开头，其后跟函数名和圆括号()。

（2）函数名：用于标识函数的名称，遵循标识符的命名规则。

（3）参数列表：用于接收传入函数中的数据，可以为空。

（4）冒号：用于标识函数体的开始。

（5）函数文档字符串：一对由三引号包含的字符串，是函数的说明信息，可以省略。

（6）函数体：实现函数功能的具体代码。

（7）return 语句：用于将函数的处理结果返回给函数调用者，若函数没有返回值，则 return 语句可以省略。

下面是一个打印问候语的简单函数，名为 greet_user()。

📷【示例 1】　**定义函数**

```
def greet_user():                                          # ❶
    """显示简单的问候语"""                                    # ❷
    print("Hello!")                                        # ❸
greet_user()                                               # ❹
```

这个示例演示了最简单的函数结构。❶处的代码行使用关键字 def 来告诉 Python 你要定义一个函数。这是函数定义，向 Python 指出了函数名，还可能在括号内指出函数为完成其任务需要什么样的信息。在这里，函数名为 greet_user()，它不需要任何信息就能完成其工作，因此括号是空的（即便如此，括号也必不可少）。最后，定义以冒号结尾。

紧跟在 def greet_user():后面的所有缩进构成了函数体。❷处的文本是被称为文档字符串（docstring）的注释，描述了函数是做什么的。文档字符串用三引号括起，Python 使用它们来生成有关程序中函数的文档。

代码行 print("Hello!")（见❸）是函数体内的唯一一行代码，greet_user()只做一项工作：打印 Hello!。

要使用这个函数，可调用它。函数的调用格式如下：

```
函数名([参数列表])
```

定义好的函数直到被程序调用时才会执行。函数调用让 Python 执行函数的代码。要调用函数，可依次指定函数名以及用括号括起的必要信息，如❹处所示。由于这个函数不需要任何信息，因此调用它时只需输入 greet_user()即可。和预期的一样，它打印 Hello!。

```
Hello!
```

## 6.1.1　向函数传递信息

只需稍作修改，就可以让函数 greet_user()不仅向用户显示 Hello，还将用户的名字用作抬头。为此，可在函数定义 def greet_user()的括号内添加 username。通过在这里添加 username，就可让函数接收你给 username 指定的任何值。现在，这个函数要求你调用它时给 username 指定一个值。调用 greet_user()时，可将一个名字传递给它，如下所示。

📷【示例 2】　**定义函数 2**

```
def greet_user(username):
    """显示简单的问候语"""
    print("Hello, " + username.title() + "!")
greet_user('张三')
```

代码 greet_user('张三') 调用函数 greet_user()，并向它提供执行 print 语句所需的信息。这个函数接收你传递给它的名字，并向这个人发出问候：

```
Hello, 张三!
```

同样，greet_user('李四')调用函数 greet_user()并向它传递'李四'，打印"Hello, 李四!"。你可以根据需要调用函数 greet_user()任意次，调用时无论传入什么样的名字，都会生成相应的输出。

### 6.1.2  实参和形参

前面定义函数 greet_user()时，要求给变量 username 指定一个值。调用这个函数并提供这种信息（人名）时，它将打印相应的问候语。

在函数 greet_user()的定义中，变量 username 是一个形参——函数完成其工作所需的一项信息。在代码 greet_user('张三')中，值'张三'是一个实参。实参是调用函数时传递给函数的信息。我们调用函数时，将要让函数使用的信息放在括号内。在 greet_user('张三')中，将实参'张三'传递给了函数 greet_user()，这个值被存储在形参 username 中。

**注意**

大家有时候会形参、实参不分，因此如果你看到有人将函数定义中的变量称为实参或将函数调用中的变量称为形参，不要大惊小怪。

### 6.1.3  技能训练

**上机练习 1**　编写一个 display_message()的函数

**需求说明**

编写一个名为 display_message()的函数，它打印一个句子，指出你在本章学的是什么。调用这个函数，确认显示的消息正确无误。

**上机练习 2**　计算器

**需求说明**

计算器极大地提高了人们进行数字计算的效率与准确性，无论是超市的收银台，还是集市的小摊位，都能够看到计算器的身影。计算器最基本的功能是四则运算。编写程序，实现计算器的四则运算功能。

## 6.2  函数的参数传递

函数的参数传递是指将实参传递给形参的过程，鉴于函数定义中可能包含多个形参，因此函数调用中也可能包含多个实参。向函数传递实参的方式很多，可使用位置实参，这要求实参的顺序与形参的顺序相同；也可使用关键字实参，其中每个实参都由变量名和值组成；还可使用默认值参数、不定长参数、列表和字典。本节将针对函数参数的传递方式进行讲解。

### 6.2.1  位置实参

你调用函数时，Python 必须将函数调用中的每个实参都关联到函数定义中的一个形参。为此，最简单的关联方式是基于实参的顺序。这种关联方式被称为位置实参。调用函数时，编译器会将函数的实参按照位置顺序依次传递给形参，即将第 1 个实参传递给第 1 个形参，将第 2 个实参传递给第 2 个形参，以此类推。

定义一个计算两数之商的函数 division()，具体代码如下：

```
def division(num_one, num_two):
print(num_one / num_two)
```

使用以下代码调用 division()函数：

```
division(6, 2)                                      #位置参数传递
```

上述代码调用 division()函数时传入实参 6 和形参 2，根据实参和形参的位置关系，6 被传递给形参 num_one，2 被传递给形参 num_two，如图 6-1 所示。

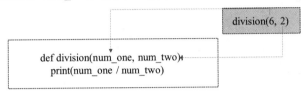

图 6-1　division()函数参数传递

为明白其中的工作原理，来看一个显示宠物信息的函数。这个函数指出一个宠物属于哪种动物以及它叫什么名字，如下所示。

**【示例 3】　带参函数**

```
def describe_pet(animal_type, pet_name):                # ❶
    """显示宠物的信息"""
    print("\nI have a " + animal_type + ".")
    print("My " + animal_type + "'s name is " + pet_name.title() + ".")

describe_pet('hamster', 'harry')                        # ❷
```

这个函数的定义表明，它需要一种动物类型和一个名字（见❶）。调用 describe_pet()时，需要按顺序提供一种动物类型和一个名字。例如，在前面的函数调用中，实参'hamster'存储在形参 animal_type 中，而实参'harry' 存储在形参 pet_name 中（见❷）。在函数体内，使用了这两个形参来显示宠物的信息。

输出描述了一只名为 Harry 的仓鼠：

```
I have a hamster.
My hamster's name is Harry.
```

**1．调用函数多次**

你可以根据需要调用函数任意次。要再描述一个宠物，只需再次调用 describe_pet()即可。

**【示例 4】　调用函数多次**

```
def describe_pet(animal_type, pet_name):
    """显示宠物的信息"""
    print("\nI have a " + animal_type + ".")
    print("My " + animal_type + "'s name is " + pet_name.title() + ".")

describe_pet('hamster', 'harry')
describe_pet('dog', 'willie')
```

第二次调用 describe_pet()函数时，我们向它传递了实参'dog'和'willie'。与第一次调用时一样，Python 将实参'dog'关联到形参 animal_type，并将实参'willie'关联到形参 pet_name。与前面一样，这个函数完成其任务，但打印的是一条名为 Willie 的小狗的信息。至此，我们有一只名为 Harry 的仓鼠，

还有一条名为 Willie 的小狗：

```
I have a hamster.
My hamster's name is Harry.

I have a dog.
My dog's name is Willie.
```

调用函数多次是一种效率极高的工作方式。我们只需在函数中编写描述宠物的代码一次，然后每当需要描述新宠物时，都可调用这个函数，并向它提供新宠物的信息。即便描述宠物的代码增加到了 10 行，你依然只需使用一行调用函数的代码，就可描述一个新宠物。

在函数中，可根据需要使用任意数量的位置实参，Python 将按顺序把函数调用中的实参关联到函数定义中相应的形参上。

### 2. 位置实参的顺序很重要

使用位置实参来调用函数时，如果实参的顺序不正确，结果可能出乎意料。

**【示例 5】 位置实参的顺序很重要**

```
def describe_pet(animal_type, pet_name):
    """显示宠物的信息"""
    print("\nI have a " + animal_type + ".")
    print("My " + animal_type + "'s name is " + pet_name.title() + ".")

describe_pet('harry', 'hamster')
```

在这个函数调用中，我们先指定名字，再指定动物类型。由于实参 harry 在前，这个值将存储到形参 animal_type 中；同理，hamster 将存储到形参 pet_name 中。结果是我们得到了一个名为 Hamster 的 harry：

```
I have a harry.
My harry's name is Hamster.
```

如果结果像上面一样位置错误，请确认函数调用中实参的顺序与函数定义中形参的顺序一致。

## 6.2.2 关键字实参

使用位置参数传值时，如果函数中存在多个参数，记住每个参数的位置及其含义并不是一件容易的事，此时可以使用关键字参数进行传递。关键字参数传递通过"形参=实参"的格式将实参与形参相关联，根据形参的名称进行参数传递。

假设当前有一个函数 info()，该函数包含 3 个形参，具体代码如下。

**【示例 6】 关键字实参**

```
def info(name, age, address):
    print(f'姓名:{name}')
    print(f'年龄:{age}')
    print(f'地址:{address}')
```

当调用 info() 函数时，通过关键字为不同的形参传值，具体代码如下：

```
info(name="李四", age=23, address="山东")
```

程序运行结果：

```
姓名:李四
年龄:23
地址:山东
```

关键字实参是传递给函数的名称-值对。你直接在实参中将名称和值关联起来了，因此向函数传递实参时不会混淆（不会得到名为 Hamster 的 harry 这样的结果）。关键字实参让你无须考虑函数调用中的实参顺序，还清楚地指出了函数调用中各个值的用途。下面来重新编写 pets.py，在其中使用关键字实参来调用 describe_pet()。

**【示例7】 关键字实参2**

```
def describe_pet(animal_type, pet_name):
    """显示宠物的信息"""
    print("\nI have a " + animal_type + ".")
    print("My " + animal_type + "'s name is " + pet_name.title() + ".")
    describe_pet(animal_type='hamster', pet_name='harry')
```

函数 describe_pet()还是原来那样，但调用这个函数时，我们向 Python 明确地指出了各个实参对应的形参。看到这个函数调用时，Python 知道应该将实参 hamster 和 harry 分别存储在形参 animal_type 和 pet_name 中。输出正确无误，它指出我们有一只名为 Harry 的仓鼠。关键字实参的顺序无关紧要，因为 Python 知道各个值该存储到哪个形参中。下面两个函数调用是等效的：

```
describe_pet(animal_type='hamster', pet_name='harry')
describe_pet(pet_name='harry', animal_type='hamster')
```

> **注意**
> 使用关键字实参时，务必准确地指定函数定义中的形参名。

## 6.2.3 默认值

定义函数时可以指定形参的默认值，调用函数时，若没有给带有默认值的形参传值，则直接使用参数的默认值；若给带有默认值的形参传值，则实参的值会覆盖默认值。因此，给形参指定默认值后，可在函数调用中省略相应的实参。使用默认值可简化函数调用，还可清楚地指出函数的典型用法。

定义一个包含参数 ip 与 port 的函数 connect()，为形参 port 指定默认值 3306，代码如下。

**【示例8】 参数的默认值**

```
def connect(ip, port=3306):
    print(f"连接地址为：{ip}")
    print(f"连接端口号为：{port}")
    print("连接成功")
```

通过以下两种方式调用 connect()函数：

```
connect('127.0.0.1')                    #第一种，形参使用默认值
connect(ip='127.0.0.1', port=8080)      #第二种，形参使用传入值
```

程序运行结果：

```
连接地址为：127.0.0.1
连接端口号为：3306
连接成功
连接地址为：127.0.0.1
连接端口号为：8080
连接成功
```

分析以上输出结果可知，使用第一种方式调用 connect()函数时，参数 port 使用默认值 3306；使用第二种方式调用 connect()函数时，参数 port 使用实参的值 8080。

注意

若函数中包含默认参数，调用该函数时默认参数应在其他实参之后。

例如，如果你发现调用 describe_pet() 时，描述的内容都是小狗，就可将形参 animal_type 的默认值设置为 dog。这样，调用 describe_pet() 来描述小狗时，就可不提供这种信息：

【示例9】 参数的默认值2

```
def describe_pet(pet_name, animal_type='dog'):
    """显示宠物的信息"""
    print("\nI have a " + animal_type + ".")
    print("My " + animal_type + "'s name is " + pet_name.title() + ".")
    describe_pet(pet_name='willie')
```

这里修改了函数 describe_pet() 的定义，在其中给形参 animal_type 指定了默认值 dog。这样，调用这个函数时，如果没有给 animal_type 指定值，Python 就将把这个形参设置为 dog：

```
I have a dog.
My dog's name is Willie.
```

请注意，在这个函数的定义中，修改了形参的排列顺序。由于给 animal_type 指定了默认值，无须通过实参来指定动物类型，因此在函数调用中只包含一个实参——宠物的名字。然而，Python 依然将这个实参视为位置实参，因此如果函数调用中只包含宠物的名字，那么这个实参将关联到函数定义中的第一个形参。这就是需要将 pet_name 放在形参列表开头的原因所在。

现在，使用这个函数的最简单的方式是，在函数调用中只提供小狗的名字：

```
describe_pet('willie')
```

这个函数调用的输出与前一个示例相同。只提供了一个实参——willie，这个实参将关联到函数定义中的第一个形参——pet_name。由于没有给 animal_type 提供实参，因此 Python 使用其默认值 dog。

如果要描述的动物不是小狗，可使用类似于下面的函数调用：

```
describe_pet(pet_name='harry', animal_type='hamster')
```

由于显式地给 animal_type 提供了实参，因此 Python 将忽略这个形参的默认值。

注意

使用默认值时，在形参列表中必须先列出没有默认值的形参，再列出有默认值的实参。这让 Python 依然能够正确地解读位置实参。

## 6.2.4 等效的函数调用

鉴于可混合使用位置实参、关键字实参和默认值，通常有多种等效的函数调用方式。请看下面的函数 describe_pets() 的定义，其中给一个形参提供了默认值：

```
def describe_pet(pet_name, animal_type='dog'):
```

基于这种定义，在任何情况下都必须给 pet_name 提供实参；指定该实参时可以使用位置方式，也可以使用关键字方式。如果要描述的动物不是小狗，还必须在函数调用中给 animal_type 提供实参；同样，指定该实参时可以使用位置方式，也可以使用关键字方式。

下面对这个函数的所有调用都可行：

```
# 一条名为 Willie 的小狗
describe_pet('willie')
describe_pet(pet_name='willie')
```

```
# 一只名为 Harry 的仓鼠
describe_pet('harry', 'hamster')
describe_pet(pet_name='harry', animal_type='hamster')
describe_pet(animal_type='hamster', pet_name='harry')
```

这些函数调用的输出与前面的示例相同。

📌**注意**

使用哪种调用方式无关紧要，只要函数调用能生成你希望的输出就行。使用对你来说最容易理解的调用方式即可。

## 6.2.5　不定长参数

若要传入函数中的参数的个数不确定，可以使用不定长参数。不定长参数也称可变参数，此种参数接收参数的数量可以任意改变。包含可变参数的函数的语法格式如下：

```
def 函数名([formal_args,] *args, **kwargs):
        "函数_文档字符串"
    函数体
        [return 语句]
```

以上语法格式中的参数*args 和参数**kwargs 都是不定长参数，这两个参数可搭配使用，亦可单独使用。下面分别介绍这两个不定长参数的用法。

### 1.　*args

不定长参数*args 用于接收不定数量的位置参数，调用函数时传入的所有参数被*args 接收后以元组形式保存。定义一个包含参数*args 的函数，代码如下：

```
def test(*args):
        print(args)
```

调用以上函数，可传入任意个参数，具体代码如下：

```
test(1, 2, 3,'a' , 'b', 'c')
```

程序运行结果：

```
(1, 2, 3, 'a', 'b', 'c')
```

### 2.　**kwargs

不定长参数**kwargs 用于接收不定数量的关键字参数，调用函数时传入的所有参数被**kwargs 接收后以字典形式保存。定义一个包含参数**kwargs 的函数，代码如下：

```
def test(**kwargs):
        print(kwargs)
```

调用以上函数，可传入任意个关键字参数，具体代码如下：

```
test(a=1,b=2,c=3,d=4)
```

程序运行结果：

```
{'c': 3, 'd': 4, 'a': 1, 'b': 2}
```

## 6.2.6　避免实参错误

等你开始使用函数后，如果遇到实参不匹配错误，不要大惊小怪。你提供的实参多于或少于函数完成其工作所需的信息时，将出现实参不匹配错误。例如，如果调用函数 describe_pet()时没有指定任何实参，结果将如何呢？

**【示例 10】 避免实参错误**

```
def describe_pet(animal_type, pet_name):
    """显示宠物的信息"""
    print("\nI have a " + animal_type + ".")
    print("My " + animal_type + "'s name is " + pet_name.title() + ".")

describe_pet()
```

Python 发现该函数调用缺少必要的信息，而 Traceback 指出了这一点：

```
Traceback (most recent call last):
        File "pets.py", line 6, in <module>              #❶
describe_pet()                                           #❷
TypeError: describe_pet() missing 2 required positional arguments: 'animal_ type'
and 'pet_name'                                           #❸
```

在❶处，Traceback 指出了问题出在什么地方，让我们能够回过头去找出函数调用中的错误。在❷处，指出了导致问题的函数调用。在❸处，Traceback 指出该函数调用少了两个实参，并指出了相应形参的名称。如果这个函数存储在一个独立的文件中，我们也许无须打开这个文件并查看函数的代码，就能重新正确地编写函数调用。

Python 读取函数的代码，并指出我们需要为哪些形参提供实参，这提供了极大的帮助。这也是应该给变量和函数指定描述性名称的另一个原因；如果你这样做了，那么无论对于你，还是可能使用你编写的代码的其他任何人来说，Python 提供的错误消息都将更有帮助。

如果提供的实参太多，将出现类似的 Traceback，帮助你确保函数调用和函数定义匹配。

## 6.2.7 技能训练

**上机练习 3 T 恤尺码和字样**

**需求说明**

编写一个名为 make_shirt() 的函数，它接收一个尺码以及要印到 T 恤上的字样。这个函数应打印一个句子，概要地说明 T 恤的尺码和字样。使用位置实参调用这个函数来制作一件 T 恤；再使用关键字实参来调用这个函数。

# 6.3 变量作用域

变量的作用域是指变量的作用范围。根据作用范围，Python 中的变量分为局部变量与全局变量。本节将对全局变量与局部变量进行讲解。

## 6.3.1 局部变量

局部变量是只能在函数或代码段内使用的变量。函数或代码段一旦结束，局部变量的生命周期也将结束。局部变量的作用范围只在局部变量被创建的函数内有效。例如，如果在文件 1 的 fun() 中定义了一个局部变量，则该局部变量只能被 fun() 访问。局部变量不能被 fun2() 访问，也不能被文件 2 访问，如图 6-2 所示。

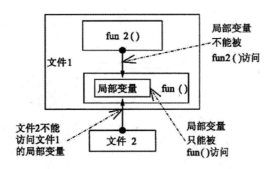

图 6-2　局部变量的作用范围

下面定义了一个函数 fun()，该函数中定义了一个局部变量。

【示例 11】　局部变量

```
# coding:UTF-8
def fun ():                                          # ❶
    local = 1                                        # ❷
    print(local)                                     # ❸
    local = local - 1                                # ❹
```

在代码❶处定义了一个函数 fun()，在代码❷处定义了一个局部变量 local，在代码❸处输出 local 的值：1。在代码❹处执行算术运算。此时已超出 local 变量的作用范围。运行后会提示错误：

```
name 'local' is not defined。
```

**注意**

Python 创建的变量就是一个对象，Python 会管理变量的生命周期。Python 对变量的回收采用的也是垃圾回收机制。

例如，函数 use_var()中定义了一个局部变量 name，在函数内与函数外分别访问变量 name，代码如下：

```
def use_var():
    name = 'python'                                  # 局部变量
    print(name)                                      # 函数内访问
use_var()
print(name)                                          # 函数外访问
```

上述代码首先在 use_var()函数中定义了局部变量 name，并使用 print()函数打印变量 name 的值，然后调用函数 use_var()，最后在函数 use_var()外部使用 print()函数打印变量 name 的值。程序运行结果：

```
python
Traceback M (most recent call last) :
    File "<stdin>", line 1, in <module>
NameError: name 'name' is not defined
```

结合输出结果分析代码，当调用函数 use_var()时，解释器成功访问并输出了变量 name 的值；在函数 use_var()外部直接访问 name 时，出现 "name is not defined" 错误信息，说明局部变量不能在函数外部使用。由此可知，局部变量只在函数内部有效。

## 6.3.2　全局变量

全局变量是能够被不同的函数、类或文件共享的变量，在函数之外定义的变量都可以称为全局变量。全局变量可以被文件内部的任何函数和外部文件访问。例如，如果文件 1 中定义了一个全局变量，文件 1 中的函数 fun()可以访问该全局变量。此外，该全局变量也能被文件 1 以外的文件访问，如图 6-3 所示。

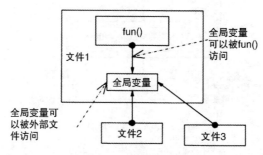

图 6-3 全局变量的作用范围

全局变量通常在文件的开始处定义。例如，定义一个全局变量 count，分别在函数 use_var()内与函数 use_var()外访问，代码如下。

### 【示例 12】 全局变量

```
count =10                                          # 全局变量
def use_var():
    print(count)                                   # 函数内访问
use_var()
    print(count)                                   # 函数外访问
```

程序运行结果：

```
10
10
```

根据以上运行结果可知，程序中的任何位置都能够访问全局变量。函数中只能访问全局变量，但不能修改全局变量。若要在函数内部修改全局变量的值，需先在函数内使用关键字 global 进行声明。

例如，在 use_var()函数中修改全局变量 count，代码如下。

### 【示例 13】 全局变量 2

```
count = 10
def use_var():
    count = 0                                      # 修改全局变量
use_var()
print(count)
```

以上代码首先定义了一个全局变量 count，然后在函数 use_var()中使用 global 对其进行声明、修改并输出。程序运行结果：

```
10
```

由以上结果可知，函数成功修改了全局变量。

## 6.3.3 技能训练

**上机练习 4** 　学生信息管理系统

**需求说明**

学生信息管理系统是用于管理学生信息的管理软件，它具备学生信息的查找、修改、增加和删除功能，利用该系统可实现学生信息管理的电子化，提高信息管理效率。

编写程序，实现学生信息管理系统。

## 6.4 返回值

函数并非总是直接显示输出的，相反，它可以处理一些数据，并返回一个或一组值。函数返回的值被称为返回值。在函数中，可使用 return 语句将值返回到调用函数的代码行。返回值让你能够将程序的大部分繁重工作移到函数中去完成，从而简化主程序。

### 6.4.1 返回简单值

下面来看一个函数，它接收名和姓并返回整洁的姓名。

【示例 14】 *返回简单值*

```
def get_formatted_name(first_name, last_name):    # ❶
    """返回整洁的姓名"""
    full_name = first_name + ' ' + last_name       # ❷
    return full_name.title()                        # ❸

musician = get_formatted_name('San', 'Zhang')      # ❹
print(musician)
```

函数 get_formatted_name()的定义通过形参接收名和姓（见❶）。它将姓和名合而为一，在它们之间加上一个空格，并将结果存储在变量 full_name 中（见❷）。然后，将 full_name 的值转换为首字母大写格式，并将结果返回到函数调用行（见❸）。

调用返回值的函数时，需要提供一个变量，用于存储返回的值。在这里，将返回值存储在了变量 musician 中（见❹）。输出为整洁的姓名：

```
San Zhang
```

我们原本只需编写下面的代码就可输出整洁的姓名，相比于此，前面做的工作好像太多了：

```
print("San Zhang")
```

但在需要分别存储大量名和姓的大型程序中，像 get_formatted_name()这样的函数非常有用。你分别存储名和姓，每当需要显示姓名时都调用这个函数。

### 6.4.2 让实参变成可选的

有时候，需要让实参变成可选的，这样使用函数的人就只需在必要时才提供额外的信息。可使用默认值来让实参变成可选的。例如，假设我们要扩展函数 get_formatted_name()，使其还处理中间名。为此，可将其修改成类似于下面这样。

【示例 15】 *让实参变成可选的 1*

```
def get_formatted_name(first_name, middle_name, last_name):
    """返回整洁的姓名"""
    full_name = first_name + ' ' + middle_name + ' ' + last_name
    return full_name.title()

musician = get_formatted_name('john', 'lee', 'hooker')
print(musician)
```

只要同时提供名、中间名和姓，这个函数就能正确地运行。它根据这三部分创建一个字符串，在适当的地方加上空格，并将结果转换为首字母大写格式：

```
John Lee Hooker
```

然而，并非所有的人都有中间名，但如果你调用这个函数时只提供了名和姓，它将不能正确地运行。为让中间名变成可选的，可给实参 middle_name 指定一个默认值——空字符串，并在用户没有提供中间名时不使用这个实参。为让 get_formatted_name() 在没有提供中间名时依然可行，可给实参 middle_name 指定一个默认值——空字符串，并将其移到形参列表的末尾。

【示例 16】 **让实参变成可选的 2**

```
def get_formatted_name(first_name, last_name, middle_name=''):   # ❶
    """返回整洁的姓名"""
    if middle_name:                                              # ❷
        full_name = first_name + ' ' + middle_name + ' ' + last_name
    else:                                                        # ❸
        full_name = first_name + ' ' + last_name
    return full_name.title()

musician = get_formatted_name('jimi', 'hendrix')
print(musician)

musician = get_formatted_name('john', 'hooker', 'lee')           # ❹
print(musician)
```

在这个示例中，姓名是根据三个可能提供的部分创建的。由于人都有名和姓，因此在函数定义中首先列出了这两个形参。中间名是可选的，因此在函数定义中最后列出该形参，并将其默认值设置为空字符串（见❶）。

在函数体中，我们检查是否提供了中间名。Python 将非空字符串解读为 True，因此如果函数调用中提供了中间名，if middle_name 将为 True（见❷）。如果提供了中间名，就将名、中间名和姓合并为姓名，然后将其修改为首字母大写格式，并返回到函数调用行。在函数调用行，将返回的值存储在变量 musician 中；然后将这个变量的值打印出来。如果没有提供中间名，middle_name 将为空字符串，导致 if 测试未通过，进而执行 else 代码块（见❸）：只使用名和姓来生成姓名，并将设置好格式的姓名返回给函数调用行。在函数调用行，将返回的值存储在变量 musician 中；然后将这个变量的值打印出来。

调用这个函数时，如果只想指定名和姓，调用起来将非常简单。如果还要指定中间名，就必须确保它是最后一个实参，这样 Python 才能正确地将位置实参关联到形参（见❹）。这个修改后的版本适用于只有名和姓的人，也适用于还有中间名的人：

```
Jimi Hendrix
John Lee Hooker
```

可选值让函数能够处理各种不同情形的同时，确保函数调用尽可能简单。

## 6.4.3　返回字典

函数可返回任何类型的值，包括列表和字典等较复杂的数据结构。例如，下面的函数接收姓名的组成部分，并返回一个表示人的字典。

【示例 17】 **返回字典 1**

```
def build_person(first_name, last_name):
    """返回一个字典，其中包含有关一个人的信息"""
    person = {'first': first_name, 'last': last_name}   # ❶
    return person                                        # ❷
```

```
musician = build_person('jimi', 'hendrix')
print(musician)                                              # ❸
```

函数 build_person()接收名和姓，并将这些值封装到字典中（见❶）。存储 first_name 的值时，使用的键为 first，而存储 last_name 的值时，使用的键为 last。最后，返回表示人的整个字典（见❷）。在❸处，打印这个返回的值，此时原来的两项文本信息存储在一个字典中：

```
{'first': 'jimi', 'last': 'hendrix'}
```

这个函数接收简单的文本信息，将其放在一个更合适的数据结构中，让你不仅能打印这些信息，还能以其他方式处理它们。当前，字符串 jimi 和 hendrix 被标记为名和姓。你可以轻松地扩展这个函数，使其接收可选值，如中间名、年龄、职业或你要存储的其他任何信息。例如，下面的修改让你还能存储年龄。

**【示例 18】　返回字典 2**

```
def build_person(first_name, last_name, age=''):
    """返回一个字典，其中包含有关一个人的信息"""
    person = {'first': first_name, 'last': last_name}
    if age:
    person['age'] = age
    return person

musician = build_person('jimi', 'hendrix', age=27)
print(musician)
```

在函数定义中，我们新增了一个可选形参 age，并将其默认值设置为空字符串。如果函数调用中包含这个形参的值，那么这个值将存储到字典中。在任何情况下，这个函数都会存储人的姓名，但可对其进行修改，使其也存储有关人的其他信息。

### 6.4.4　结合使用函数和while循环

可将函数同本书前面介绍的任何 Python 结构结合起来使用。例如，下面将结合使用函数 get_formatted_name()和 while 循环，以更正规的方式问候用户。下面尝试使用名和姓跟用户打招呼。

**【示例 19】　结合使用函数和 while 循环 1**

```
def get_formatted_name(first_name, last_name):
    """返回整洁的姓名"""
    full_name = first_name + ' ' + last_name
    return full_name.title()

# 这是一个无限循环！
while True:
    print("\nPlease tell me your name:")   #❶
    f_name = input("First name: ")
    l_name = input("Last name: ")
    formatted_name = get_formatted_name(f_name, l_name)
    print("\nHello, " + formatted_name + "!")
```

在这个示例中，我们使用的是 get_formatted_name() 的简单版本。其中的 while 循环让用户输入姓名：依次提示用户输入名和姓（见❶）。

但这个 while 循环存在一个问题：没有定义退出条件。请用户提供一系列输入时，该在什么地方提供退出条件呢？我们要让用户能够尽可能容易地退出，因此每次提示用户输入时，都应提供退出途径。每次提示用户输入时，都使用 break 语句提供退出循环的简单途径。

**【示例20】** *结合使用函数和 while 循环2*

```
def get_formatted_name(first_name, last_name):
    """返回整洁的姓名"""
full_name = first_name + ' ' + last_name
    return full_name.title()

while True:
    print("\nPlease tell me your name:")
    print("(enter 'q' at any time to quit)")
    f_name = input("First name: ")
    if f_name == 'q':
        break
    l_name = input("Last name: ")
    if l_name == 'q':
        break
formatted_name = get_formatted_name(f_name, l_name)
print("\nHello, " + formatted_name + "!")
```

我们添加了一条消息来告诉用户如何退出，然后在每次提示用户输入时，都检查他输入的是否是退出值，如果是，就退出循环。现在，这个程序将不断地询问，直到用户输入的姓或名是 q 时为止：

```
Please tell me your name:
(enter 'q' at any time to quit)
First name: eric
Last name: matthes
Hello, Eric Matthes!
Please tell me your name:
(enter 'q' at any time to quit)
First name: q
```

## 6.4.5 技能训练

**上机练习5** *接收城市名*

### 需求说明

编写一个名为 city_country() 的函数，它接收城市的名称及其所属的省份。这个函数应返回一个格式类似于下面这样的字符串。

```
'长沙,湖南'
```

至少使用三个城市-省份对调用这个函数，并打印它返回的值。

# 6.5 传递列表

你经常会发现，向函数传递列表很有用，这种列表包含的可能是名字、数字或更复杂的对象（如字典）。将列表传递给函数后，函数就能直接访问其内容。下面使用函数来提高处理列表的效率。

假设有一个用户列表，我们要问候其中的每位用户。下面的示例将一个名字列表传递给一个名为 greet_users() 的函数，这个函数问候列表中的每个人。

**【示例21】** *传递列表*

```
def greet_users(names):
    """向列表中的每位用户都发出简单的问候"""
    for name in names:
        msg = "Hello, " + name.title() + "!"
        print(msg)

usernames = ['张三', '李四', '王五'] #❶
greet_users(usernames)
```

我们将 greet_users()定义成接收一个名字列表，并将其存储在形参 names 中。这个函数遍历收到的列表，并对其中的每位用户都打印一条问候语。在❶处，我们定义了一个用户列表——usernames，然后调用 greet_users()，并将这个列表传递给它。

```
Hello, 张三!
Hello, 李四!
Hello, 王五!
```

输出完全符合预期，每位用户都看到了一条个性化的问候语。每当你要问候一组用户时，都可调用这个函数。

## 6.5.1　在函数中修改列表

将列表传递给函数后，函数就可对其进行修改。在函数中对这个列表所做的任何修改都是永久性的，这让你能够高效地处理大量的数据。来看一家为用户提交的设计制作 3D 打印模型的公司。需要打印的设计存储在一个列表中，打印后移到另一个列表中。下面是在不使用函数的情况下模拟这个过程的代码。

❷【示例 22】　*在函数中修改列表 1*

```python
# 首先创建一个列表，其中包含一些要打印的设计
unprinted_designs = ['iphone case', 'robot pendant', 'dodecahedron']
completed_models = []

# 模拟打印每个设计，直到没有未打印的设计为止
# 打印每个设计后，都将其移到列表 completed_models 中
while unprinted_designs:
    current_design = unprinted_designs.pop()

    #模拟根据设计制作 3D 打印模型的过程
    print("Printing model: " + current_design)
    completed_models.append(current_design)

# 显示打印好的所有模型
print("\nThe following models have been printed:")
for completed_model in completed_models:
    print(completed_model)
```

这个程序首先创建一个需要打印的设计列表，还创建一个名为 completed_models 的空列表，每个设计打印都将移到这个列表中。只要列表 unprinted_designs 中还有设计，while 循环就模拟打印设计的过程：从该列表末尾删除一个设计，将其存储到变量 current_design 中，并显示一条消息，指出正在打印当前的设计，再将该设计加入列表 completed_models 中。循环结束后，显示已打印的所有设计：

```
Printing model: dodecahedron
Printing model: robot pendant
Printing model: iphone case
The following models have been printed:
dodecahedron
robot pendant
iphone case
```

为重新组织这些代码，我们可编写两个函数，每个都做一件具体的工作。大部分代码都与原来相同，只是效率更高。第一个函数将负责处理打印设计的工作，而第二个将概述打印了哪些设计。

**【示例 23】 在函数中修改列表 2**

```
def print_models(unprinted_designs, completed_models):          #❶
    """模拟打印每个设计，直到没有未打印的设计为止。打印每个设计后，都将其移到列表 completed_models
中 """
    while unprinted_designs:
        current_design = unprinted_designs.pop()
            # 模拟根据设计制作 3D 打印模型的过程
        print("Printing model: " + current_design)
        completed_models.append(current_design)

def show_completed_models(completed_models):                    #❷
    """显示打印好的所有模型"""
    print("\nThe following models have been printed:")
    for completed_model in completed_models:
        print(completed_model)

unprinted_designs = ['iphone case', 'robot pendant', 'dodecahedron']
completed_models = []

print_models(unprinted_designs, completed_models)
show_completed_models(completed_models)
```

在❶处，我们定义了函数 print_models()，它包含两个形参：一个需要打印的设计列表和一个打印好的模型列表。给定这两个列表，这个函数模拟打印每个设计的过程：将设计逐个地从未打印的设计列表中取出，并加入打印好的模型列表中。在❷处，我们定义了函数 show_completed_models()，它包含一个形参：打印好的模型列表。给定这个列表，函数 show_completed_models()显示打印出来的每个模型的名称。

这个程序的输出与未使用函数的版本相同，但组织更为有序。完成大部分工作的代码都移到了两个函数中，让主程序更容易理解。只要看看主程序，你就知道这个程序的功能容易看清得多：

```
unprinted_designs = ['iphone case', 'robot pendant', 'dodecahedron']
completed_models = []

print_models(unprinted_designs, completed_models)
show_completed_models(completed_models)
```

我们创建了一个未打印的设计列表，还创建了一个空列表，用于存储打印好的模型。接下来，由于我们已经定义了两个函数，因此只需调用它们并传入正确的实参即可。我们调用 print_models()并向它传递两个列表；像预期的一样，print_models()模拟打印设计的过程。接下来，我们调用 show_completed_models()，并将打印好的模型列表传递给它，让其能够指出打印了哪些模型。描述性的函数名让别人阅读这些代码时也能明白，虽然其中没有任何注释。

相比于没有使用函数的版本，这个程序更容易扩展和维护。如果以后需要打印其他设计，只需再次调用 print_models()即可。如果我们发现需要对打印代码进行修改，那么只需修改这些代码一次，就能影响所有调用该函数的地方；与必须分别修改程序的多个地方相比，这种修改的效率更高。

这个程序还演示了这样一种理念，即每个函数都应只负责一项具体的工作。第一个函数打印每个设计，而第二个显示打印好的模型；这优于使用一个函数来完成两项工作。编写函数时，如果你发现它执行的任务太多，请尝试将这些代码分配到两个函数中。别忘了，总是可以在一个函数中调用另一个函数，这有助于将复杂的任务划分成一系列的步骤。

## 6.5.2 禁止函数修改列表

有时候，需要禁止函数修改列表。例如，假设像前一个示例那样，你有一个未打印的设计列表，并编写了一个将这些设计移到打印好的模型列表中的函数。你可能会做出这样的决定：即便打印所有设计后，也要保留原来的未打印的设计列表，以供备案。但由于你将所有的设计都移出了 unprinted_designs，这个列表变成了空的，因此原来的列表没有了。为解决这个问题，可向函数传递列表的副本而不是原件；这样函数所做的任何修改都只影响副本，而丝毫不影响原件。

要将列表的副本传递给函数，可以像下面这样做：

```
function_name(list_name[:])
```

用切片表示法[:]创建列表的副本。在 print_models.py 中，如果不想清空未打印的设计列表，可像下面这样调用 print_models()：

```
print_models(unprinted_designs[:], completed_models)
```

这样函数 print_models() 依然能够完成其工作，因为它获得了所有未打印的设计的名称，但它使用的是列表 unprinted_designs 的副本，而不是列表 unprinted_designs 本身。像以前一样，列表 completed_models 也将包含打印好的模型的名称，但函数所做的修改不会影响到列表 unprinted_designs。

虽然向函数传递列表的副本可保留原始列表的内容，但除非有充分的理由需要传递副本，否则还是应该将原始列表传递给函数，因为让函数使用现成列表可避免花时间创建副本，从而提高效率，在处理大型列表时尤其如此。

### 6.5.3 技能训练

**上机练习6** **显示学生名单**

**需求说明**

创建一个包含学生名字的列表，并将其传递给一个名为 show_students() 的函数，这个函数打印列表中每个学生的名字。

## 6.6 函数的特殊形式

除了前面介绍的函数，Python 还支持两种特殊形式的函数，即匿名函数和递归函数。本节将针对匿名函数和递归函数进行讲解。

### 6.6.1 匿名函数

匿名函数是无须函数名标识的函数，它的函数体只能是单个表达式。Python 中使用关键字 lambda 定义匿名函数，匿名函数的语法格式如下：

```
lambda [arg1 [,arg2,…,argn]]:expression
```

上述格式中，"[arg1 [,arg2,…,argn]]" 表示匿名函数的参数，"expression" 是一个表达式。

匿名函数与普通函数主要有以下不同：

（1）普通函数需要使用函数名进行标识；匿名函数不需要使用函数名进行标识。

（2）普通函数的函数体中可以有多条语句；匿名函数只能是一个表达式。

（3）普通函数可以实现比较复杂的功能；匿名函数只能实现比较单一的功能。

（4）普通函数可以被其他程序使用；匿名函数不能被其他程序使用。

为了方便使用匿名函数，应使用变量记录这个函数，代码如下：

```
area = lambda a, h: (a*h) *0.5
print(area(3, 4))
```

以上代码使用变量 area 记录匿名函数，并通过变量名 area 调用匿名函数。

程序运行结果：

```
6.0
```

### 6.6.2 递归函数

递归是一个函数过程在定义中直接或间接调用自身的一种方法，它通常把一个大型的复杂问题层层转化为一个与原问题相似，但规模较小的问题进行求解。如果一个函数中调用了函数本身，这个函数就是递归函数。递归函数只需少量代码就可描述出解题过程所需要的多次重复计算，大幅减少了程序的代码量。

函数递归调用时，需要确定两点：一是递归公式；二是边界条件。递归公式是递归求解过程中的归纳项，用于处理原问题以及与原问题规律相同的子问题，边界条件即终止条件，用于终止递归。

阶乘是可利用递归方式求解的经典问题。定义一个求阶乘的递归函数，代码如下。

**【示例 24】 递归函数**

```
def factorial (num):
    if num==1:
        return 1
    else:
        return num* factorial(num-1)
```

利用以上函数求 5!，函数的执行过程如图 6-4 所示。

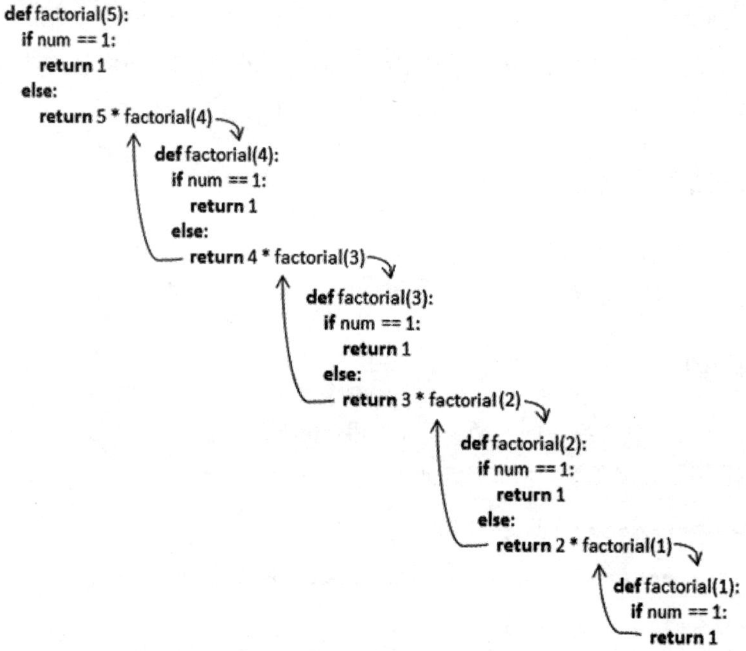

```
def factorial(5):
    if num == 1:
        return 1
    else:
        return 5 * factorial(4)
            def factorial(4):
                if num == 1:
                    return 1
                else:
                    return 4 * factorial(3)
                        def factorial(3):
                            if num == 1:
                                return 1
                            else:
                                return 3 * factorial(2)
                                    def factorial(2):
                                        if num == 1:
                                            return 1
                                        else:
                                            return 2 * factorial(1)
                                                def factorial(1):
                                                    if num == 1:
                                                        return 1
```

图 6-4 阶乘递归过程

由图 6-4 可知，当求 5 的阶乘时，将此问题分解为求计算 5 乘以 4 的阶乘；求 4 的阶乘问题又分解为求 4 乘以 3 的阶乘，以此类推，直至问题分解到求 1 的阶乘，所得的结果为 1，之后便开始将结果 1 向上一层问题传递，直至解决最初的问题，计算出 5 的阶乘。

## 6.6.3　技能训练

**上机练习 7**　　实现数字 1~100 之间的累加

**▶▶需求说明**

使用递归实现数字 1~100 之间的累加。

**上机练习 8**　　斐波那契数列

**需求说明**

斐波那契数列，又称黄金分割数列，因数学家莱昂纳多·斐波那契以兔子繁殖为例子而引入，故又称为"兔子数列"，指的是这样一个数列：0、1、1、2、3、5、8、13、21、34……在数学上，斐波那契数列以如下被以递推的方法定义：

F(0)=0, F（1）=1, F（2）=1, F(n)=F(n − 1)+F(n − 2)（n ≥ 3, n ∈ N*）

编写程序，实现根据用户输入的数字输出斐波那契数列的功能。

**上机练习 9**　　汉诺塔

**需求说明**

汉诺塔是一个可以使用递归解决的经典问题，它源于印度一个古老传说：大梵天创造世界的时候做了三根金刚石柱子，其中一根柱子从下往上按照从大到小的顺序摞着 64 片黄金圆盘，大梵天命令婆罗门把圆盘从下面开始按照从大到小的顺序重新摆放在另一根柱子上，并规定：小圆盘上不能放大圆盘，三根柱子之间一次只能移动一个圆盘。问一共需要移动多少次，才能按照要求移完这些圆盘。三根金刚石柱子与圆盘摆放方式如图 6-5 所示。

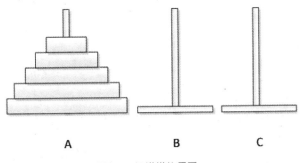

图 6-5　汉诺塔格局图

编写程序，实现输出汉诺塔移动过程的功能。

# 6.7　Python常用内置函数

Python 内置了一些实现特定功能的函数，这些函数无须由 Python 使用者重新定义，可直接使用。常用的 Python 内置函数如表 6-1 所示。

表 6-1　常用的 Python 内置函数

| 函　数 | 说　明 |
| --- | --- |
| abs() | 计算绝对值，其参数必须是数字类型 |
| len() | 返回序列对象（字符串、列表、元组等）的长度 |
| map() | 根据提供的函数对指定的序列做映射 |

| 函　　数 | 说　　明 |
|---|---|
| help() | 用于查看函数或模块的使用说明 |
| ord() | 用于返回 Unicode 字符对应的码值 |
| chr() | 与 ord()功能相反，用于返回码值对应的 Unicode 字符 |
| filter() | 用于过滤序列，返回由符合条件的元素组成的新列表 |

下面演示表 6-1 中部分函数的使用方法。

### 1．abs()函数

abs()函数用于计算绝对值，其参数必须是数字类型。需要说明的是，如果参数是一个复数，那么 abs()函数返回的绝对值是此复数与它的共轭复数乘积的平方根。例如：

```
print(abs(-5))
print(abs(3.14))
print(abs(8 + 3j))
```

程序运行结果：

```
3.14
8.54400374531753
```

### 2．ord()函数

ord()函数用于返回字符在 Unicode 编码表中对应的码值，其参数是一个长度为 1 的字符串。例如：

```
print(ord('a'))
print(ord('A'))
```

程序运行结果：

```
97
65
```

### 3．chr()函数

chr()函数和 ord()函数的功能相反，可根据码值返回相应的 Unicode 字符，其参数是一个整数，取值范围为 0～255。例如：

```
print(chr(97))
print(chr(65))
```

程序运行结果：

```
a
A
```

## 本章总结

本章主要介绍了 Python 中的函数，包括函数的定义和调用函数的参数传递、变量的作用域、匿名函数、递归函数，以及 Python 常用的内置函数。通过本章的学习，希望读者能够灵活地定义和使用函数。

# 本章作业

## 一、填空题

1. 函数首部以关键字＿＿＿＿＿＿开始，最后以＿＿＿＿＿＿结束。

2. 函数执行语句"return [1,2,3],4"后，返回值是＿＿＿＿＿＿；没有 return 语句的函数将返回＿＿＿＿＿＿。

3. 使用关键字＿＿＿＿＿＿可以在一个函数中设置一个全局变量。

4. 设有 f=lambda x,y:{x:y}，则 f(5,10)的值是＿＿＿＿＿＿。

## 二、判断题

1. 函数可以提高代码的复用性。（　　）

2. 全局变量在所有的函数中都可以使用。（　　）

3. 函数的位置参数有严格的位置关系。（　　）

4. 函数中的默认参数不能传递实参。（　　）

5. 函数执行结束后，其内部的局部变量会被回收。（　　）

## 三、选择题

1. 下列关于函数参数的说法中，错误的是（　　）。

    A. 如果需要传入函数的参数个数不确定，可使用不定长参数

    B. 使用关键字参数时需要指出具体形参名

    C. 定义函数时可以为参数设置默认值

    D. *args 以字典保存不定数量的关键字参数

2. 下列关于 Python 函数的说法中，错误的是（　　）。

    A. 递归函数就是在函数体中调用了自身的函数

    B. 匿名函数没有函数名

    C. 匿名函数与使用关键字 def 定义的函数没有区别

    D. 匿名函数中可以使用 if 语句

3. 阅读下面程序：

```
num_one = 12
def sum(num_two):
    global num_one
num_one = 90
    return num_one + num_two
print(sum(10))
```

    运行代码，输出结果是（　　）。

    A. 102　　　　　　　B. 100　　　　　　　C. 22　　　　　　　D. 12

4. 阅读下面程序：

```
def many_param(num_one, num_two, *args):
    print(args)
many_param(11, 22, 33, 44, 55)
```

    运行代码，输出结果是（　　）。

    A. (11,22,33)　　　　B. (22,33,44)　　　　C. (33,44,55)　　　　D. (11,22)

5. 已知 f=lambda x,y:x+y，则 f([4],[1,2,3])的值是（　　）。

　　A．[1, 2, 3, 4]　　　　　B．10　　　　　　　　C．[4, 1, 2, 3]　　　　D．{1, 2, 3, 4}

## 四、简答题

1. 请简述匿名函数的特点。

2. 请简述位置参数、关键字参数、不定长参数的使用方法。

3. 简述 Python 中函数参数的种类和定义方法。

## 五、编程题

1. 编写函数，输出 1~100 中偶数之和。

2. 编写函数，计算 20*19*18*…*3 的结果。

3.定义一个函数，该函数可接收一个 list 作为参数，该函数使用直接选择排序对 list 进行排序。

4. 定义一个函数，该函数可接收一个 list 作为参数，该函数使用冒泡排序对 list 进行排序。

5. 定义一个 is_leap(year)函数，该函数可判断 year 是否为闰年；若是闰年，则返回 True；否则返回 False。

# 第 7 章
# 类与面向对象

## 本章目标

◎  理解面向对象的概念，明确类和对象的含义。

◎  掌握类的定义与使用方法。

◎  熟练创建对象、访问对象成员。

◎  掌握实现成员访问限制的意义，可熟练访问受限成员。

◎  了解构造方法与析构方法的功能与定义方式。

◎  熟悉类方法和静态方法的定义与使用。

◎  掌握类的继承与方法的重写。

◎  熟悉多态的意义。

## 本章简介

到目前为止，你已经学习了字符串、字典之类的数据结构，还有函数、模块之类的代码结构。本章将学习如何使用自定义的数据结构：对象。面向对象（Object Oriented）是程序开发领域中的重要思想，这种思想模拟了人类认识客观世界的逻辑，是当前计算机软件工程学的主流方法；类是面向对象的实现手段。Python 在设计之初就已经是一门面向对象的语言了，了解面向对象编程思想对于学习 Python 开发至关重要。本章将针对类与面向对象等知识进行详细介绍。

## 技术内容

## 7.1  面向对象

### 7.1.1  面向对象概述

面向对象是一种符合人类思维习惯的编程思想。现实生活中存在各种形态不同的事物，这些事物之间存在着各种各样的联系。在程序中使用对象来映射现实中的事物，使用对象的关系来描述事物之间的联系，这种思想就是面向对象的思想。

提到面向对象，自然会想到面向过程。面向过程编程的基本思想是：分析解决问题的步骤，使用函数实现每步相应的功能，按照步骤的先后顺序依次调用函数。前面章节中所展示的程序都以面向过程的方式实现，面向过程只考虑如何解决当前问题，它着眼于问题本身。

面向对象则是把构成问题的事物按照一定规则划分为多个独立的对象，面向对象编程着眼于角色以及角色之间的联系。使用面向对象编程思想解决问题时，开发人员首先会从问题中提炼出问题涉及的角色，将不同角色各自的特征和关系进行封装，以角色为主体，为不同角度定义不同的属性和方法，以描述角色各自的属性与行为。当然，一个应用程序会包含多个对象，通过多个对象的相互配合即可实现应用程序所需的功能，这样当应用程序功能发生变动时，只需要修改个别的对象就可以了，从而使代码更容易维护。

## 7.1.2　面向对象的基本概念

在介绍如何实现面向对象之前，这里先普及一些面向对象涉及的概念。

### 1. 对象（Object）

从一般意义上讲，对象是现实世界中可描述的事物，它可以是有形的也可以是无形的，从一本书到一家图书馆，从单个整数到繁杂的序列等都可以称为对象。对象是构成世界的一个独立单位，它由数据（描述事物的属性）和作用于数据的操作（体现事物的行为）构成一个独立整体。从程序设计者的角度看，对象是一个程序模块，从用户来看，对象为他们提供所希望的行为。对象既可以是具体的物理实体的事物，也可以是人为的概念，如一名员工、一家公司、一辆汽车、一个故事等。

### 2. 类（Class）

俗话说"物以类聚"，从具体的事物中把共同的特征抽取出来，形成一般的概念称为"归类"。忽略事物的非本质特性，关注与目标有关的本质特征，找出事物间的共性，以抽象的手法构造一个概念模型，就是定义一个类。

### 3. 抽象（Abstract）

抽象是抽取特定实例的共同特征，形成概念的过程。例如，苹果、香蕉、梨、葡萄等，抽取出它们共同特性就得出"水果"这一类，那么得出水果概念的过程，就是一个抽象的过程。抽象主要是为了使复杂度降低，它强调主要特征，忽略次要特征，以得到较简单的概念，从而让人们能控制其过程或从综合的角度来了解许多特定的事态。

### 4. 封装（Encapsulation）

封装是面向对象的核心思想，也是面向对象程序设计最重要的特征之一。封装就是隐藏，它将数据和数据处理过程封装成一个整体，将对象的属性和行为封装起来，不需要让外界知道具体实现细节，这就是封装思想。避免了外界直接访问对象属性而造成耦合度过高及过度依赖，同时也阻止了外界对对象内部数据的修改而可能引发的不可预知错误。例如，用户使用计算机，只需要使用手指敲键盘就可以了，无须知道计算机内部是如何工作的，即使用户可能碰巧知道计算机的工作原理，但在使用时，也不完全依赖计算机工作原理这些细节。

### 5. 继承（Inheritance）

继承主要描述的就是类与类之间的关系，通过继承，可以在无须重新编写原有类的情况下，对原有类的功能进行扩展。例如，有一个汽车的类，该类中描述了汽车的普通属性和功能。而轿车的类中不仅应该包含汽车的属性和功能，还应该增加轿车特有的属性和功能，这时，可以让轿车类继承汽车类，在轿车类中单独添加轿车特有的属性和功能就可以了。继承不仅增强了代码的复用性，提高了开发效率，还为程序的维护补充提供了便利。

#### 6．多态（Polymorphism）

多态指的是在一个类中定义的属性和功能被其他类继承后，当把子类对象直接赋值给父类引用变量时，相同引用类型的变量调用同一个方法所呈现出的多种不同行为特性。面向对象的多态特性使得开发更科学、更符合人类的思维习惯，能有效地提高软件开发效率，缩短开发周期，提高软件可靠性。例如，当听到 cut 这个单词时，理发师的行为表现是剪发，演员的行为表现是停止表演等。不同的对象，所表现的行为是不一样的。

封装、继承、多态是面向对象程序设计的三大特征。它们的简单关系如图 7-1 所示。

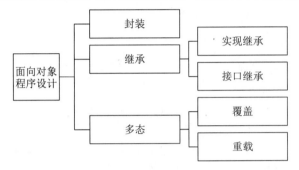

图 7-1　面向对象程序设计特征

这三大特征适用于所有的面向对象语言。深入了解这些特征，是掌握面向对象程序设计思想的关键。面向对象的思想只凭上面的介绍是无法让初学者真正理解的，初学者只有通过大量的实践练习和思考，才能真正领悟面向对象的思想。

## 7.2　类与对象

### 7.2.1　类与对象的关系

面向对象编程思想力求在程序中对事物的描述与该事物在现实中的形态保持一致。为此，在面向对象的思想中提出了两个概念——类和对象。其中，类是对某一类事物的抽象描述，而对象用于表示现实中该类事物的个体。类是对多个对象共同特征的抽象描述，是对象的模板；对象用于描述现实中的个体，它是类的实例。接下来通过一个图例来描述类与对象的关系，如图 7-2 所示。

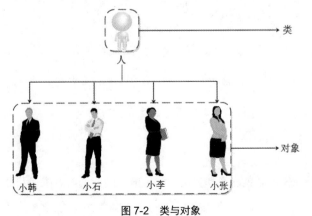

图 7-2　类与对象

在图 7-2 中，可以将人看作是一个类，将每个具体的人（如小韩、小石等）看作对象，从人与具体个人之间的关系便可以看出类与对象之间的关系。类用于描述多个对象的共同特征，它是对象的模板，而对象用于描述现实中的个体，它是类的实例。从图 7-2 可以看出，对象是类的具体化，并且一个类可以对应多个对象。

## 7.2.2 类的定义与访问

在程序中创建对象之前需要先定义类。类是对象的抽象，是一种自定义数据类型，它用于描述一组对象的共同特征和行为。类中可以定义数据成员和成员函数，数据成员用于描述对象特征，成员函数用于描述对象行为，其中数据成员也被称为属性，成员函数也被称为方法。下面介绍如何定义类，以及如何访问类的成员。类的定义格式如下：

```
class 类名:                          #使用 class 定义类
    属性名 = 属性值                   #定义属性
    def 方法名(self):                #定义方法
    方法体
```

以上格式中的 class 是定义类的关键字，其后的类名是类的标识符，类名首字母一般为大写。

类名后的冒号 "：" 必不可少，之后的属性和方法都是类的成员，其中属性类似于前面章节中学习的变量，方法类似于前面章节中学习的函数，但需要注意，方法中有一个指向对象的默认参数 self。

下面定义一个 Car 类，代码如下。

**【示例 1】 Car 类**

```
class Car:
    wheels = 4                      #属性
    def drive(self) :               #方法
        print('开车方式')
    def stop(self) :                #方法
        print('停车方式')
```

以上代码定义了一个汽车类 Car，该类包含一个描述车轮数量的属性 wheels、一个描述开车方式的方法 drive() 和一个描述停车方式的方法 stop()。

## 7.2.3 对象的创建与使用

类定义完成后不能直接使用，这就好比画好了一张房屋设计图纸，此图纸只能帮助人们了解房屋的结构，但不能提供居住场所，为满足居住需求，需要根据房屋设计图纸搭建实际的房屋。同理，程序中的类需要实例化为对象才能实现其意义。

### 1. 对象的创建

创建对象的格式如下：

```
对象名=类名()
```

例如，创建一个前面定义的 Car 类的对象 my_car，代码如下：

```
my_car=Car()
```

### 2. 访问对象成员

若想在程序中真正地使用对象，需掌握访问对象成员的方式。对象成员分为属性和方法，它们的访问格式分别如下：

```
对象名.属性                          #访问对象属性
对象名.方法()                        #访问对象方法
```

使用以上格式访问 Car 类对象 my_car 的成员，具体代码如下：

```
print(my_car.wheels)                #访问并打印 my_car 的属性 wheels
my_car.drive()                      #访问 my_car 的方法 drive()
```

程序运行结果：

```
4
开车方式
```

## 7.2.4  访问限制

类中定义的属性和方法默认为公有属性和方法，该类的对象可以任意访问类的公有成员，但考虑到封装思想，类中的代码不应被外部代码轻易访问。为了契合封装原则，Python 支持将类中的成员设置为私有成员，在一定程度上限制对象对类成员的访问。

### 1. 定义私有成员

Python 通过在类成员名之前添加双下画线"__"来限制成员的访问权限，其语法格式如下：

```
__属性名
__方法名
```

定义一个包含私有属性__weight 和私有方法__info()的类 PersonInfo，代码如下。

**【示例 2】  定义私有成员**

```
class PersonInfo:
    __weight = 55                        # 私有属性
    def __info(self):                    # 私有方法
        print(f"我的体重是：{__weight}")
```

### 2. 私有成员的访问

创建 PersonInfo 类的对象 person，通过该对象访问类的私有属性，具体代码如下：

```
person = PersonInfo()
person.__weight
```

运行代码，程序输出以下错误信息：

```
AttributeError: 'PersonInfo' object has no attribute ' weight '
```

注释访问私有属性的代码，在程序中添加如下访问类中私有方法的代码：

```
person.info()
```

运行代码，程序输出以下错误信息：

```
AttributeError: 'PersonInfo' object has no attribute 'info'
```

由以上展示的错误信息可以判断，对象无法直接访问类的私有成员。下面分别介绍如何在类内部访问私有属性和私有方法。

（1）访问私有属性。私有属性可在公有方法中通过指代类本身的默认参数 self 访问，类外部可通过公有方法间接获取类的私有属性。以类 PersonInfo 为例，在其方法中添加访问私有属性__weight 的代码，具体如下：

```
class PersonInfo:
    __weight = 55            # 私有属性
```

```
        def get_weight(self):
            print(f'体重: {self.__weight}kg')
```

创建 PersonInfo 类的对象 person，访问公有方法 get_weight()，代码如下：

```
person = PersonInfo()
person.get_weight()
```

程序运行结果：

体重: 55kg

（2）访问私有方法。私有方法同样在公有方法中通过参数 self 访问，修改 PersonInfo 类，在私有方法 __info()中通过 self 参数访问私有属性 __weight，并在公有方法 get_weight()中通过 self 参数访问私有方法 __info()，代码如下：

```
class PersonInfo:
    __weight = 55                      # 私有属性
    def __info(self):                  # 私有方法
        print(f"我的体重是: {self.__weight}")
    def get_weight(self):
        print(f'体重:{self.__weight}kg')
        self.__info()
```

创建 PersonInfo 类的对象 person，访问公有方法 get_weight()，代码如下：

```
person = PersonInfo()
person.get_weight()
```

程序运行结果：

体重: 55kg
我的体重是: 55

### 7.2.5 技能训练

**上机练习 1　　定义餐馆类**

**需求说明**

创建一个名为 Restaurant 的类，其方法 __init__()设置两个属性：restaurant_name 和 cuisine_type。

创建一个名为 describe_restaurant()的方法和一个名为 open_restaurant()的方法，其中前者打印前述两项信息，而后者打印一条消息，指出餐馆正在营业。

根据这个类创建一个名为 restaurant 的实例，分别打印其两个属性，再调用前述两个方法。

## 7.3　类中特殊方法

类中的方法可以有三种定义形式，直接定义、只比普通函数多一个 self 参数的方法是类最基本的方法，这种方法称为实例方法，它只能通过类实例化的对象调用。除此之外，Python 中的类还可定义使用@classmethod 修饰的类方法和使用@staticmethod 修饰的静态方法，下面分别介绍这几种方法。

### 7.3.1 构造方法

每个类都有一个默认的 __init__()方法。如果定义类时显式地定义 __init__()方法，那么创建对象时 Python 解释器会调用显式定义的__init__()方法；如果定义类时没有显式定义__init__()方法，那么 Python 解释器会调用默认的__init__()方法。

　　__init__()方法按照参数的有无（self 除外）可分为有参构造方法和无参构造方法，无参构造方法中可以为属性设置初始值，此时使用该方法创建的所有对象都具有相同的初始值。若希望每次创建的对象都有不同的初始值，则可以使用有参构造方法实现。

　　例如，定义一个类 Information，在该类中显式地定义一个带有 3 个参数的__init__()方法，代码如下。

**【示例 3】　__init__()方法**

```
class Information(object):
    def __init__(self, name, sex):          #有参构造方法
        self.name = name                    #添加属性 name
        self.sex = sex                      #添加属性 sex
    def info(self) :
        print(f'姓名:{self .name}')
        print(f'性别:{self.sex}')
```

上述代码中首先定义了一个包含 3 个参数构造方法的 Information 类，然后通过参数 name 与 sex 为属性 name 和 sex 进行赋值，最后在 info()方法中访问属性 name 和 sex 的值。

　　因为定义的构造方法中需要接收两个实参，所以在实例化 Information 类对象时需要传入两个参数，代码如下：

```
infomation = Inforamtion('李婉', '女')
infomation.info()
```

程序运行结果：

```
姓名:李婉
性别:女
```

**注意**

前面在类中定义的属性是类属性，可以通过对象或类进行访问；在构造方法中定义的属性是实例属性，只能通过对象进行访问。

## 7.3.2　析构方法

　　在创建对象时，系统自动调用__init__()方法，在对象被清理时，系统也会自动调用一个__del__()方法，这个方法就是类的析构方法。

　　在介绍析构方法之前，先来了解 Python 的垃圾回收机制。Python 中的垃圾回收主要采用的是引用计数。引用计数是一种内存管理技术，它通过引用计数器记录所有对象的引用数量，当对象的引用计数器数值为 0 时，就会将该对象视为垃圾进行回收。getrefcount()函数是 sys 模块中用于统计对象引用数量的函数，其返回结果通常比预期的结果大 1，这是因为 getrefcount()函数也会统计临时对象的引用。

　　当一个对象的引用计数器数值为 0 时，就会调用__del__()方法，下面通过一个示例进行演示，代码如下：

```
import sys
class Destruction:
    def __del__(self):
        print('对象被释放')
    def __del__(self):
        print('对象被释放')
```

上述代码定义了包含构造方法和析构方法的 Destruction 类，其中构造方法在创建 Destruction 类的对象时打印"对象被创建"，析构方法在销毁 Destruction 类的对象时打印"对象被释放"。

创建对象 destruction，调用 getrefcount()函数返回 Destruction 类的对象的引用计数器的值，代码如下：

```
destruction = Destruction()
print (sys.getrefcount (destruction))
```

程序运行结果：

```
对象被创建
对象被释放
```

从输出结果中可以看出，对象被创建以后，其引用计数器的值变为 2，由于返回引用计数器的值时会增加一个临时引用，因此对象引用计数器的值实际为 1。

## 7.3.3  类方法

类方法与实例方法有以下不同：

（1）类方法使用装饰器@classmethod 修饰。

（2）类方法的第一个参数为 cls 而非 self，它代表类本身。

（3）类方法即可由对象调用，亦可直接由类调用。

（4）类方法可以修改类属性，实例方法无法修改类属性。

下面介绍如何定义类方法，以及如何使用类方法修改类属性。

### 1．定义类方法

类方法可以通过类名或对象名进行调用，其语法格式如下：

```
类名.类方法
对象名.类方法
```

定义一个含有类方法 use_ classmet()的类 Test，代码如下。

**【示例 4】  类方法**

```
class Test:
    @classmethod
    def use_classmet(cls):
        print("我是类方法")
```

创建类 Test 的对象 test，分别使用类 Test 和对象 test 调用类方法 use_classmet()，具体代码如下：

```
test = Test()
test.use_classmet()#对象名调用类方法
Test.use_classmet()#类名调用类方法
```

程序运行结果：

```
我是类方法
我是类方法
```

从输出结果中可以看出，使用类名或对象名均可调用类方法。

### 2．修改类属性

在实例方法中无法修改类属性的值，但在类方法中可以对类属性的值进行修改。例如，定义一个 Apple 类，该类中包含类属性 count、实例方法 add_one()和类方法 add_one()，代码如下。

**【示例 5】 修改类属性**

```
class Apple(object):                        #定义 Apple 类
    count = 0                               #定义类属性
    def add_one(self):
        self.count = 1                      #对象方法
    @classmethod
    def add_two(cls):
        cls.count = 2                        #类方法
```

创建一个 Apple 类的对象 apple，分别使用对象 apple 和类 Apple 调用实例方法 add_one()和类方法 add_two()，修改类属性 count 的值，并在修改之后访问类属性 count，代码如下：

```
apple = Apple()
apple.add_one()
print(Apple.count)
Apple.add_two()
print(Apple.count)
```

程序运行结果：

```
0
2
```

从输出结果中可以看出，调用实例方法 add_one()后访问 count 的值为 0，说明属性 count 的值并没有被修改；调用类方法 add_two()后再次访问 count 的值为 2，说明类属性 count 的值被成功修改。

可能大家会存在这样的疑惑，在实例方法 add_one()中明明通过"self.count= 1"重新为 count 赋值，为什么 count 的值仍然为 0 呢?这是因为，通过"self.count= 1"只是创建了一个与类属性同名的实例属性 count 并将其赋值为 1，而非对类属性重新赋值。通过对象 apple 访问 count 属性进行测试：

```
print (apple.count)
```

程序运行结果：

```
1
```

## 7.3.4 静态方法

静态方法与实例方法有以下不同：

（1）静态方法没有 self 参数，它需要使用@staticmethod 修饰。

（2）静态方法中需要以"类名.方法/属性名"的形式访问类的成员。

（3）静态方法既可由对象调用，亦可直接由类调用。

定义一个包含属性 num 与静态方法 static_method()的类 Example，代码如下。

**【示例 6】 静态方法**

```
class Example:
    num = 10                    # 类属性
    @staticmethod               # 定义静态方法
    def static_method():
        print(f"类属性的值为: {Example.num}")
        print("---静态方法")
```

创建 Example 类的对象 example，使用对象 example 与类 Example 分别调用静态方法 static_method()，代码如下：

```
example = Example()                          #创建对象
example.static_method()                      #对象可以调用
Example.static_method()                      #类也可以调用
```

程序运行结果：

```
类属性的值为：10
---静态方法
类属性的值为：10
---静态方法
```

从输出结果可以看出，类和对象均可以调用静态方法。

📍**注意**

类方法和静态方法最主要的区别在于类方法有一个 cls 参数，使用该参数可以在类方法中访问类的成员；静态方法没有任何默认参数（如 cls），它无法使用默认参数访问类的成员。因此，静态方法更适合与类无关的操作。

## 7.3.5  技能训练

**上机练习 2**  **银行管理系统**

**需求说明**

银行管理系统是一个集开户、查询、取款、存款、转账、锁定、解锁、存盘、退出等一系列功能的管理系统，该系统中各功能的介绍如下。

➢ 开户功能：用户在 ATM 机上根据提示依次输入姓名、身份证号、手机号、预存金额、密码等信息，如果开户成功，系统随机生成一个不重复的 6 位数字卡号。

➢ 查询功能：根据用户输入的卡号、密码查询卡中余额，如果连续 3 次输入错误密码，该卡号会被锁定。

➢ 取款功能：首先根据用户输入的卡号、密码显示卡中余额（如果连续 3 次输入错误密码，该卡号会被锁定），然后接收用户输入的取款金额，如果取款金额大于卡中余额或取款金额小于 0，则系统进行提示并返回功能页面。

➢ 存款功能：首先根据用户输入的卡号、密码显示卡中余额（如果连续 3 次输入错误密码，该卡号会被锁定），然后接收用户输入的存款金额，如果存款金额小于 0，则系统进行提示并返回功能页面。

➢ 转账功能：用户需要分别输入转出卡号与转入卡号（如果连续 3 次输入错误密码，则卡号会被锁定）。当输入转账金额后，需要用户再次确认是否执行转账功能；如果确定执行转账功能，则转出卡与转入卡做相应金额计算；如果取消转账功能，则回退之前操作。

➢ 锁定功能：根据输入的卡号密码执行锁定功能，锁定之后该卡不能执行查询、取款、存款、转账等操作。

➢ 解锁功能：根据输入的卡号密码执行解锁功能，解锁后能对该卡执行查询、取款、存款、转账等操作。

➢ 存盘功能：执行存盘功能后，程序执行的数据会写入本地文件中。

➢ 退出功能：执行退出功能时，需要输入管理员的账户密码，如果输入的账号密码错误，则返回功能页面，如果输入的账号密码正确，则执行存盘并退出系统。

编写程序，实现一个具有上述功能的银行管理系统。

## 7.4  使用类和实例

可以使用类来模拟现实世界中的很多情景。类编写好后，我们的大部分时间都将花在使用根据类创建的实例上。需要执行的一个重要任务是修改实例的属性。可以直接修改实例的属性，也可以编写方法以特定的方式进行修改。

### 7.4.1  Car类

下面来编写一个表示汽车的类，它存储了有关汽车的信息，还有一个汇总这些信息的方法。

【示例7】 Car 类

```
class Car():
    """一次模拟汽车的简单尝试"""
    def __init__(self, make, model, year):          # ❶
        """初始化描述汽车的属性"""
        self.make = make
        self.model = model
        self.year = year

    def get_descriptive_name(self):                 # ❷
        """返回整洁的描述性信息"""
        long_name = str(self.year) + ' ' + self.make + ' ' + self.model
        return long_name.title()

my_new_car = Car('audi', 'a4', 2016)                # ❸
print(my_new_car.get_descriptive_name())
```

在❶处，我们定义了方法__init__()。与前面的 Dog 类一样，这个方法的第一个形参为 self；我们还在这个方法中包含了另外三个形参：make、model 和 year。方法__init__()接收这些形参的值，并将它们存储在根据这个类创建的实例的属性中。创建新的 Car 实例时，我们需要指定其制造商、型号和生产年份。

在❷处，我们定义了一个名为 get_descriptive_name()的方法，它使用属性 year、make 和 model 创建一个对汽车进行描述的字符串，让我们无须分别打印每个属性的值。为在这个方法中访问属性的值，我们使用了 self.make、self.model 和 self.year。在❸处，我们根据 Car 类创建了一个实例，并将其存储到变量 my_new_car 中。接下来，我们调用方法 get_descriptive_name()，指出我们拥有的是一辆什么样的汽车：

```
2016 Audi A4
```

为让这个类更有趣，下面给它添加一个随时间变化的属性，它存储汽车的总里程数。

### 7.4.2  给属性指定默认值

类中的每个属性都必须有初始值，哪怕这个值是 0 或空字符串。在有些情况下，如设置默认值时，在方法__init__()内指定这种初始值是可行的；如果我们对某个属性这样做了，就无须包含为它提供初始值的形参。

下面来添加一个名为 odometer_reading 的属性，其初始值总是为 0。我们还添加了一个名为 read_odometer()的方法，用于读取汽车的里程数。

【示例8】  给属性指定默认值

```
class Car():
    def __init__(self, make, model, year):
```

```
            """初始化描述汽车的属性"""
            self.make = make
            self.model = model
            self.year = year
            self.odometer_reading = 0                    # ❶

    def get_descriptive_name(self):
        """返回整洁的描述性信息"""
        long_name = str(self.year) + ' ' + self.make + ' ' + self.model
        return long_name.title()

    def read_odometer(self):                             # ❷
        """打印一条指出汽车里程数的消息"""
        print("This car has " + str(self.odometer_reading) + " miles on it.")

my_new_car = Car('audi', 'a4', 2016)
print(my_new_car.get_descriptive_name())
my_new_car.read_odometer()
```

现在，当 Python 调用方法 __init__()来创建新实例时，将像前一个示例一样以属性的方式存储制造商、型号和生产年份。接下来，Python 将创建一个名为 odometer_reading 的属性，并将其初始值设置为 0（见❶）。在❷处，我们还定义了一个名为 read_odometer()的方法，它让我们能够轻松地获悉汽车的里程数。

一开始汽车的里程数为 0：

```
2016 Audi A4
This car has 0 miles on it.
```

出售时里程表读数为 0 的汽车并不多，因此我们需要一个修改该属性的值的途径。

## 7.4.3 修改属性的值

可以以三种不同的方式修改属性的值：直接通过实例进行修改；通过方法进行设置；通过方法进行递增（增加特定的值）。下面依次介绍这些方法。

### 1. 直接修改属性的值

要修改属性的值，最简单的方式是通过实例直接访问它。下面的代码直接将里程表读数设置为 23。

**【示例 9】** *直接修改属性的值*

```
class Car():
    def __init__(self, make, model, year):
        """初始化描述汽车的属性"""
        self.make = make
        self.model = model
        self.year = year
        self.odometer_reading = 0

    def get_descriptive_name(self):
        """返回整洁的描述性信息"""
        long_name = str(self.year) + ' ' + self.make + ' ' + self.model
        return long_name.title()

    def read_odometer(self):
        """打印一条指出汽车里程数的消息"""
        print("This car has " + str(self.odometer_reading) + " miles on it.")

my_new_car = Car('audi', 'a4', 2016)
print(my_new_car.get_descriptive_name())
my_new_car.odometer_reading = 23                         # ❶
my_new_car.read_odometer()
```

在❶处，我们使用句点表示法来直接访问并设置汽车的属性 odometer_reading。这行代码让 Python 在实例 my_new_car 中找到属性 odometer_reading，并将该属性的值设置为 23：

```
2016 Audi A4
This car has 23 miles on it.
```

有时候需要像这样直接访问属性，但其他时候需要编写对属性进行更新的方法。

### 2. 通过方法修改属性的值

如果有帮助我们更新属性的方法，将大有裨益。这样，我们就无须直接访问属性，而可将值传递给一个方法，由它在内部进行更新。下面的示例演示了一个名为 update_odometer() 的方法。

🌀【示例 10】　*通过方法修改属性的值 1*

```
class Car():
    def __init__(self, make, model, year):
        """初始化描述汽车的属性"""
        self.make = make
        self.model = model
        self.year = year
        self.odometer_reading = 0

    def get_descriptive_name(self):
        """返回整洁的描述性信息"""
        long_name = str(self.year) + ' ' + self.make + ' ' + self.model
        return long_name.title()

    def read_odometer(self):
        """打印一条指出汽车里程数的消息"""
        print("This car has " + str(self.odometer_reading) + " miles on it.")

    def update_odometer(self, mileage):                    # ❶
        """将里程表读数设置为指定的值"""
        self.odometer_reading = mileage

my_new_car = Car('audi', 'a4', 2016)
print(my_new_car.get_descriptive_name())

my_new_car.update_odometer(23)                             # ❷
my_new_car.read_odometer()
```

对 Car 类所做的唯一修改是在❶处添加了方法 update_odometer()。这个方法接收一个里程值，并将其存储到 self.odometer_reading 中。在❷处，我们调用了 update_odometer()，并向它提供了实参 23（该实参对应于方法定义中的形参 mileage）。它将里程表读数设置为 23；而方法 read_odometer() 打印该读数：

```
2016 Audi A4
This car has 23 miles on it.
```

可对方法 update_odometer() 进行扩展，使其在修改里程表读数时做些额外的工作。下面来添加一些逻辑，禁止任何人将里程表读数往回调。

🌀【示例 11】　*通过方法修改属性的值 2*

```
class Car():
    def __init__(self, make, model, year):
        """初始化描述汽车的属性"""
        self.make = make
        self.model = model
        self.year = year
        self.odometer_reading = 0

    def get_descriptive_name(self):
```

```
        """返回整洁的描述性信息"""
        long_name = str(self.year) + ' ' + self.make + ' ' + self.model
        return long_name.title()

    def read_odometer(self):
        """打印一条指出汽车里程数的消息"""
        print("This car has " + str(self.odometer_reading) + " miles on it.")

    def update_odometer(self, mileage):
        """ 将里程表读数设置为指定的值，禁止将里程表读数往回调 """
        if mileage >= self.odometer_reading:              # ❶
            self.odometer_reading = mileage
        else:
            print("You can't roll back an odometer!")      # ❷

my_new_car = Car('audi', 'a4', 2016)
print(my_new_car.get_descriptive_name())

my_new_car.update_odometer(23)
my_new_car.read_odometer()
```

现在，update_odometer()在修改属性前检查指定的读数是否合理。如果新指定的里程数（mileage）大于或等于原来的里程数（self.odometer_reading），就将里程表读数改为新指定的里程数（见❶）；否则就发出警告，指出不能将里程表数往回拨（见❷）。

### 3. 通过方法对属性的值进行递增

有时候需要将属性值递增特定的量，而不是将其设置为全新的值。假设我们购买了一辆二手车，且从购买到登记期间增加了100英里的里程数，下面的方法让我们能够传递这个增量，并相应地增加里程表读数。

**【示例12】** *通过方法对属性的值进行递增*

```
class Car():
    def __init__(self, make, model, year):
        """初始化描述汽车的属性"""
        self.make = make
        self.model = model
        self.year = year
        self.odometer_reading = 0

    def get_descriptive_name(self):
        """返回整洁的描述性信息"""
        long_name = str(self.year) + ' ' + self.make + ' ' + self.model
        return long_name.title()

    def read_odometer(self):
        """打印一条指出汽车里程数的消息"""
        print("This car has " + str(self.odometer_reading) + " miles on it.")

    def update_odometer(self, mileage):
        """ 将里程表读数设置为指定的值，禁止将里程表读数往回调 """
        if mileage >= self.odometer_reading:
            self.odometer_reading = mileage
        else:
            print("You can't roll back an odometer!")

    def increment_odometer(self, miles):              # ❶
        """将里程表读数增加指定的量"""
        self.odometer_reading += miles

my_used_car = Car('subaru', 'outback', 2013)          # ❷
print(my_used_car.get_descriptive_name())
```

```
my_used_car.update_odometer(23500)                    # ❸
my_used_car.read_odometer()

my_used_car.increment_odometer(100)                   # ❹
my_used_car.read_odometer()
```

在❶处，新增的方法 increment_odometer()接收一个单位为英里的数字，并将其加入到
self.odometer_reading 中。在❷处，我们创建了一辆二手车——my_used_car。在❸处，我们调用方法
update_odometer()并传入 23 500，将这辆二手车的里程表读数设置为 23 500。在❹处，我们调用
increment_odometer()并传入 100，以增加从购买到登记期间行驶的 100 英里行程：

```
2013 Subaru Outback
This car has 23500 miles on it.
This car has 23600 miles on it.
```

我们可以轻松地修改这个方法，以禁止增量为负值，从而防止有人利用它来回拨里程表数。

**注意**

你可以使用类似于上面的方法来控制用户修改属性值（如里程表读数），但能够访问程序的人都可以通过直接访问
属性来将里程数修改为任何值。要确保安全，除了进行类似于前面的基本检查，还需特别注意细节。

## 7.4.4　技能训练

**上机练习 3　　就餐人数**

### 需求说明

在为完成上机练习 1 而编写的程序中，添加一个名为 number_served 的属性，并将其默认值设置
为 0。根据这个类创建一个名为 restaurant 的实例；打印有多少人在这家餐馆就餐过，然后修改这个
值并再次打印它。

添加一个名为 set_number_served()的方法，它让你能够设置就餐人数。调用这个方法并向它传递
一个值，然后再次打印这个值。

添加一个名为 increment_number_served()的方法，它让你能够将就餐人数递增。调用这个方法并
向它传递一个这样的值：你认为这家餐馆每天可能接待的就餐人数。

## 7.5　继承

"龙生龙，凤生凤，老鼠的儿子会打洞"，这句话将动物界中的继承关系表现得淋漓尽致。编
写类时，并非总是从空白开始。如果你要编写的类是另一个现成类的特殊版本，可使用继承。本节
将对 Python 中的单继承、多继承、方法重写进行介绍。

### 7.5.1　单继承与多继承

在 Python 中，类与类之间也具有继承关系，一个类继承另一个类时，它将自动获得另一个类的
所有属性和方法；其中被继承的类称为父类或基类，派生的类称为子类或派生类。子类在继承父类
时，会自动拥有父类中的方法和属性，同时还可以定义自己的属性和方法。Python 中的继承分为单
继承与多继承。

单继承指的是子类只继承一个父类，其语法格式如下：

```
class 子类(父类):
```

多继承指的是一个子类继承多个父类，其语法格式如下：

```
class 子类(父类A, 父类B):
```

## 7.5.2 super()函数

如果子类重写了父类的方法，但仍希望调用父类中的方法，该如何实现呢？Python 提供了一个 super()函数，使用该函数可以调用父类中的方法。

super()函数使用方法如下：

```
super().方法名()
```

## 7.5.3 子类的方法__init__()

创建子类的实例时，Python 首先需要完成的任务是给父类的所有属性赋值。为此，子类的方法 __init__()需要父类施以援手。

例如，下面来模拟电动汽车。电动汽车是一种特殊的汽车，因此我们可以在前面创建的 Car 类的基础上创建新类 ElectricCar，这样我们就只需为电动汽车特有的属性和行为编写代码即可。下面来创建一个简单的 ElectricCar 类版本，它具备 Car 类的所有功能。

**【示例 13】 子类的方法__init__()**

```
class Car():                                         # ❶
    """一次模拟汽车的简单尝试"""
    def __init__ (self, make, model, year):
        self.make = make
        self.model = model
        self.year = year
        self.odometer_reading = 0

    def get_descriptive_name(self):
        long_name = str(self.year) + ' ' + self.make + ' ' + self.model
        return long_name.title()

    def read_odometer(self):
        print("This car has " + str(self.odometer_reading) + " miles on it.")

    def update_odometer(self, mileage):
        if mileage >= self.odometer_reading:
            self.odometer_reading = mileage
        else:
            print("You can't roll back an odometer!")

    def increment_odometer(self, miles):
        self.odometer_reading += miles

class ElectricCar(Car):                               # ❷
    """电动汽车的独特之处"""
    def __init__(self, make, model, year):            # ❸
        """初始化父类的属性"""
        super().__init__(make, model, year)          # ❹

my_tesla = ElectricCar('tesla', 'model s', 2016)     # ❺
print(my_tesla.get_descriptive_name())
```

首先是 Car 类的代码（见❶）。创建子类时，父类必须包含在当前文件中，且位于子类前面。在 ❷处，我们定义了子类 ElectricCar。定义子类时，必须在括号内指定父类的名称。方法__init__()接收 创建 Car 实例所需的信息（见❸）。❹处的 super()是一个特殊函数，帮助 Python 将父类和子类关联起来。这行代码让 Python 调用 ElectricCar 的父类的方法\_\_init\_\_()，让 ElectricCar 实例包含父类的所有属性。父类也称为超类（superclass），名称 super 因此而得名。为测试继承是否能够正确地发挥作用，我们尝试创建一辆电动汽车，但提供的信息与创建普通汽车时相同。在❺处，我们创建 ElectricCar 类的一个实例，并将其存储在变量 my\_tesla 中。这行代码调用 ElectricCar 类中定义的方法 \_\_init\_\_()，后者让 Python 调用父类 Car 中定义的方法\_\_init\_\_()。我们提供了实参 tesla、model s 和 2016。除方法\_\_init\_\_()外，电动汽车没有其他特有的属性和方法。当前，我们只想确认电动汽车具备普通汽车的行为：

```
2016 Tesla Model S
```

ElectricCar 实例的行为与 Car 实例一样，现在可以开始定义电动汽车特有的属性和方法了。

## 7.5.4　给子类定义属性和方法

让一个类继承另一个类后，可添加区分子类和父类所需的新属性和方法。下面来添加一个电动汽车特有的属性（电瓶），以及一个描述该属性的方法。我们将存储电瓶容量，并编写一个打印电瓶描述的方法。

**【示例 14】　给子类定义属性和方法**

```
class Car():
--snip--

class ElectricCar(Car):
    """代表汽车的各个方面，特别是电动汽车."""
    def __init__(self, make, model, year):
        """电动汽车的独特之处是初始化父类的属性，再初始化电动汽车特有的属性"""
        super().__init__(make, model, year)
        self.battery_size = 7        # ❶
    def describe_battery(self)        # ❷
        """打印一条描述电瓶容量的消息"""
        print("This car has a " + str(self.battery_size) + "-kWh battery.")

my_tesla = ElectricCar('tesla', 'model s', 2016)
print(my_tesla.get_descriptive_name())
my_tesla.describe_battery()
```

在❶处，我们添加了新属性 self.battery\_size，并设置其初始值（如 70）。根据 ElectricCar 类创建的所有实例都将包含这个属性，但所有 Car 实例都不包含它。在❷处，我们还添加了一个名为 describe\_battery()的方法，它打印有关电瓶的信息。我们调用这个方法时，将看到一条电动汽车特有的描述：

```
2016 Tesla Model S
This car has a 70-kWh battery.
```

对于 ElectricCar 类的特殊化程度没有任何限制。模拟电动汽车时，你可以根据所需的准确程度添加任意数量的属性和方法。如果一个属性或方法是任何汽车都有的，而不是电动汽车特有的，就应将其加入 Car 类而不是 ElectricCar 类中。这样，使用 Car 类的人将获得相应的功能，而 ElectricCar 类只包含处理电动汽车特有属性和行为的代码。

## 7.5.5　重写父类的方法

子类可以继承父类的属性和方法，若父类的方法不能满足子类的要求，子类可以重写父类的方法，以实现理想的功能。对于父类的方法，只要它不符合子类模拟的实物的行为，都可对其进行重写。为此，可在子类中定义一个这样的方法，即它与要重写的父类方法同名。这样，Python 将不会考虑这个父类方法，而只关注你在子类中定义的相应方法。

假设 Car 类有一个名为 fill_gas_tank() 的方法，它对全电动汽车来说毫无意义，因此你可能想重写它。下面演示了一种重写方式：

```
def ElectricCar(Car):
--snip--
def fill_gas_tank():
    """电动汽车没有油箱"""
    print("This car doesn't need a gas tank!")
```

现在，如果有人对电动汽车调用方法 fill_gas_tank()，Python 将忽略 Car 类中的方法 fill_gas_tank()，转而运行上述代码。使用继承时，可让子类保留从父类那里继承而来的精华，并剔除不需要的糟粕。

## 7.5.6  将实例用作属性

使用代码模拟实物时，你可能会发现自己给类添加的细节越来越多：属性和方法清单以及文件都越来越长。在这种情况下，可能需要将类的一部分作为一个独立的类提取出来。你可以将大型类拆分成多个协同工作的小类。

例如，不断给 ElectricCar 类添加细节时，我们可能会发现其中包含很多专门针对汽车电瓶的属性和方法。在这种情况下，我们可将这些属性和方法提取出来，放到另一个名为 Battery 的类中，并将一个 Battery 实例用作 ElectricCar 类的一个属性。

**【示例 15】  将实例用作属性 1**

```
class Car():
--snip--
class Battery():                                    # ❶
    """一次模拟电动汽车电瓶的简单尝试"""
    def __init__(self, battery_size=70):            # ❷
        """初始化电瓶的属性"""
        self.battery_size = battery_size
    def describe_battery(self):                      # ❸
        """打印一条描述电瓶容量的消息"""
        print("This car has a " + str(self.battery_size) + "-kWh battery.")

class ElectricCar(Car):
    """电动汽车的独特之处"""
    def __init__(self, make, model, year):
        """初始化父类的属性，再初始化电动汽车特有的属性"""
        super().__init__(make, model, year)
        self.battery = Battery()                     # ❹

my_tesla = ElectricCar('tesla', 'model s', 2016)
print(my_tesla.get_descriptive_name())
my_tesla.battery.describe_battery()
```

在❶处，我们定义了一个名为 Battery 的新类，它没有继承任何类。❷处的方法 __init__() 除 self 外，还有另一个形参 battery_size。这个形参是可选的：如果没有给它提供值，电瓶容量将被设置为 70。方法 describe_battery() 也移到了这个类中（见❸）。在 ElectricCar 类中，我们添加了一个名为 self.battery 的属性（见❹）。这行代码让 Python 创建一个新的 Battery 实例（由于没有指定尺寸，因此为默认值 70），并将该实例存储在属性 self.battery 中。每当方法 __init__() 被调用时，都将执行该操作；因此现在每个 ElectricCar 实例都包含一个自动创建的 Battery 实例。我们创建一辆电动汽车，并将其存储在变量 my_tesla 中。要描述电瓶时，需要使用电动汽车的属性 battery：

```
my_tesla.battery.describe_battery()
```

这行代码让 Python 在实例 my_tesla 中查找属性 battery，并对存储在该属性中的 Battery 实例调用方法 describe_battery()。输出与我们前面看到的相同：

```
2016 Tesla Model S
This car has a 70-kWh battery.
```

这看似做了很多额外的工作，但现在我们想多详细地描述电瓶都可以，且不会导致 ElectricCar 类混乱不堪。下面再给 Battery 类添加一个方法，它根据电瓶容量报告汽车的续航里程数。

【示例 16】  **将实例用作属性 2**

```
class Car():
--snip--
class ElectricCar(Car):
--snip--
class Battery():
    """一次模拟电动汽车电瓶的简单尝试"""
    def __init__(self, battery_size=70):
        """初始化电瓶的属性"""
        self.battery_size = battery_size
    def describe_battery(self):
        """打印一条描述电瓶容量的消息"""
        print("This car has a " + str(self.battery_size) + "-kWh battery.")
    def get_range(self):                              # ❶
        """打印一条消息，指出电瓶的续航里程数"""
        if self.battery_size == 70:
            range = 240
        elif self.battery_size == 85:
            range = 270
        message = "This car can go approximately " + str(range)
        message += " miles on a full charge."
        print(message)

my_tesla = ElectricCar('tesla', 'model s', 2016)
print(my_tesla.get_descriptive_name())
my_tesla.battery.describe_battery()
my_tesla.battery.get_range()                          # ❷
```

对❶处新增的方法 get_range() 做一些简单的分析：如果电瓶的容量为 70kWh，它就将续航里程数设置为 240 英里；如果容量为 85kWh，就将续航里程数设置为 270 英里，然后报告这个值。为使用这个方法，我们也通过汽车的属性 battery 来调用它（见❷）。

输出指出了汽车的续航里程数（这取决于电瓶的容量）：

```
2016 Tesla Model S
This car has a 70-kWh battery.
This car can go approximately 240 miles on a full charge.
```

## 7.5.7  技能训练

**上机练习 4**  **显示冰激凌小店**

**需求说明**

冰激凌小店是一种特殊的餐馆。编写一个名为 IceCreamStand 的类，让它继承你为完成前面上机练习编写的 Restaurant 类。前面两个版本的 Restaurant 类都可以，挑选你更喜欢的那个即可。添加一个名为 flavors 的属性，用于存储一个由各种口味的冰激凌组成的列表。编写一个显示这些冰激凌的方法。创建一个 IceCreamStand 实例，并调用这个方法。

**上机练习5** ☐ *井字棋*

**需求说明**

井字棋是一种在 3×3 格子上进行的连线游戏，又称井字游戏。井字棋的游戏有两名玩家，其中一个玩家画圈，另一个玩家画叉，轮流在 3×3 格子上画上自己的符号，最先在横向、纵向或斜线方向连成一条线的人为胜利方。如图 7-3 所示，画圈的一方为胜利者。

图 7-3　井字棋

编写程序，实现具有人机交互功能的井字棋。

# 7.6　多态

## 7.6.1　多态应用

在 Python 中，多态指在不考虑对象类型的情况下使用对象。相比于强类型，Python 更推崇"鸭子类型"。"鸭子类型"是这样推断的：如果一只生物走起路来像鸭子，游起泳来像鸭子，叫起来也像鸭子，那么它就可以被当作鸭子。也就是说，"鸭子类型"不关注对象的类型，而是关注对象具有的行为。

Python 中并不需要显式指定对象的类型，只要对象具有预期的方法和表达式操作符，就可以使用对象。也可以说，只要对象支持所预期的"接口"，就可以使用，从而实现多态。一个体现多态特性的示例如下。

**【示例 17】　实现多态**

```
class Animal (object) :              #定义父类 Animal
    def move(self) :
        pass
class Rabbit(Animal):                #定义子类 Rabbit
    def move(self):
        print("兔子蹦蹦跳跳")
class Snail(Animal):    #定义子类 Snail
    def move(self):
        print("蜗牛缓慢爬行")
def test(obj):                       #在函数 test()中调用了对象 obj 的 move()方法
obj.move()
```

上述代码定义了 Animal 类和它的两个子类 Rabbit 类和 Snail 类，它们都有 move()方法。定义函数 test()，该函数接收一个参数 obj，并在其中让 obj 调用了 move()方法。

接下来，分别创建 Rabbit 类和 Snail 类的对象，将这两个对象作为参数传入 test()函数中，代码如下：

```
rabbit = Rabbit ()
test(rabbit)                        #接收 Rabbit 类的对象
snail = Snail()
test(snail)                         #接收 Snail 类的对象
```

程序运行结果：

```
兔子蹦蹦跳跳
蜗牛缓慢爬行
```

分析运行结果可知，同一个函数会根据参数的类型去调用不同的方法，从而产生不同的结果。

## 7.6.2 技能训练

**上机练习6** 统计字母 y 和字母 o 的出现次数

**需求说明**

编写程序，统计出字符串 "Python is a programming language that lets you work more quickly and integrate your systems more effectively." 中字母 y 和字母 o 的出现次数。

## 本章总结

本章主要介绍了关于面向对象程序设计的知识，包括面向对象概述、类和对象的关系、类的定义与访问、对象的创建与使用、类成员的访问限制、构造方法与析构方法、类方法和静态方法、继承、多态等知识。通过本章的学习，希望读者理解面向对象的思想，能熟练地定义和使用类，并具备开发面向对象项目的能力。

## 本章作业

### 一、填空题

1. 类的定义如下：

```
class person:
    name='Liming'
    score=90
```

该类的类名是_____，其中定义了_____属性和_____属性，它们都是_____属性。如果在属性名前加两个下画线 "__"，则属性是_____属性。将该类实例化创建对象 p，使用的语句为_____，通过 p 来访问属性，格式为_____、_____。

2. Python 类的构造方法是_____，它在_____对象时被调用，可以用来进行一些属性_____操作；类的析构方法是_____，它在_____对象时调用，可以进行一些释放资源的操作。

3. 可以从现有的类来定义新的类，这称为类的_____，新的类称为_____，而原来的类称为_____、父类或超类。

4. 创建对象后，可以使用_____运算符来调用其成员。

5. 在 Python 中通过在属性名前添加_____方式设置私有属性。

## 二、判断题

1. 一个类只能创建一个实例化对象。（　　）

2. 构造方法会在创建对象的时候自动调用。（　　）

3. 类方法可以使用类名进行访问。（　　）

4. 对象的引用计数器的值为 0 时会调用析构方法。（　　）

## 三、选择题

1. 下列说法中不正确的是（　　）。

A．类是对象的模板，而对象是类的实例

B．实例属性名如果以__开头，就变成了一个私有变量

C．只有在类的内部才可以访问类的私有变量，外部不能访问

D．在 Python 中，一个子类只能有一个父类

2. 下列选项中不是面向对象程序设计基本特征的是（　　）。

A．继承　　　　　　B．多态　　　　　　C．可维护性　　　　　　D．封装

3. 下列方法中，用于初始化属性的方法是（　　）。

A．__del__　　　　B．__init__　　　　C．__init　　　　D．__add__

4. 阅读下面程序：

```
class Test:
    count = 21
    def print_num(self):
        count = 20
self.count+=20
        print(count)
test= Test()
test.print_num()
```

运行程序，输出结果是（　　）。

A．20　　　　　　B．40　　　　　　C．21　　　　　　D．41

5. 下列程序的执行结果是（　　）。

```
class C():
    f=10
class C1(C):
    pass
print(C.f,C1.f)
```

A．10 10　　　　　B．10 pass　　　　C．pass 10　　　　D．运行出错

## 四、简答题

1. 简述面向对象的三大特性。

2. 简述类和对象的含义及关系。

3. 简述如何定义类变量与实例变量，以及这两种变量在使用时的注意事项。

4. 什么情况下我们需要在类中明确写出__init__方法？

5. 请简述 Python 中的继承机制。

**五、编程题**

1. 按照以下提示尝试定义一个 Person 类并生成类实例对象。

➢ 属性：姓名（默认姓名为"张三"）。

➢ 方法：打印姓名。

提示

方法中对属性的引用形式需加上 self，如 self.name。

2. 设计一个 Circle（圆）类，该类中包括属性 radius（半径），还包括__init__()、get_perimeter()（求周长）和 get_area()（求面积）方法。设计完成后，创建 Circle 类的求周长和求面积的对象的功能。

3. 利用多态性，编程创建一个手机类 Phones，定义打电话方法 call()。创建两个子类：苹果手机类 iPhone 和 Android 手机类 APhone，并在各自类中重写方法 call。创建一个人类 Person，定义使用手机打电话的方法 use_phone_call()。

# 第 8 章
# 模块和包

◎ 了解模块的概念及其导入方式。

◎ 掌握常见标准模块的使用。

◎ 了解模块导入的特性。

◎ 掌握自定义模块的使用。

◎ 掌握包的结构及其导入方式。

◎ 了解第三方模块的下载安装。

**本章简介**

在前面的学习中已经接触过模块，如 time 模块、random 模块。模块是一个扩展名为.py 的 Python 文件，这个文件中包含许多功能函数或类，多个模块可以通过包来组织。本章将针对模块和包进行讲解。

**技术内容**

## 8.1 Python程序的结构

Python 的程序由包（package）、模块（module）和函数组成。包是由一系列模块组成的集合。模块是处理某一类问题的函数和类的集合。图 8-1 描述了包、模块、类和函数之间的关系。图中的函数和类表示零个或多个。

包就是一个完成特定任务的工具箱，Python 提供了许多有用的工具包，如字符串处理、图形用户接口、Web 应用、图形图像处理等。使用这些工具包，可以提高程序员的程序开发效率、减少编程的复杂度、达到代码重用的效果。这些自带的工具包和模块安装在 Python 的安装目录下的 Lib 子目录中。

例如，Lib 目录中的 xml 文件夹就是一个包，这个包用于完成 XML 的应用开发。xml 包中有几个子包：dom、sax、etree 和 parsers。文件__init__.py 是 xml 包的注册文件，如果没有该文件，Python 将不能识别 xml 包。在系统字典中定义了 xml 包。

图 8-1　包、模块、类和函数之间的关系

 注意

包必须含有至少一个 __init__.py 文件，该文件的内容可以为空。__init__.py 用于标识当前文件夹是一个包。

# 8.2　模块概述

## 8.2.1　模块的概念

在 Python 程序中，每个.py 文件都可以视为一个模块，通过在当前.py 文件中导入其他.py 文件，可以使用被导入文件中定义的内容，如类、变量、函数等。

Python 中的模块可分为三类，分别是内置模块、第三方模块和自定义模块，相关介绍如下：

（1）内置模块是 Python 内置标准库中的模块，也是 Python 的官方模块，可直接导入程序供开发人员使用。

（2）第三方模块是由非官方制作发布的、供大众使用的 Python 模块，在使用之前需要开发人员先自行安装。

（3）自定义模块是开发人员在程序编写过程中自行编写的、存放功能性代码的.py 文件。

一个完整大型的 Python 程序通常被组织为模块和包的集合。

## 8.2.2　模块的导入方式

Python 模块的导入方式分为使用 import 导入和使用 from…import…导入两种，具体介绍如下。

### 1. 使用import导入

使用 import 导入模块的语法格式如下：

```
import 模块 1,模块 2,…
```

import 支持一次导入多个模块，每个模块之间使用逗号分隔。例如：

```
import time                              #导入一个模块
import random,pygame                     #导入多个模块
```

模块导入之后便可以通过使用 "." 来应用模块中的函数或类，其语法格式如下：

```
模块名.函数名()/类名
```

以上面导入的 time 模块为例，使用该模块中的 sleep()函数，具体代码如下：

```
time.sleep(1)
```

如果在开发过程中需要导入一些名称较长的模块，可使用 as 为这些模块起别名，其语法格式如下：

```
import 模块名 as 别名
```

后续可直接通过模块的别名使用模块中的内容。

### 2. 使用from…import…导入

使用"from…import…"方式导入模块之后，无须添加前缀，可以像使用当前程序中的内容一样使用模块中的内容。其语法格式如下：

```
from 模块名 import 函数/类/变量
```

from…import…也支持一次导入多个函数、类或变量，多个函数、类或变量之间使用逗号隔开。例如，导入 time 模块中的 sleep()函数和 time()函数，具体代码如下：

```
from time import sleep, time
```

利用通配符"*"可使用 from…impot…导入模块中的全部内容，其语法格式如下：

```
from 模块名 import *
```

以导入 time 模块中的全部内容为例，具体代码如下：

```
from time import *
```

from…import…也支持为模块或模块中的函数起别名，其语法格式如下：

```
from 模块名 import 函数名 as 别名
```

例如，将 time 模块中的 sleep()函数起别名为 s1，具体代码如下：

```
from time import sleep as s1
s1(1)                                    # s1 为 sleep()函数的别名
```

以上介绍的两种模块的导入方式在使用上大同小异，可根据不同的场景选择合适的导入方式。

**⊚注意**

虽然"from…import…"方式可简化模块中内容的引用，但可能会出现函数重名的问题。因此，相对而言使用 import 语句导入模块更为安全。

## 8.2.3 常见的标准模块

Python 内置了许多标准模块，如 sys、os、random 和 time 模块等，下面介绍几个常用的标准模块。

### 1. sys模块

sys 模块中提供了一系列与 Python 解释器交互的函数和变量，用于操控 Python 的运行时环境。sys 模块中常用的变量与函数如表 8-1 所示。

表 8-1　sys 模块中常用的变量与函数

| 变量/函数 | 说　明 |
| --- | --- |
| sys.argv | 获取命令行参数列表，该列表中的第一个元素是程序自身所在路径 |
| sys.version | 获取 Python 解释器的版本信息 |
| sys.path | 获取模块的搜索路径，该变量的初值为环境变量 PYTHONPATH 的值 |
| sys.platform | 返回操作系统平台的名称 |
| sys.exit() | 退出当前程序。可为该函数传递参数，以设置返回值或退出信息，正常退出返回值为 0 |

下面通过一些示例来演示 sys 模块中部分变量和函数的用法。

（1）argv 变量。通过 import 语句导入 sys 模块，然后访问 argv 变量获取命令行参数列表。具体代码如下：

```
import sys
print (sys.argv)
```

程序运行结果：

```
['D:/Python 项目/模块使用/Demo.py']
```

（2）exit()函数。sys 模块的 exit()函数的作用是退出当前程序，执行完此函数后，后续的代码将不再执行。例如：

```
import sys
sys.exit("程序退出")
print(sys.argv)
```

程序运行结果：

```
程序退出
```

### 2. os模块

os 模块中提供了访问操作系统服务的功能，该模块中常用的函数如表 8-2 所示。

表 8-2　os 模块中常用的函数

| 函　数 | 说　明 |
| --- | --- |
| os.getewd() | 获取当前工作路径，即当前 Python 脚本所在的路径 |
| os.chdir() | 改变当前脚本的工作路径 |
| os.remove() | 删除指定文件 |
| os._exit() | 终止 Python 程序 |
| os.path.abspath(path) | 返回 path 规范化的绝对路径 |
| os.path.split(path) | 将 path 分隔为形如（目录，文件名）的二元组并返回 |

下面通过一些示例来演示 os 模块中部分函数的用法。

（1）getewd()函数。通过 os 模块中的 getewd()函数获取当前的工作路径。例如：

```
import os
print (os.getcwd())                              #获取当前的工作路径
```

程序运行结果：

```
D: \Python 项目\模块使用
```

（2）_exit()函数。os 模块中也有终止程序的函数——_exit()，该函数与 sys 模块中的 exit()函数略有不同。执行 os 模块中的_exit()函数后，程序会立即结束，之后的代码也不会再执行；而执行 sys 模块中的 exit()函数会引发一个 SystemExit 异常，若没有捕获该异常退出程序，后面的代码就不再执行；若捕获到该异常，则后续的代码仍然会执行。关于 os 和 sys 模块的终止程序的函数的用法比较如下：使用 os 模块中的_exit()函数终止程序。

### ➋【示例 1】　_exit()函数

```
import os
print("执行_exit()之前")
try:
    os._exit(0)
    print("执行_exit()之后")
except:
    print("程序结束")
```

程序运行结果：

执行 exit()之前

由以上结果可知，程序在执行完"os._exit(0)"代码后立即结束，不再执行后续的代码。

使用 sys 模块中的 exit()函数终止程序。例如：

**【示例 2】 exit()函数**

```
import sys
print("执行 exit()之前")
try:
    sys.exit(0)
    print ("执行 exit()之后")
except:
    print ("程序结束")
```

程序运行结果：

执行 exit()之前
程序结束

由以上结果可知，程序执行完"sys.exit(0)"代码后没有立即结束。由于在 try 子句中捕获了 SystemExit 异常，因此 try 子句后续的代码不再执行，而是继续执行异常处理 except 子句。

（3）chdir()函数。os 模块中还提供了修改当前工作路径的 chdir()函数。例如：

**【示例 3】 chdir()函数**

```
import os
path= r"D:\Python 项目\Demo"
#查看当前工作目录
current_path = os.getcwd()
print(f"修改前工作目录为{current_path}")
#修改当前工作目录
os.chdir(path)
#查看修改后的工作目录
current_path=os.getcwd()
print(f"修改后工作目录为{current_path}")
```

上述代码首先使用 getcwd()函数获取当前的工作路径，然后通过 chdir()函数修改当前的工作路径。程序运行结果：

修改前工作目录为 D:\Python 项目\模块使用
修改后工作目录为 D:\Python 项目\Demo

### 3．random模块

random 模块为随机数模块，该模块中定义了多个可产生各种随机数的函数。random 模块中的常用函数如表 8-3 所示。

表 8-3　random 模块的常用函数

| 函　数 | 说　明 |
|---|---|
| random.random() | 返回(0,1]之间的随机实数 |
| random.randint(x,y) | 返回[x,y]之间的随机整数 |
| random.choice(seq) | 从序列 seq 中随机返回一个元素 |
| random.choice(seq) | 从序列 seq 中随机返回一个元素 |
| random.uniform(x.y) | 返回[x, y]之间的随机浮点数 |

random 模块在前面的章节中我们已经有所接触。接下来对 random 模块中的一些常用函数进行讲

解。在使用 random 模块之前，先使用 import 语句导入该模块，具体代码如下：

```
import random
```

（1）randint()函数。random 模块中的 randint()函数可以随机返回指定区间内的一个整数。具体用法如下：

```
print (random. randint(1, -8))        #随机生成一个 1~8 之间的整数
```

程序运行结果：

```
3
```

（2）choice()函数。假设需要开发一个随机点名的程序，可使用 random 模块中的 choice()函数。choice()函数会随机返回指定序列中的一个元素，例如：

```
name_li=["张三", "李四", "王五", "赵六"]
print(random.choice(name_li))        #随机输出 name_li 中的一个元素
```

程序运行结果：

```
李四
```

### 4．time模块

time 模块中提供了一系列处理时间的函数，常用函数的说明如表 8-4 所示。

表 8-4　time 模块的常用函数

| 函　数 | 说　明 |
| --- | --- |
| time.time() | 获取当前时间戳，结果为实数，单位为秒（自 1970-01-01 00.00:00 到当前时间为止一共多少秒） |
| time.sleep(secs) | 进入休眠态，时长由参数 secs 指定，单位为秒 |
| time.strptime(string[.format]) | 将一个时间格式（如 2021-01-01）的字符串解析为时间元组 |
| time.localtime([secs]) | 以 struct_time 类型输出本地时间 |
| time.asctime([tuple]) | 获取时间字符串，或将时间元组转换为字符串 |
| time.mktime(tuple) | 将时间元组转换为秒数 |
| strftime(format[, tuple]) | 返回字符串表示的当地时间，格式由 format 决定 |

下面通过一些示例来演示 time 模块中部分函数的用法。

（1）time()函数。通过 time()函数获取当前的时间，利用此特性计算程序的执行时间。例如：.

### 【示例 4】　time()函数

```
import time

before = time.time()
# 计算 1000 的 10000 次方
result = pow(1000, 10000)
after = time.time()
interval = after - before
print(f"运行时间为{interval}秒")
```

上述代码首先导入了 time 模块，使用 time()函数获取了当前的时间，然后使用 pow()函数计算 1000 的 10000 次方，在计算该结果时会产生一定的计算时间，计算结束后再次使用 time()函数获取当前的时间，最后计算两个时间的差值，以得到程序执行的时间。

程序运行结果：

```
运行时间为 0.0010025501251220703 秒
```

（2）sleep()函数。如果在开发过程中需要对某个功能或某段代码设置执行时间间隔，可以通过 sleep()函数实现。sleep()函数会让程序进入休眠，并可自由设置休眠时间。

下面通过一个示例来演示 sleep()函数的用法，具体代码如下。

**【示例 5】　sleep()函数**

```python
import random, time

list_one = ["张三", "李四", "王五", "赵六", "田七"]
list_two = []
for i in range(len(list_one)):          # 设置循环次数
    people = random.choice(list_one)    # 随机选择一个元素
    list_one.remove(people)             # 为避免出现重复元素，移除已选择元素
    list_two.append(people)             # 添加到 list_two 列表中
    time.sleep(2)                       # 每隔 2 秒执行一次
    print(f"此时的成员有{list_two}")
```

上述代码首先导入了 random 模块与 time 模块，然后定义了两个列表 list_one 与 list_two，遍历列表 list_one，调用 choice()函数随机选择一个元素，并将随机获取的元素每隔 2 秒添加到列表 list_two 中，直至全部添加。程序运行结果：

```
此时的成员有['赵六']
此时的成员有['赵六', '李四']
此时的成员有['赵六', '李四', '田七']
此时的成员有['赵六', '李四', '田七', '王五']
此时的成员有['赵六', '李四', '田七', '王五', '张三']
```

（3）strptime()函数与 mktime()函数。如果在开发程序的过程中需要自定义时间戳，使用 time 模块的 strptime()函数与 mktime()函数是最好的选择，使用它们可以快速生成时间戳，具体代码如下。

**【示例 6】　strptime()函数与 mktime()函数**

```python
import time

str_dt = "2021-02-25 17:43:54"
# 转换成时间数组
time_struct = time.strptime(str_dt, "%Y-%m-%d %H:%M:%S")
# 转换成时间戳
timestamp = time.mktime(time_struct)
print(timestamp)
```

程序运行结果：

```
1614246234.0
```

## 8.2.4　技能训练

**上机练习 1　实现 36 选 7 抽奖程序**

**需求说明**

模拟福利彩票 36 选 7，实现彩票的抽奖功能。

## 8.3　自定义模块

一般在进行程序开发时，不会将所有代码都放在一个文件中，而是将耦合度较低的多个功能写入不同的文件中，制作成模块，并在其他文件中以导入模块的方式使用自定义模块中的内容。

Python 中每个文件都可以作为一个模块存在，文件名即为模块名。假设现有一个名为

module_demo 的 Python 文件，该文件中的内容如下：

```
age = 13
def introduce() :
    print(f"my name is zhangsan,I'm a {age}years old this year.")
```

module_demo 文件便可视为一个模块，该模块中定义的 introduce()函数和 age 变量都可在导入该模块的程序中使用。

与标准模块相同，自定义模块也通过 import 语句和 from…import…语句导入。

下面使用 import 语句导入 module_demo 模块，并使用该模块中的 introduce()函数。例如：

```
import module_demo
module_demo.introduce
print(module_demo.age)
```

程序运行结果：

```
my name is zhangsan,I'm 13 years old this year.
```

若只使用 module_demo 模块中的 introduce()函数，也可使用 from…import…语句导入该函数。例如：

```
from module_demo import introduce
introduce ()
```

程序运行结果：

```
my name is zhangsan,I'm 13 years old this year.
```

在程序开发过程中，如果需要导入其他目录下的模块，可以将被导入模块的目录添加到 Python 模块的搜索路径中，否则程序会因搜索不到模块路径而出现错误。下面以添加 module_demo 模块所在的路径为例进行介绍，操作步骤如下。

（1）通过 sys.path 查看当前模块的搜索路径，具体代码如下：

```
import sys
print(sys.path)
```

sys.path 会返回一个包含多个搜索路径的列表。

（2）将 module_demo 模块所在的路径添加到 sys.path 中，具体代码如下：

```
sys.path.append ("D: \Python 项目\模块使用")
```

再次查看 sys.path，可看到刚刚添加的路径。

（3）使用"模块使用"目录下的 module_demo 模块，具体代码如下：

```
import module demo
module_demo.introduce()
```

程序运行结果：

```
my name is zhangsan, I'm 13 years old this year.
```

## 8.4 导入类应用

随着你不断地给类添加功能，文件可能变得很长，即便你妥善地使用了继承亦如此。为遵循 Python 的总体理念，应让文件尽可能整洁。为在这方面提供帮助，Python 允许你将类存储在模块中，然后在主程序中导入所需的模块。

## 8.4.1 导入单个类

下面来创建一个只包含 Car 类的模块。这让我们面临一个微妙的命名问题：在本章中，已经有一个名为 car.py 的文件，但这个模块也应命名为 car.py，因为它包含表示汽车的代码。我们将这样解决这个命名问题：将 Car 类存储在一个名为 car.py 的模块中，该模块将覆盖前面使用的文件 car.py。从现在开始，使用该模块的程序都必须使用更具体的文件名，如 my_car.py。下面是模块 car.py，其中只包含 Car 类的代码。

**【示例7】 导入单个类1**

```
"""一个可用于表示汽车的类"""                                    # ❶
class Car():
    """一次模拟汽车的简单尝试"""
    def __init__(self, make, model, year):
        """初始化描述汽车的属性"""
        self.make = make
        self.model = model
        self.year = year
        self.odometer_reading = 0

    def get_descriptive_name(self):
        """返回整洁的描述性名称"""
        long_name = str(self.year) + ' ' + self.make + ' ' + self.model
        return long_name.title()

    def read_odometer(self):
        """打印一条消息，指出汽车的里程数"""
        print("This car has " + str(self.odometer_reading) + " miles on it.")

    def update_odometer(self, mileage):
        """将里程表读数设置为指定的值，拒绝将里程表往回拨"""
        if mileage >= self.odometer_reading:
            self.odometer_reading = mileage
        else:
            print("You can't roll back an odometer!")

    def increment_odometer(self, miles):
        """将里程表读数增加指定的量"""
        self.odometer_reading += miles
```

在❶处，我们包含了一个模块级文档字符串，对该模块的内容做了简要的描述。你应为自己创建的每个模块都编写文档字符串。下面来创建另一个文件——my_car.py，在其中导入 Car 类并创建其实例。

**【示例8】 导入单个类2**

```
from car import Car
my_new_car = Car('audi', 'a4', 2016)
print(my_new_car.get_descriptive_name())
my_new_car.odometer_reading = 23
my_new_car.read_odometer()
```

上面第 1 行的 import 语句让 Python 打开模块 car，并导入其中的 Car 类。这样我们就可以使用 Car 类了，就像它是在这个文件中定义的一样。输出与我们在前面看到的一样：

```
2016 Audi A4
This car has 23 miles on it.
```

　　导入类是一种有效的编程方式。如果在这个程序中包含了整个 Car 类，它该有多长呀！通过将这个类移到一个模块中，并导入该模块，你依然可以使用其所有功能，但主程序文件变得整洁而易于阅读了。这还能让你将大部分逻辑存储在独立的文件中；确定类像你希望的那样工作后，你就可以不管这些文件，而专注于主程序的高级逻辑了。

## 8.4.2　在一个模块中存储多个类

　　虽然同一个模块中的类之间应存在某种相关性，但可根据需要在一个模块中存储任意数量的类。Battery 类和 ElectricCar 类都可帮助模拟汽车，因此下面将它们都加入模块 car.py 中。

**【示例 9】　在一个模块中存储多个类 1**

```
"""一组用于表示燃油汽车和电动汽车的类"""
class Car():
--snip--

class Battery():
    """一次模拟电动汽车电瓶的简单尝试"""
    def __init__(self, battery_size=60):
        """初始化电瓶的属性"""
        self.battery_size = battery_size

    def describe_battery(self):
        """打印一条描述电瓶容量的消息"""
        print("This car has a " + str(self.battery_size) + "-kWh battery.")

    def get_range(self):
        """打印一条描述电瓶续航里程的消息"""
        if self.battery_size == 70:
            range = 240
        elif self.battery_size == 85:
            range = 270
        message = "This car can go approximately " + str(range)
        message += " miles on a full charge."
        print(message)

class ElectricCar(Car):
    """模拟电动汽车的独特之处"""
    def __init__(self, make, model, year):
        """初始化父类的属性，再初始化电动汽车特有的属性"""
        super().__init__(make, model, year)
        self.battery = Battery()
```

　　现在，可以新建一个名为 my_electric_car.py 的文件，导入 ElectricCar 类，并创建一辆电动汽车了。

**【示例 10】　在一个模块中存储多个类 2**

```
from car import ElectricCar
my_tesla = ElectricCar('tesla', 'model s', 2016)

print(my_tesla.get_descriptive_name())
my_tesla.battery.describe_battery()
my_tesla.battery.get_range()
```

　　输出与我们前面看到的相同，但大部分逻辑都隐藏在一个模块中：

```
2016 Tesla Model S
This car has a 70-kWh battery.
This car can go approximately 240 miles on a full charge.
```

### 8.4.3 从一个模块中导入多个类

可根据需要在程序文件中导入任意数量的类。如果我们要在同一个程序中创建普通汽车和电动汽车，就需要将 Car 类和 ElectricCar 类都导入。

**【示例 11】** **从一个模块中导入多个类**

```
from car import Car, ElectricCar                        # ❶
my_beetle = Car('volkswagen', 'beetle', 2016)           # ❷
print(my_beetle.get_descriptive_name())

my_tesla = ElectricCar('tesla', 'roadster', 2016)       # ❸
print(my_tesla.get_descriptive_name())
```

在❶处从一个模块中导入多个类时，用逗号分隔了各个类。导入必要的类后，就可根据需要创建每个类的任意数量的实例。在这个示例中，我们在❷处创建了一辆大众甲壳虫普通汽车，并在❸处创建了一辆特斯拉 Roadster 电动汽车：

```
2016 Volkswagen Beetle
2016 Tesla Roadster
```

### 8.4.4 导入整个模块

你还可以导入整个模块，再使用句点表示法访问需要的类。这种导入方法很简单，代码也易于阅读。由于创建类实例的代码都包含模块名，因此不会与当前文件使用的任何名称发生冲突。

下面的代码导入整个 car 模块，并创建一辆普通汽车和一辆电动汽车。

**【示例 12】** **导入整个模块**

```
import car                                              # ❶

my_beetle = car.Car('volkswagen', 'beetle', 2016)       # ❷
print(my_beetle.get_descriptive_name())

my_tesla = car.ElectricCar('tesla', 'roadster', 2016)   # ❸
print(my_tesla.get_descriptive_name())
```

在❶处，我们导入了整个 car 模块。接下来，我们使用语法 module_name.class_name 访问需要的类。像前面一样，我们在❷处创建了一辆大众甲壳虫汽车，并在❸处创建了一辆特斯拉 Roadster 汽车。

### 8.4.5 导入模块中的所有类

要导入模块中的每个类，可使用下面的语法：

```
from module_name import *
```

不推荐使用这种导入方式，其原因有二。首先，如果只要看一下文件开头的 import 语句，就能清楚地知道程序使用了哪些类，将大有裨益；但这种导入方式没有明确地指出你使用了模块中的哪些类。这种导入方式还可能引发名称方面的困惑。如果你不小心导入了一个与程序文件中其他东西同名的类，将引发难以诊断的错误。这里之所以介绍这种导入方式，是因为虽然不推荐使用这种方式，但你可能会在别人编写的代码中见到它。

需要从一个模块中导入很多类时，最好导入整个模块，并使用 module_name.class_name 语法来访问类。这样做时，虽然文件开头并没有列出用到的所有类，但你清楚地知道在程序的哪些地方使用了导入的模块；你还避免了导入模块中的每个类可能引发的名称冲突。

## 8.4.6　在一个模块中导入另一个模块

有时候，需要将类分散到多个模块中，以免模块太大，或在同一个模块中存储不相关的类。将类存储在多个模块中时，你可能会发现一个模块中的类依赖于另一个模块中的类。在这种情况下，可在前一个模块中导入必要的类。

例如，下面将 Car 类存储在一个模块中，并将 ElectricCar 类和 Battery 类存储在另一个模块中。我们将第二个模块命名为 electric_car.py（这将覆盖前面创建的文件 electric_car.py），并将 Battery 类和 ElectricCar 类复制到这个模块中。

**【示例 13】　在一个模块中导入另一个模块**

```
"""一组可用于表示电动汽车的类"""
from car import Car  # ❶
class Battery():
    --snip--
class ElectricCar(Car):
    --snip—
```

ElectricCar 类需要访问其父类 Car，因此在❶处，我们直接将 Car 类导入该模块中。如果我们忘记了这行代码，Python 将在我们试图创建 ElectricCar 实例时引发错误。我们还需要更新模块 car，使其包含 Car 类：

```
car.py
"""一个可用于表示汽车的类"""
class Car():
--snip—
```

现在可以分别从每个模块中导入类，以根据需要创建任何类型的汽车了。

**【示例 14】　在一个模块中导入另一个模块**

```
from car import Car                                    #❶
from electric_car import ElectricCar
my_beetle = Car('volkswagen', 'beetle', 2016)
print(my_beetle.get_descriptive_name())

my_tesla = ElectricCar('tesla', 'roadster', 2016)
print(my_tesla.get_descriptive_name())
```

在❶处，我们从模块 car 中导入了 Car 类，并从模块 electric_car 中导入 ElectricCar 类。接下来，我们创建了一辆普通汽车和一辆电动汽车，这两种汽车都得以正确地创建：

```
2016 Volkswagen Beetle
2016 Tesla Roadster
```

## 8.4.7　自定义工作流程

正如你看到的，在组织大型项目的代码方面，Python 提供了很多选项。熟悉所有这些选项很重要，这样你才能确定哪种项目组织方式是最佳的，并能理解别人开发的项目。

一开始应让代码结构尽可能简单。先尽可能在一个文件中完成所有的工作，确定一切都能正确运行后，再将类移到独立的模块中。如果你喜欢模块和文件的交互方式，可在项目开始时就尝试将类存储到模块中。先找出让你能够编写出可行代码的方式，再尝试让代码更为组织有序。

## 8.4.8  技能训练

**上机练习 2    导入 Restaurant 类**

**需求说明**

将上一章上机练习中最新的 Restaurant 类存储在一个模块中。在另一个文件中，导入 Restaurant 类，创建一个 Restaurant 实例，并调用 Restaurant 的一个方法，以确认 import 语句正确无误。

# 8.5  Python标准库

Python 标准库是一组模块，安装后的 Python 都包含它。你现在对类的工作原理已有大致的了解，可以开始使用其他程序员编写好的模块了。要使用标准库中的任何函数和类，只需在程序开头包含一条简单的 import 语句即可。

## 8.5.1  Python标准库使用

下面来看模块 collections 中的一个类——OrderedDict。字典让你能够将信息关联起来，但它们不记录你添加键-值对的顺序。要创建字典并记录其中的键-值对的添加顺序，可使用模块 collections 中的 OrderedDict 类。OrderedDict 实例的行为几乎与字典相同，区别只在于记录了键-值对的添加顺序。

我们再来看一看 favorite_languages.py 示例，但这次将记录被调查者参与调查的顺序。

**【示例 15】** favorite_languages.py

```
from collections import OrderedDict            # ❶
favorite_languages = OrderedDict()             # ❷

favorite_languages['jen'] = 'python'           # ❸
favorite_languages['sarah'] = 'c'
favorite_languages['edward'] = 'ruby'
favorite_languages['phil'] = 'python'

for name, language in favorite_languages.items():    # ❹
    print(name.title() + "'s favorite language is " +language.title() + ".")
```

我们首先从模块 collections 中导入了 OrderedDict 类（见❶）。在❷处，我们创建了 OrderedDict 类的一个实例，并将其存储到 favorite_languages 中。请注意，这里没有使用大括号，而是调用 OrderedDict()来创建一个空的有序字典，并将其存储在 favoritc_languages 中。接下来，我们以每次一对的方式添加名字-语言对（见❸）。在❹处，我们遍历 favorite_languages，但知道将以添加的顺序获取调查结果：

```
Jen's favorite language is Python.
Sarah's favorite language is C.
Edward's favorite language is Ruby.
Phil's favorite language is Python.
```

这是一个很不错的类，它兼具列表和字典的主要优点（在将信息关联起来的同时保留原来的顺序）。等你开始对关心的现实情形建模时，可能会发现有序字典正好能够满足需求。随着你对标准库的了解越来越深入，将熟悉大量可帮助你处理常见情形的模块。

## 8.5.2 技能训练

　 **使用 OrderedDict**

**需求说明**

使用了一个标准字典来表示词汇表。请使用 OrderedDict 类来重写这个程序，并确认输出的顺序与你在字典中添加键-值对的顺序一致。

# 8.6　模块的导入特性

## 8.6.1 \_\_all\_\_属性

Python 模块的开头通常会定义一个\_\_all\_\_属性，该属性实际上是一个元组，该元组中包含的元素决定了在使用"from…import\*"语句导入模块内容时通配符"\*"所包含的内容。如果\_\_all\_\_中只包含模块的部分内容，那么"from…import\*"语句只会将\_\_all\_\_中包含的部分内容导入程序。

假设当前有一个自定义模块 calc.py，该模块中包含计算两个数的四则运算函数，具体代码如下。

**【示例 16】　四则运算函数**

```
def add(a, b) :
    return a+ b
def subtract(a, b) :
    return a -b
def multiply(a, b) :
    return a*b
def divide(a,b) :
    if (b) :
        return a/ b
    else:
        print ("error")
```

在 calc 模块中设置\_\_all\_\_属性为["add", "subtract"]，此时其他 Python 文件导入 calc 模块后，只能使用 calc 模块中的 add()与 subtract()函数，代码如下：

```
__all__ = ["add", "subtract"]
```

通过"from…import\*"方式导入 calc 模块，然后使用该模块中的 add()函数与 subtract()函数，具体代码如下：

```
from calc import *
print(add(2, 3))
print(subtract(2, 3))
```

程序运行结果：

```
5
-1
```

下面尝试使用 calc 模块的 multipty()和 divide()函数，具体代码如下：

```
print(multipty(2,3))
print(divide(2,3))
```

程序运行结果：

```
NameError: name 'multiply' is not defined
```

### 8.6.2 __name__属性

在较大型的项目开发中，一个项目通常由多名开发人员共同开发，每名开发人员负责不同的模块。为了保证自己编写的程序在整合后可以正常运行，开发人员通常需要在整合前额外编写测试代码，对自己负责的模块进行测试。然而，对整个项目而言，这些测试代码是无用的。为了避免项目运行时执行这些测试代码，Python 中增加了__name__属性。

__name__属性通常与 if 条件语句一起使用，若当前模块是启动模块，则其__name__的值为"__main__"；若该模块被其他程序导入，则__name__的值为文件名。

下面以前面自定义的 calc 模块为例，演示__name__属性的用法。在 calc 模块中增加如下代码。

**【示例 17】** __name__属性

```
if __name__ == "__main__":
    print (add(3, 4))                    #执行 calc 模块中的 add()函数
    print (subtract(3, 4))
    print (multiply(3, 4))
    print (divide(3, 4))
else:
    print(__name__)
```

运行 calc.py 文件的结果如下：

```
7
-1
12
0.75
```

## 8.7  Python中的包

### 8.7.1  包的结构

为了更好地组织 Python 代码，开发人员通常会根据不同业务将模块进行归类划分，并将功能相近的模块放到同一目录下。如果想要导入该目录下的模块，就需要先导入包。

Python 中的包是一个包含__init__.py 文件的目录，该目录下还包含一些模块和子包。下面是一个简单的包的结构。

```
package
├── __init__.py
├── module_a1.py
├── module_a2.py
└── package_b
    ├── __init__.py
    └── module_b.py
```

包的存在使整个项目更富有层次，也可在一定程度上避免合作开发中模块重名的问题。包中的__init__.py 文件可以为空，但必须存在，否则包将退化为一个普通目录。

值得一提的是，__init__.py 文件有两个作用，第一个作用是标识当前目录是一个 Python 包；第二个作用是模糊导入。如果__init__.py 文件中没有声明__all__属性，那么使用"from…import*"导入的内容为空。

## 8.7.2 包的导入

包的导入与模块的导入方法大致相同，亦可使用 import 或 from…import…实现。假设现有一个包 package_demo，该包中包含模块 module_demo，模块 module_demo 中有一个 add()函数，该函数用于计算两个数的和，其实现代码如下：

```
def add (num1, num2) :
    print (num1 + num2)
```

下面分别使用不同的方式演示导入包和使用包内容。

### 1. 使用import导入

使用 import 导入包中的模块时，需要在模块名的前面加上包名，格式为"包名.模块名"。若要使用已导入模块中的函数，需要通过"包名.模块名.函数名"实现。

例如，使用 import 方式导入包 package_demo，并使用 module_demo 模块中的 add()函数，具体代码如下：

```
import package demo. module demo
package demo .moduledemo.add(1, 3 )
```

程序运行结果：

```
4
```

### 2. 使用from…import…导入

通过 from…import…导入包中模块包含的内容时，若需要使用导入模块中的函数，需要通过"模块.函数"实现。

使用 from…import…导入包 package_demo 的示例代码如下：

```
from package demo import operation demo
operation demo .add(2, 3)
```

程序运行结果：

```
5
```

# 8.8 第三方模块的下载与安装

程序开发中不仅需要使用大量的标准模块，而且还会根据业务需求使用第三方模块。在使用第三方模块之前，需要使用包管理工具——pip 下载和安装第三方模块，由于本书使用的 Python 3.9 版本中已经自带了 Python 包管理工具 pip，因此无须再另行下载 pip。

在 PyCharm 或 Windows 中的命令提示符中都可以使用 pip 命令。下面以网络访问的 requests 模块为例，演示如何使用 pip 命令下载安装第三方模块。

## 8.8.1 在命令提示符中下载和安装第三方模块

打开 Windows 的命令提示符工具，输入 pip install requests 即可下载并安装第三方模块 requests，安装成功后如图 8-2 所示。

图 8-2　第三方模块 requests 安装成功

## 8.8.2　在PyCharm中下载和安装第三方模块

打开 PyCharm，通过执行菜单命令 View→Tool Windows→Terminal 打开 Terminal 工具，输入"pip install requests"命令，按下 Enter 键后开始下载并安装 requests 模块。当在 Terminal 窗口的末尾看到 Successfully installed requests 时，表明 requests 模块安装成功，如图 8-3 所示。

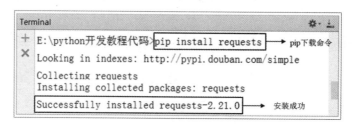

图 8-3　PyCharm 安装第三方模块

## 8.8.3　技能训练

 随机生成验证码

**需求说明**

很多网站的注册登录业务都加入了验证码技术，以区分用户是人还是计算机，有效地防止刷票、论坛灌水、恶意注册等行为。目前验证码的种类层出不穷，其生成方式也越来越复杂，常见的验证码是由大写字母、小写字母、数字组成的六位验证码。

编写程序，实现随机生成六位验证码的功能。

上机练习 5　绘制多角星

**需求说明**

如果你喜欢作画，一定要尝试一下 Python 的内置模块——turtle 模块，turtle 是一个专门的绘图模块，你可以利用该模块通过程序绘制一些简单图形。

编写程序，使用 turtle 模块绘制一个如图 8-4 所示的多角星。

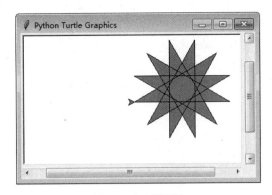

图 8-4　多角星示例

# 本章总结

本章主要讲解了与 Python 模块相关的知识，包括模块的定义、模块的导入方式、常见的标准模块、自定义模块、模块的导入特性、包以及下载与安装第三方模块。模块和包不仅能提高开发效率，而且使代码具有清晰的结构。通过本章的学习，希望读者能熟练地定义和使用模块、包。

# 本章作业

## 一、填空题

1. Python 中模块分为内置模块_____和_____。

2. 通过_____和_____导入模块。

3. Python 中的包是一个包含_____文件的目录，该目录下还包含一些模块的子包。

4. import 支持一次导入多个模块，每个模块之间使用_____分隔。

5. os 模块的_____函数用于终止 Python 程序。

## 二、判断题

1. 在使用第三方模块时需要提前安装。（　　　）

2. 一个.py 文件就是一个模块。（　　　）

3. Python 模块中的__all__属性决定了在使用"from…import*"语句导入模块内容时*所包含的内容。（　　　）

4. 第三方模块是由非官方制作发布的、供大众使用的 Python 模块，在使用之前需要开发人员先自行安装。（　　　）

5. random 模块中 random()函数只能生成随机整数。（　　　）

## 三、选择题

1. 下列选项中用于获取操作系统平台的名称是（　　　）。

　　A．sys.argv　　　　　B．sys.path　　　　　C．sys.platform　　　　　D．sys.version

2. 下列关于标准模块的说法中，错误的是（　　　）。

　　A．标准模块无须导入就可以使用　　　　　B．random 模块属于标准模块

　　C．标准模块可通过 import 导入　　　　　D．标准模块也是一个.py 文件

3. 下列关于 Python 模块的说法中，正确的是（　　　）。

A．程序中只能使用 Python 内置的标准模块

B．只有标准模块才支持 import 导入

C．使用 import 语句只能导入一个模块

D．只有导入模块后，才可以使用模块中的变量、函数和类

4．下列关于包的说法中，错误的是（　　　）。

A．包可以使用 import 语句导入

B．包中必须含有 __init__.py 文件

C．功能相近的模块可以放在同一包中

D．包不能使用 from…import…方式导入

5．下列导入模块的方式中，错误的是（　　　）。

A．import random

B．from random import random

C．from random import *

D．from random

## 四、简答题

1．模块源代码文件是怎样变成模块对象的？

2．请简述包中 __init__.py 文件的作用。

3．请简述 __name__ 属性的用法。

4．简述 Python 中在包中定义模块的方法以及注意事项。

5．from 语句和 import 语句有什么关系？

## 五、编程题

1．提示用户输入一个字符串，程序要输出该字符串中出现次数最多的 3 个字符，以及对应的出现次数。

2．定义一个 fibonacci(n)函数，该函数返回包含 n 个元素的斐波那契数列的列表，再使用 lambda 表达式定义一个平方函数，程序最终输出斐波那契数列的前 n 个元素的平方值。

3．定义一个 geometry 模块，在该模块下定义 print_triangle(n)和 print_diamond(n)两个函数，分别用于在控制台用星号打印三角形和菱形，并为模块和函数都提供文档说明。

# 第 9 章
# 文件 I/O

## 本章目标

◎ 掌握文件的打开与关闭操作。

◎ 掌握文件读取的相关方法。

◎ 掌握文件写入的相关方法。

◎ 熟悉文件的复制与重命名。

◎ 了解文件夹的创建、删除等操作。

◎ 掌握与文件路径相关的操作。

## 本章简介

程序中使用变量保存运行时产生的临时数据，但当程序结束后，所产生的数据也会随之消失。那么，有没有一种方法能够持久保存数据呢？答案是肯定的。计算机中的文件能够持久保存程序运行时产生的数据。

数据的存储可以使用数据库，也可以使用文件。数据库保持了数据的完整性和关联性，而且数据更安全、可靠。使用文件存储数据则非常简单、易用，不必安装数据库管理系统等运行环境。文件通常用于存储应用软件的参数或临时性数据。Python 的文件操作和 Java 的文件操作十分相似，Python 提供了 os、os.path 等模块用于处理文件。用于保存数据的文件可能存储在不同的位置，在操作文件时，需要准确地找出文件的位置，也就是文件的路径。本章将对文件的常规操作，包括打开、关闭、写入、读取、获取路径、路径的拼接等进行介绍。

## 技术内容

## 9.1 文件的打开和关闭

文本文件可存储的数据量多得难以置信：天气数据、交通数据、社会经济数据、文学作品等。每当需要分析或修改存储在文件中的信息时，读取文件都很有用，对数据分析应用程序来说尤其如此。

例如，你可以编写一个这样的程序：读取一个文本文件的内容，重新设置这些数据的格式并将其写入文件，让浏览器能够显示这些内容。想要将数据写入到文件中，需要先打开文件，将信息读取到内存中；数据写入完毕后，需要将文件关闭以释放计算机内存。为此，你可以一次性读取文件的全部内容，也可以以每次一行的方式逐步读取。下面对文件的打开与关闭操作进行介绍。

### 9.1.1　打开文件

Python 内置的 open()函数用于打开文件，该函数调用成功会返回一个文件对象，其语法格式如下：

```
open(file, mode='r', encoding=None)
```

open()函数中的参数 file 接收待打开文件的文件名；参数 encoding 表示文件的编码格式；参数 mode 设置文件的打开模式。其常用模式有 r、w、a、b、+，这些模式的含义分别如下。

（1）r：以只读的方式打开文件，默认值。

（2）w：以只写的方式打开文件。

（3）a：以追加的方式打开文件。

（4）b：以二进制的方式打开文件。

（5）+：以更新的方式打开文件。

要读取文件，需要一个包含几行文本的文件。下面首先来创建一个文件 pi_digits.txt，它包含精确到小数点后 30 位的圆周率值，且在小数点后每 10 位处都换行，其内容如下所示。

pi_digits.txt

```
3.1415926535
  8979323846
  2643383279
```

以只读的方式打开文件 pi_digits.txt，具体代码如下：

```
txt_data = open('pi_digits.txt', 'r')        #使用 open()函数以只读方式打开文件
```

文件打开模式可搭配使用，表 9-1 所示为常用的文件搭配模式。

表 9-1　文件打开搭配模式

| 打开模式 | 名　称 | 描　述 |
|---|---|---|
| r/rb | 只读模式 | 以只读的形式打开文本文件/二进制文件，若文件不存在或无法找到，open()函数将调用失败 |
| w/wb | 只写模式 | 以只写的形式打开文本文件/二进制文件，若文件已存在，则重写文件，否则创建文件 |
| a/ab | 追加模式 | 以只写的形式打开文本文件/二进制文件，只允许在该文件末尾追加数据，若文件不存在，则创建新文件 |
| r+/rb+ | 读取（更新）模式 | 以读/写的形式打开文本文件/二进制文件，如果文件不存在，则 open()函数调用失败 |
| w+/wb+ | 写入（更新）模式 | 以读/写的形式创建文本文件/二进制文件，若文件已存在，则重写文件 |
| a+/ab+ | 追加（更新）模式 | 以读/写的形式打开文本/二进制文件，但只允许在文件末尾添加数据，若文件不存在，则创建新文件 |

### 9.1.2　关闭文件

Python 内置的 close()方法用于关闭文件，该方法没有参数，直接调用即可。以关闭前面打开的文件 pi_digits.txt 为例，具体代码如下：

```
txt_data.close()
```

程序执行完毕后，系统会自动关闭由该程序打开的文件，但计算机中可打开的文件数量是有限的，每打开一个文件，可打开文件数量就减一；打开的文件占用系统资源，若打开的文件过多，会降低系统性能。因此，编写程序时应使用 close() 方法主动关闭不再使用的文件。

# 9.2　从文件中读取数据

## 9.2.1　文件的常用读取方法

Python 中与文件读取相关的方法有 3 种：read()、readline()、readlines()。下面逐一对这 3 种方法进行详细介绍。

### 1．read() 方法

read() 方法可以从指定文件中读取指定数据，其语法格式如下：

```
txt_data.read([size])
```

在上述格式中，txt_data 表示文件对象，参数 size 用于设置读取数据的字节数，若参数 size 缺省，则一次读取指定文件中的所有数据。

以文件 pi_digits.txt 为例，读取该文件中指定长度的数据，代码如下。

【示例 1】　read() 方法

```
txt_data = open('pi_digits.txt', mode='r', encoding='utf-8')
print("读取两个字节数据：")
print(txt_data.read(2))                          # 读取两个字节的数据
txt_data.close()
txt_data = open('pi_digits.txt', mode='r', encoding='utf-8')
print("读取全部数据:")
print(txt_data.read())                           # 读取全部数据
txt_data.close()
```

上述代码首先使用 open() 函数以只读模式打开文件 pi_digits.txt，然后通过 read() 方法从该文件中读取两个字节的数据，读取完毕后关闭文件。之后，使用同样的方式再次打开文件 pi_digits.txt，通过 read() 方法读取该文件中的所有内容，最后在读取完毕后关闭文件。

程序运行结果：

```
读取两个字节数据：
3.
读取全部数据：
3.1415926535
  8979323846
  2643383279
```

### 2．readline() 方法

readline() 方法可以从指定文件中读取头行数据，其语法格式如下：

```
txt_data.readline()
```

在上述格式中，txt_data 表示文件对象，readline() 方法每执行一次只会读取文件中的一行数据。

下面以文件 pi_digits.txt 为例，使用 readline() 方法读取一行数据，代码如下。

【示例 2】　readline() 方法

```
text_data = open('pi_digits.txt', mode='r', encoding='utf-8')
print(text_data.readline())
text_data.close()
```

程序运行结果：

```
3.1415926535
```

### 3．readlines()方法

readlines()方法可以一次读取文件中的所有数据，其语法格式如下：

```
txt_data.readlines()
```

在上述格式中，txt_data 表示文件对象，readlines()方法在读取数据后会返回一个列表，文件中的每一行对应列表中的一个元素。

以文件 pi_digits.txt 为例，使用 readlines()方法读取该文件中的全部数据，具体代码如下。

**【示例3】** readlines()方法

```
txt_data = open('pi_digits.txt', mode='r', encoding='utf-8')
print(txt_data.readlines())                    # 使用readlines()方法读取数据
txt_data.close()                               # 关闭文件
```

程序运行结果：

```
['3.1415926535\n', '8979323846\n', '2643383279']
```

以上介绍的 3 种方法通常用于遍历文件，其中 read()（参数缺省时）和 readlines()方法都可一次读取文件中的全部数据，但这两种操作都不够安全。因为计算机的内存是有限的，若文件较大，read()和 readlines()的一次读取便会耗尽系统内存，这显然是不可取的。为了保证读取安全，通常多次调用 read()方法，每次读取 size 字节的数据。

## 9.2.2　读取整个文件

下面的程序打开并读取这个文件，再将其内容显示到屏幕上。

**【示例4】** file_reader.py

```
with open('pi_digits.txt') as file_object:
    contents = file_object.read()
    print(contents)
```

在这个程序中，第 1 行代码做了大量的工作。我们先来看看函数 open()。要以任何方式使用文件——哪怕仅仅是打印其内容，都得先打开文件，这样才能访问它。函数 open()接收一个参数：要打开的文件的名称。Python 在当前执行的文件所在的目录中查找指定的文件。在这个示例中，当前运行的是 file_reader.py，因此 Python 在 file_reader.py 所在的目录中查找 pi_digits.txt。函数 open()返回一个表示文件的对象。在这里，open('pi_digits.txt')返回一个表示文件 pi_digits.txt 的对象；Python 将这个对象存储在我们将在后面使用的变量中。

关键字 with 在不再需要访问文件后将其关闭。在这个程序中，注意到我们调用了 open()，但没有调用 close()；你也可以调用 open()和 close()来打开和关闭文件，但这样做时，如果程序存在 bug，导致 close()语句未执行，文件将不会关闭。这看似微不足道，但未妥善地关闭文件可能会导致数据丢失或受损。如果在程序中过早地调用 close()，你会发现需要使用文件时它已关闭（无法访问），这会导致更多的错误。并非在任何情况下都能轻松确定关闭文件的恰当时机，但通过使用前面所示的结构，可让 Python 去确定：你只管打开文件，并在需要时使用它，Python 自会在合适的时候自动将其关闭。

有了表示 pi_digits.txt 的文件对象后，我们使用方法 read()（前述程序的第 2 行）读取这个文件的全部内容，并将其作为一个长长的字符串存储在变量 contents 中。这样，通过打印 contents 的值，就可将这个文本文件的全部内容显示出来：

```
3.1415926535
  8979323846
  2643383279
```

相比于原始文件，该输出唯一不同的地方是末尾多了一个空行。为何会多出这个空行呢？因为
read()到达文件末尾时返回一个空字符串，而将这个空字符串显示出来时就是一个空行。要删除多出
来的空行，可在 print 语句中使用 rstrip()：

```
with open('pi_digits.txt') as file_object:
contents = file_object.read()
print(contents.rstrip())
```

前面介绍过，方法 rstrip()删除（剥除）字符串末尾的空白。现在，输出与原始文件的内容完全
相同：

```
3.1415926535
  8979323846
  2643383279
```

## 9.2.3 文件路径

当你将类似 pi_digits.txt 这样的简单文件名传递给函数 open()时，Python 将在当前执行的文件
（即.py 程序文件）所在的目录中查找文件。根据你组织文件的方式，有时可能要打开不在程序文件
所属目录中的文件。例如，你可能将程序文件存储在了文件夹 python_work 中，而在文件夹
python_work 中，有一个名为 text_files 的文件夹，用于存储程序文件操作的文本文件。虽然文件夹
text_files 包含在文件夹 python_work 中，但仅向 open()传递位于该文件夹中的文件的名称也不可行，
因为 Python 只在文件夹 python_work 中查找，而不会在其子文件夹 text_files 中查找。要让 Python 打
开不与程序文件位于同一个目录中的文件，需要提供文件路径，它让 Python 到系统的特定位置去查
找。

由于文件夹 text_files 位于文件夹 python_work 中，因此可使用相对文件路径来打开该文件夹中
的文件。相对文件路径让 Python 到指定的位置去查找，而该位置是相对于当前运行的程序所在目录
的。在 Linux 和 OS X 中，你可以这样编写代码：

```
with open('text_files/filename.txt') as file_object:
```

这行代码让 Python 到文件夹 python_work 下的文件夹 text_files 中去查找指定的.txt 文件。在
Windows 系统中，在文件路径中使用反斜杠（\）而不是斜杠（/）：

```
with open('text_files\filename.txt') as file_object:
```

你还可以将文件在计算机中的准确位置告诉 Python，这样就不用关心当前运行的程序存储在什
么地方了。这称为绝对文件路径。在相对路径行不通时，可使用绝对路径。例如，如果 text_files 并
不在文件夹 python_work 中，而在文件夹 other_files 中，则向 open()传递路径'text_files/filename.txt'行
不通，因为 Python 只在文件夹 python_work 中查找该位置。为明确地指出你希望 Python 到哪里去查
找，你需要提供完整的路径。

绝对路径通常比相对路径更长，因此将其存储在一个变量中，再将该变量传递给 open()会有所帮
助。在 Linux 和 OS X 中，绝对路径类似于下面这样：

```
file_path = '/home/ehmatthes/other_files/text_files/filename.txt'
with open(file_path) as file_object:
```

而在 Windows 系统中，它们类似于下面这样：

```
file_path = 'C:\Users\ehmatthes\other_files\text_files\filename.txt'
with open(file_path) as file_object:
```

通过使用绝对路径，可读取系统任何地方的文件。就目前而言，最简单的做法是，要么将数据文件存储在程序文件所在的目录，要么将其存储在程序文件所在目录下的一个文件夹（如 text_files）中。

> ⊙注意
>
> Windows 系统有时能够正确地解读文件路径中的斜杠。如果你使用的是 Windows 系统，且结果不符合预期，请确保在文件路径中使用的是反斜杠。

## 9.2.4 逐行读取

读取文件时，常常需要检查其中的每一行：你可能要在文件中查找特定的信息，或者要以某种方式修改文件中的文本。例如，你可能要遍历一个包含天气数据的文件，并使用天气描述中包含字样 sunny 的行。在新闻报道中，你可能会查找包含标签<headline>的行，并按特定的格式设置它。

要以每次一行的方式检查文件，可对文件对象使用 for 循环。

【示例 5】 file_reader.py

```
filename = 'pi_digits.txt'                    # ❶
with open(filename) as file_object:           # ❷
    for line in file_object:                  # ❸
        print(line)
```

在❶处，我们将要读取的文件的名称存储在变量 filename 中，这是使用文件时一种常见的做法。由于变量 filename 表示的并非实际文件——它只是一个让 Python 知道到哪里去查找文件的字符串，因此可轻松地将'pi_digits.txt'替换为你要使用的另一个文件的名称。调用 open()后，将一个表示文件及其内容的对象存储到了变量 file_object 中（见❷）。这里也使用了关键字 with，让 Python 负责妥善地打开和关闭文件。为查看文件的内容，我们通过对文件对象执行循环来遍历文件中的每一行（见❸）。

我们打印每一行时，发现空白行更多了：

```
3.1415926535

  8979323846

  2643383279
```

为何会出现这些空白行呢？因为在这个文件中，每行的末尾都有一个看不见的换行符，而 print 语句也会加上一个换行符，因此每行末尾都有两个换行符：一个来自文件，另一个来自 print 语句。要消除这些多余的空白行，可在 print 语句中使用 rstrip()：

```
filename = 'pi_digits.txt'
with open(filename) as file_object:
    for line in file_object:
        print(line.rstrip())
```

现在，输出又与文件内容完全相同了：

```
3.1415926535
  8979323846
  2643383279
```

## 9.2.5 创建一个包含文件各行内容的列表

使用关键字 with 时，open()返回的文件对象只在 with 代码块内可用。如果要在 with 代码块外访问文件的内容，可在 with 代码块内将文件的各行存储在一个列表中，并在 with 代码块外使用该列表：你可以立即处理文件的各个部分，也可推迟到程序后面再处理。

下面的示例在 with 代码块中将文件 pi_digits.txt 的各行存储在一个列表中，再在 with 代码块外打印它们。

【示例 6】 创建一个包含文件各行内容的列表

```
filename = 'pi_digits.txt'
with open(filename) as file_object:
    lines = file_object.readlines()           # ❶
    for line in lines:                        # ❷
        print(line.rstrip())
```

❶处的方法 readlines()从文件中读取每一行，并将其存储在一个列表中；接下来，该列表被存储到变量 lines 中；在 with 代码块外，我们依然可以使用这个变量。在❷处，我们使用一个简单的 for 循环来打印 lines 中的各行。由于列表 lines 的每个元素都对应于文件中的一行，因此输出与文件内容完全一致。

## 9.2.6 使用文件的内容

将文件读取到内存中后，就可以以任何方式使用这些数据了。下面以简单的方式使用圆周率的值。首先，我们将创建一个字符串，它包含文件中存储的所有数字，且没有任何空格。

【示例 7】 使用文件的内容

```
filename = 'pi_digits.txt'
with open(filename) as file_object:
    lines = file_object.readlines()
    pi_string = ''                            # ❶
    for line in lines:                        # ❷
        pi_string += line.rstrip()
    print(pi_string)                          # ❸
    print(len(pi_string))
```

就像前一个示例一样，我们首先打开文件，并将其中的所有行都存储在一个列表中。在❶处，我们创建了一个变量——pi_string，用于存储圆周率的值。接下来，我们使用一个循环将各行都加入 pi_string，并删除每行末尾的换行符（见❷）。在❸处，我们打印这个字符串及其长度：

```
3.1415926535  8979323846  2643383279
36
```

在变量 pi_string 存储的字符串中，包含原来位于每行左边的空格，为删除这些空格，可使用 strip()而不是 rstrip()。

【示例 8】 使用文件的内容 2

```
filename = 'pi_digits.txt'
with open(filename) as file_object:
    lines = file_object.readlines()
    pi_string = ''
    for line in lines:
        pi_string += line.strip()
    print(pi_string)
    print(len(pi_string))
```

这样，我们就获得了一个这样的字符串：它包含精确到 30 位小数的圆周率值。这个字符串长 32 字符，因为它还包含整数部分的 3 和小数点：

```
3.141592653589793238462643383279
32
```

**注意**

读取文本文件时，Python 将其中的所有文本都解读为字符串。如果你读取的是数字，并要将其作为数值使用，就必须使用函数 int() 将其转换为整数，或使用函数 float() 将其转换为浮点数。

### 9.2.7 包含一百万位的大型文件

前面我们分析的都是一个只有三行的文本文件，但这些代码示例也可处理大得多的文件。如果我们有一个文本文件，其中包含精确到小数点后 1 000 000 位而不是 30 位的圆周率值，也可创建一个包含所有这些数字的字符串。为此，我们无须对前面的程序做任何修改，只需将这个文件传递给它即可。在这里，我们只打印到小数点后 50 位，以免终端为显示全部 1 000 000 位而不断地翻滚。

**【示例 9】　包含一百万位的大型文件**

```python
filename = 'pi_million_digits.txt'
with open(filename) as file_object:
    lines = file_object.readlines()
    pi_string = ''
    for line in lines:
        pi_string += line.strip()
    print(pi_string[:52] + "…")
    print(len(pi_string))
```

输出表明，我们创建的字符串确实包含精确到小数点后 1 000 000 位的圆周率值：

```
3.14159265358979323846264338327950288419716939937510…
1000002
```

对于你可处理的数据量，Python 没有任何限制；只要系统的内存足够多，你想处理多少数据都可以。

### 9.2.8 技能训练

**上机练习 1　圆周率值中包含你的生日吗**

**需求说明**

想知道自己的生日是否包含在圆周率值中，通过读取 pi_million_digits.txt 文件查找，以确定某个人的生日是否包含在圆周率值的前 1 000 000 位中。为此，可将生日表示为一个由数字组成的字符串，再检查这个字符串是否包含在其中。

**上机练习 2　身份证归属地查询**

**需求说明**

居民身份证是用于证明持有人身份的一种特定证件，该证件记录了国民身份的唯一标识——身份证号码。在我国身份证号码由十七位数字本体码和一位数字校验码组成，其中前六位数字表示地址码。地址码标识编码对象常住户口所在县（区）的行政区划代码，通过身份证号码的前六位便可以确定持有人的常住户口所在县（区）。

编写程序，实现根据地址码对照表和身份证号码查询居民常住户口所在县（区）的功能。

## 9.3 向文件写入数据

想要持久地存储 Python 程序中产生的临时数据，保存数据的最简单的方式之一是将其写入到文件中。通过将输出写入文件，即便关闭包含程序输出的终端窗口，这些输出也依然存在：你可以在程序结束运行后查看这些输出，可与别人分享输出文件，还可编写程序来将这些输出读取到内存中进行处理。Python 提供了 write()方法和 writelines()方法以向文件中写入数据，本节将介绍这两个方法。

### 9.3.1 数据写入常用方法

#### 1．write()方法

使用 write()方法向文件中写入数据，其语法格式如下：

```
txt_data.write(str)
```

在上述格式中，参数 txt_data 表示文件对象，str 表示要写入的字符串。若字符串写入成功，则write()返回本次写入文件的长度。

例如，向文件 txt_file.txt 中写入一段话，具体代码如下：

```
txt_data = open('txt_file.txt', encoding='utf-8', mode='a+')
print(txt_data.write('Hello World'))
```

程序运行结果：

```
11
```

程序运行完毕，打开 txt_file.txt 文件，文件中的内容如图 9-1 所示。

图 9-1　打开 txt_file.txt 文件

#### 2．writelines()方法

writelines()方法用于向文件中写入字符串序列，其语法格式如下：

```
txt_data.writelines([str])
```

使用 writelines()方法向文件 txt_file.txt 中写入数据，具体代码如下：

```
txt_data =open('txt_file.txt', encoding ='utf-8', mode = 'a+')
txt_data.writelines(["\n"+'python','程序开发'])
```

程序运行完毕，打开 txt_file.txt 文件，文件中的内容如图 9-2 所示。

图 9-2　向 txt_file.txt 文件中写入数据

### 9.3.2 写入空文件

要将文本写入文件，你在调用 open()时需要提供另一个实参，告诉 Python 你要写入打开的文件。为明白其中的工作原理，我们将一条简单的消息存储到文件中，而不是将其打印到屏幕上。

**【示例 10】 写入空文件**

```
filename = 'programming.txt'
with open(filename, 'w') as file_object:        # ❶
    file_object.write("I love programming.")     # ❷
```

在这个示例中，调用 open()时提供了两个实参（见❶）。第一个实参也是要打开的文件的名称；第二个实参（'w'）告诉 Python，我们要以写入模式打开这个文件。打开文件时，可指定读取模式（'r'）、写入模式（'w'）、附加模式（'a'）或让你能够读取和写入文件的模式（'r+'）。如果你省略了模式实参，Python 将以默认的只读模式打开文件。

如果你要写入的文件不存在，函数 open()将自动创建它。然而，以写入模式（'w'）打开文件时千万要小心，因为如果指定的文件已经存在，则 Python 将在返回文件对象前清空该文件。

在❷处，我们使用文件对象的方法 write()将一个字符串写入文件。这个程序没有终端输出，但如果你打开文件 programming.txt，将看到其中包含如下一行内容：

```
I love programming.
```

相比于你的计算机中的其他文件，这个文件没有什么不同。你可以打开它，在其中输入新文本，复制其内容，将内容粘贴到其中等。

注意

*Python 只能将字符串写入文本文件。要将数据存储到文本文件中，必须先使用函数 str()将其转换为字符串格式。*

### 9.3.3 写入多行

函数 write()不会在你写入的文本末尾添加换行符，因此如果你写入多行时没有指定换行符，文件看起来可能不是你希望的那样：

```
filename = 'programming.txt'
with open(filename, 'w') as file_object:
    file_object.write("I love programming.")
    file_object.write("I love creating new games.")
```

如果你打开 programming.txt，将发现两行内容挤在一起：

```
I love programming.I love creating new games.
```

要让每个字符串都单独占一行，需要在 write()语句中包含换行符。

**【示例 11】 写入多行**

```
filename = 'programming.txt'
with open(filename, 'w') as file_object:
    file_object.write("I love programming.\n")
    file_object.write("I love creating new games.\n")
```

现在，输出出现在不同行中：

```
I love programming.
I love creating new games.
```

像显示到终端的输出一样，还可以使用空格、制表符和空行来设置这些输出的格式。

### 9.3.4 附加到文件

如果你要给文件添加内容，而不是覆盖原有的内容，可以附加模式打开文件。你以附加模式打开文件时，Python 不会在返回文件对象前清空文件，而你写入到文件的行都将添加到文件末尾。如果指定的文件不存在，则 Python 将为你创建一个空文件。

下面来修改 write_message.py，在既有文件 programming.txt 中再添加一些你喜欢编程的原因。

**【示例 12】 附加到文件**

```
filename = 'programming.txt'
with open(filename, 'a') as file_object:                              # ❶
    file_object.write("I also love finding meaning in large datasets.\n")   # ❷
    file_object.write("I love creating apps that can run in a browser.\n")
```

在❶处，我们打开文件时指定了实参'a'，以便将内容附加到文件末尾，而不是覆盖文件原来的内容。在❷处，我们又写入了两行，它们被添加到文件 programming.txt 末尾：

```
I love programming.
I love creating new games.
I also love finding meaning in large datasets.
I love creating apps that can run in a browser.
```

最终的结果是，文件原来的内容还在，其后面是我们刚添加的内容。

### 9.3.5 技能训练

**上机练习 3 访客名单**

**需求说明**

编写一个程序存储访客名单，提示用户输入其名字，用户做出响应后，输入"quit"表示结束操作，将其名字写入到文件 guest.txt 中。

**上机练习 4 通讯录**

**需求说明**

通讯录是存储联系人信息的名录。编写通讯录程序，该程序可接收用户输入的姓名、电话、QQ 号码、邮箱等信息，将这些信息保存到"通讯录.txt"文件中，实现新建联系人功能；可根据用户输入的联系人姓名查找联系人，展示联系人的姓名、电话、QQ 号码、邮箱等信息，实现查询联系人功能。

## 9.4 文件的定位读取

在文件的一次打开与关闭之间进行的读/写操作都是连续的，程序总是从上次读/写的位置继续向下进行读/写操作的。实际上，每个文件对象都有一个称为"文件读/写位置"的属性，该属性用于记录文件当前读/写的位置。Python 提供用于获取文件读/写位置以及修改文件读/写位置的方法 tell() 与 seek()。下面对这两个方法的使用进行介绍。

### 9.4.1 tell()方法

tell()方法用于获取当前文件读/写的位置，其语法格式如下：

```
txt_data.tell()
```

以文件 pi_digits.txt 中的内容为例，使用 tell()方法获取当前文件读取的位置，代码如下。

**【示例 13】 tell()方法**

```
file = open('pi_digits.txt', mode='r', encoding='utf-8')
print(file.read(7))                                    #读取 7 个字节
print(file.tell())                                     #输出文件读取位置
```

上述代码使用 read()方法读取 7 个字节的数据，然后通过 tell()方法查看当前文件的读/写位置。程序运行结果：

```
Life is
```

## 9.4.2 seek()方法

seek()方法用于设置当前文件读/写位置，其语法格式如下：

```
txt_data.seek(offset, from)
```

seek()方法的参数 offset 表示偏移量，即读/写位置需要移动的字节数；参数 from 用于指定文件的读/写位置，该参数的取值有 0、1、2，它们代表的含义分别如下：

（1）0：表示在开始位置读/写。

（2）1：表示在当前位置读/写。

（3）2：表示在末尾位置读/写。

以读取文件 txt_file.txt 的内容为例，使用 seek()方法修改读/写位置，代码如下。

**【示例 14】 seek()方法**

```
file = open('txt_file.txt', mode='r', encoding='utf-8')
file.seek(15,0)
print (file.read())
file.close()
```

上述代码使用 seek()方法将文件读取位置移动至开始位置偏移 15 个字节处，并使用 read()方法读取 pi_digits.txt 中的数据。程序运行结果：

```
use Python.
Hello Python.Hello world
python 程序开发
```

# 9.5 文件的复制与重命名

Python 还支持对文件进行一些其他操作，如文件复制、文件重命名，下面将对这两种操作进行介绍。

## 9.5.1 文件的复制

文件复制即创建文件的副本，此项操作的本质仍是文件的打开、关闭与读/写。以复制当前目录下的文件 txt_file.txt 为例，其基本逻辑如下：

（1）打开文件 pi_digits.txt。

（2）读取文件内容。

（3）创建新文件，将数据写入到新文件中。

（4）关闭文件，保存数据。

根据以上逻辑编写代码，具体如下。

**【示例 15】** **文件复制**

```
file_name = "pi_digits.txt"
source_file = open(file_name, 'r',encoding='utf-8')          #打开文件
all_data = source_file.read(4096)                            #读取文件
flag = file_name.split('.')
new_file = open(flag[0]+"备份"+".txt",'w',encoding='utf-8')   #创建新文件
new_file.write(all_data)                                     #写入数据
source_file.close()                                          #关闭 pi_digits.txt 文件
new_file.close()                                             #关闭创建的新文件
```

上述代码首先使用 open()函数打开 pi_digits.txt 文件，并使用 read()方法读取该文件中的数据。读取原文件数据后，使用 open()函数创建新文件，这里新文件的文件名为"原文件名+备份+扩展名"，打开该文件后使用 write()方法将数据写入到新文件中，最后使用 close()方法关闭这两个文件。

程序执行完成之后，可以看到在当前目录下生成的备份文件，对比备份文件与原文件的内容，这两份文件内容相同，说明文件备份成功。

## 9.5.2 文件的重命名

Python 提供了用于更改文件名的函数——rename()，该函数存在于 os 模块中，其语法格式如下：

```
rename (原文件名, 新文件名)
```

使用 rename()函数将文件 pi_digits.txt 重命名为 new_file.txt，代码如下：

```
import os
os.rename("pi_digits.txt", "new_file.txt")
```

经以上操作后，当前路径下的文件 pi_digits.txt 被重命名为 new_file.txt。

**注意**

*待重命名的文件必须已存在，否则解释器会报错。*

*对操作系统而言，文件和文件夹都是文件，因此 rename()函数亦可用于文件夹的重命名。*

# 9.6 目录操作

os 模块中定义了一些用于处理文件夹操作的函数，例如创建目录、获取文件列表等函数；除 os 模块外，Python 中的 shutil 模块也提供了一些文件夹操作。本节将对 os 模块和 shutil 模块中的一些文件夹操作函数进行介绍。

## 9.6.1 创建目录

os 模块中的 mkdir()函数用于创建目录，其语法格式如下：

```
os.mkdir (path, mode)
```

上述格式中，参数 path 表示要创建的目录，参数 mode 表示目录的数字权限，该参数在 Windows 系统下可忽略。

假设当前需要设计一个功能用于判断目录是否存在，如果目录不存在，则执行创建目录操作，同时在该目录下创建一个 dir_demo.txt 文件并写入数据；如果目录存在，则提示用户"目录已存在"。具体代码如下。

【示例 16】 创建目录

```
import os
dir_path = input('请输入目录: ')                        #判断目录是否存在
yes_or_no = os.path.exists(dir_patht)
if yes_or_no is False:
    os.mkdir(dir_path)
    new_file = open (os.getcwdOFR +'\\' + dir_path+"\\"+"dir_demo.txt" ,'w',
encoding='utf-8')
    new_file.write("Python")
    print("写入成功")
    new_file.close()
else:
    print("该目录已存在")
```

上述代码使用 input()函数接收用户输入的目录，通过 exists()函数判断目录是否存在，如果目录不存在，则创建目录和文件 dir_demo.txt，并使用 write()方法向该文件中写入数据；如果目录存在，则提示用户"该目录已存在"。运行代码，输入一个不存在的目录，结果如下：

```
请输入目录: test_dir
写入成功
```

再次运行代码，检测 test_dir 目录是否存在，结果如下：

```
请输入文件夹名: test_dir
该文件夹已存在
```

## 9.6.2　删除目录

使用 Python 内置模块 shutil 中的 rmtree()函数可以删除目录，其语法格式如下：

```
rmtree (path)
```

上述格式中，参数 path 表示要删除的目录。

当前有一个名为 test_dir 的文件夹，使用 rmtree()函数删除 test_dir 目录，代码如下。

【示例 17】 删除目录

```
import os
import shutil
print(os.path.exists("test_dir"))                    # 第 1 次判断目录是否存在
shutil.rmtree("test_dir")                            # 执行删除操作
print(os.path.exists("test_dir"))                    # 第 2 次判断目录是否存在
```

上述代码首先使用 exists()函数判断 test.dir 目录是否存在，如果存在返回 True，否则返回 False，然后使用 rmtree()函数执行删除操作，最后使用 exists()函数再次进行判断。

程序运行结果：

```
True
!False
```

对运行结果进行分析：第一次执行 exists()函数返回的结果为 True，表明文件夹存在；执行 rmtree()函数后，再次执行 exists()函数后返回的结果为 False，表明该文件夹删除成功。

## 9.6.3　获取目录的文件列表

os 模块中的 listdir()函数用于获取文件夹下文件或文件夹名的列表，该列表以字母顺序排序，其语法格式如下：

```
listdir (path)
```

上述格式中，参数 path 表示要获取的目录列表。使用 listdir()函数获取指定目录下文件列表，代码如下。

**【示例 18】 获取目录的文件列表**

```
import os
current_path= r"D:\Python 项目"
print(os.listdir (current_path)
```

程序运行结果：

```
['身份证归属地查询.py', '验证码.py']
```

# 9.7 文件路径操作

项目除了程序文件，还可能包含一些资源文件，程序文件与资源文件相互协调，方可实现完整程序。但若程序中使用了错误的资源路径，项目可能无法正常运行，甚至可能崩溃，所以文件路径是开发程序时需要关注的问题。下面将对 Python 中与路径相关的知识进行讲解。

## 9.7.1 相对路径与绝对路径

文件相对路径指某文件（或文件夹）所在的路径与其他文件（或文件夹）的路径关系，绝对路径指盘符开始到当前位置的路径。os 模块提供了用于检测目标路径是否是绝对路径的 isabs()函数和将相对路径规范化为绝对路径的 abspath()函数，下面分别讲解这两个函数。

### 1. isabs()函数

当目标路径为绝对路径时，isabs()函数会返回 True，否则返回 False。下面使用 isabs()函数判断提供的路径是否为绝对路径。具体代码如下：

```
import os
print(os.path.isabs("new file.txt"))
print(os.path.isabs("D:\Python 项目\new_file.txt"))
```

程序运行结果：

```
False
True
```

### 2. abspath()函数

当目标路径为相对路径时，使用 abspath()函数可以将目标路径规范化为绝对路径，具体代码如下：

```
import os
print(os.path.abspath("new_file.txt"))
```

程序运行结果：

```
D: \Python 项目\new_file.txt
```

## 9.7.2 获取当前路径

当前路径即文件、程序或目录当前所处的路径。os 模块中的 getcwd()函数用于获取当前路径，其使用方法如下：

```
import os
```

```
current_path = os.getcwd ()
print (current_path)
```

上述代码首先通过 os 模块中的 getcwd()函数获取到当前路径，然后赋值给变量 current_path，最后使用 print()函数输出当前路径。程序运行结果：

```
D:\Python 项目
```

### 9.7.3　检测路径的有效性

os 模块中的 exists()函数用于判断路径是否存在，如果当前路径存在，则 exists()函数返回 True，否则返回 False。exists()函数的使用方法如下。

**【示例 19】** *判断路径是否存在*

```
import os
current_path = "D:\Python 项目"
current_path_file = "D:\Python 项目\new_file.txt"
print(os.path.exists(current_path))
print(os.path.exists(current_path_file))
```

上述代码将两个路径分别赋值给变量 current_path 和 current_path_file，然后使用 exists()函数判断提供的路径是否存在。

程序运行结果：

```
True
True
```

### 9.7.4　路径的拼接

os.path 模块中的 join()函数用于拼接路径，其语法格式如下：

```
os.path.join(path1 [,path2[,…]])
```

上述格式中，参数 path1、path2 表示要拼接的路径。

使用 join()函数将路径"Python 项目"与"python_path"进行拼接，具体代码如下。

**【示例 20】** *拼接路径*

```
import os
path_one = 'Python 项目'
path_two = 'python_path'                              # Windows 系统下使用"\"分隔路径
splici_path = os.path.join(path_one, path_two)
print (splici_path)
```

上述代码将第一个路径"Python 项目"赋值给 path_one，将第二个路径"python_path"赋值给 path_two，然后通过 join()函数将这两个路径进行拼接。

程序运行结果：

```
Python 项目\python_path
```

若最后一个路径为空，则生成的路径将以一个"\"结尾，具体代码如下：

```
import os
path_one = 'D:\Python 项目'
path_two = ''
splicing_path = os.path.join(path_one, path_two)
print(splicing_path)
```

程序运行结果:

```
D:\Python 项目\
```

## 9.7.5 技能训练

**上机练习 5   用户登录**

**需求说明**

登录系统通常分为普通用户与管理员权限,在用户登录系统时,可以根据自身权限进行选择登录。实现一个用户登录的程序,该程序分为管理员用户与普通用户,其中管理员账号、密码在程序中设定,普通用户的账号与密码通过注册功能添加。

## 本章总结

本章主要讲解了 Python 中文件和路径的操作,包括文件的打开与关闭、文件的读/写、文件的定位读取、文件的复制与重命名、获取当前路径、检测路径有效性等。通过本章的学习,读者应掌握文件与路径操作的基础知识,能在实际开发中熟练地操作文件。

## 本章作业

**一、填空题**

1. 根据文件数据的组织形式,Python 的文件可分为_____文件和_____文件。一个 Python 程序文件是一个_____文件,一个 JPG 图像文件是一个_____文件。

2. Python 提供了_____和_____方法用于读取文本文件的内容。

3. 二进制文件的读取与写入可以分别使用_____和_____方法。

4. seek(0)将文件指针定位于_____,seek(0,1)将文件指针定位于_____,seek(0,2)将文件指针定位于_____。

5. Python 的模块提供了许多_____文件管理方法。

**二、判断题**

1. 文件打开后不需要关闭。(     )

2. 文件默认访问方式为可读。(     )

3. 使用 a+模式打开文件,文件不存在则会创建一个新文件。(     )

4. read()方法可以设置读取的字符长度。(     )

5. readlines()方法可以读取文件中的所有内容。(     )

**三、选择题**

1. 在读写文件之前,用于创建文件对象的函数是(     )。

    A. open         B. create         C. file         D. folder

2. 下列关于文件读取的说法,错误的是(     )。

    A. read()方法可以一次读取文件中所有的内容

    B. readline()方法一次只能读取一行内容

    C. readlines()以元组形式返回读取的数据

    D. readlines()一次可以读取文件中所有的内容

3. 下列程序的输出结果是（       ）。

```
f=open('c:\\out.txt','w+')
f.write('Python')
f.seek(0)
c=f.read(2)
print(c)
f.close()
```

      A. Pyth            B. Python            C. Py            D. th

4. 下列程序的输出结果是（       ）。

```
f=open('f.txt','w')
f.writelines(['Python programming.'])
f.close()
f=open('f.txt','rb')
f.seek(10,1)
print(f.tell())
```

      A. 1            B. 10            C. gramming        D. Python

5. 下列语句的作用是（       ）。

```
>>> import os
>>> os.mkdir("d:\\ppp")
```

      A. 在 D 盘当前文件夹下建立 ppp 文本文件

      B. 在 D 盘根文件夹下建立 ppp 文本文件

      C. 在 D 盘当前文件夹下建立 ppp 文件夹

      D. 在 D 盘根文件夹下建立 ppp 文件夹

**四、简答题**

1. 请简述什么是相对路径与绝对路径。

2. 请简述文件读写位置的作用。

3. 请简述 open 方法的重要参数（至少三个）的名字和作用。

4. 简单解释文本文件与二进制文件的区别。

**五、编程题**

1. 假设有一个英文文本文件，编写程序读取其内容，并将其中的大写字母变为小写字母，小写字母变为大写字母。

2. 编写程序，将包含学生成绩的字典保存为二进制文件，然后再读取内容并显示。

3. 使用 shutil 模块中的 move()方法进行文件移动。

4. 编写代码，将当前工作目录修改为"c:\"，并验证，最后将当前工作目录恢复为原来的目录。

5. 编写程序，用户输入一个目录和一个文件名，搜索该目录及其子目录中是否存在该文件。

# 第 10 章
# 异常处理

◆◆◆◆ 本章目标 ◆◆◆◆

◎ 理解异常的概念。

◎ 掌握捕获并处理异常的方法。

◎ 掌握 raise 和 assert 语句。

◎ 掌握自定义异常。

◎ 掌握 with 语句的使用。

◎ 了解上下文管理器。

◆◆◆◆ 本章简介 ◆◆◆◆

　　在实际生活中总会遇到各种突发状况，同样在程序运行的过程中，也会发生这种非正常状况。此时，Python 会检测到程序出现错误，无法继续执行。在本章中，你将学习错误处理，避免程序在面对意外情形时崩溃；你将学习异常，它们是 Python 创建的特殊对象，用于管理程序运行时出现的错误。学习处理异常可帮助你应对程序中的各种问题，以及处理其他可能导致程序崩溃的问题。这让你的程序在面对错误的数据时更健壮——不管这些错误数据源自无意的错误，还是源自破坏程序的恶意企图。你在本章学习的技能可提高程序的适用性、可用性和稳定性。

◆◆◆◆ 技术内容 ◆◆◆◆

## 10.1　错误和异常概述

　　Python 程序中最常见的错误为语法错误。语法错误又称解析错误，是指开发人员编写了不符合 Python 语法格式的代码所引起的错误。含有语法错误的程序无法被解释器解释，必须经过修正后程序才能正常运行。以下为一段包含语法问题的代码。

🌀【示例 1】 错误代码示例

```
while True
    print ("语法格式错误")
```

　　上述示例代码中的循环语句后少了冒号"："，不符合 Python 的语法格式要求。因此，语法分析器会检测到错误。在 PyCharm 中运行上述代码后，错误信息会在结果输出区显示，具体如下：

```
File " D:/Python 项目/异常.py",line 1
    while True
          ^
SyntaxError: invalid syntax
```

以上错误信息中包含了错误所在的行号、错误类型和具体信息，错误信息中使用小箭头"^"指出语法错误的具体位置，方便开发人员快速地定位并进行修正。产生语法错误时引发的异常类型为 SyntaxError。

一段语法格式正确的 Python 代码运行后产生的错误是逻辑错误。逻辑错误可能是由外界条件（如网络断开、文件格式损坏等）引起的，也可能是程序本身设计不严谨导致的。例如：

```
for i in 3:
    print(i)
```

程序运行结果：

```
Traceback (most recent call last) :
  File "D:/Python 项目/异常.py", line 7, in <module>
    for i in 3:
TypeError:'int' object is not iterable
```

以上示例代码没有任何语法格式错误，但执行后仍然出现 TypeError 异常，这是因为代码中使用 for 循环遍历整数 3，而 for 循环不支持遍历整型数据。

下面来看一种导致 Python 引发异常的简单错误。你应该知道不能将一个数字除以 0，但我们还是让 Python 这样做吧：

```
print(5/0)
```

显然，Python 无法这样做，因此你将看到一个 Traceback：

```
Traceback (most recent call last):
File "division.py", line 1, in <module>print(5/0)
ZeroDivisionError: division by zero                    #❶
```

在上述 Traceback 中，❶处指出的错误 ZeroDivisionError 是一个异常对象。Python 无法按你的要求做时，就会创建这种对象。在这种情况下，Python 将停止运行程序，并指出引发了哪种异常，而我们可根据这些信息对程序进行修改。下面我们将告诉 Python，发生这种错误时怎么办；这样，如果再次发生这样的错误，我们就有备无患了。

无论是哪种错误，都会导致程序无法正常运行。我们将程序运行期间检测到的错误称为异常。如果异常不被处理，则程序默认的处理方式是直接崩溃。Python 中所有的异常均由类实现，所有的异常类都继承自基类 BaseException。BaseException 类中包含 4 个子类，其中子类 Exception 是大多数常见异常类（如 SyntaxError、ZeroDivisionError 等）的父类。图 10-1 所示为 Python 中异常类的继承关系。

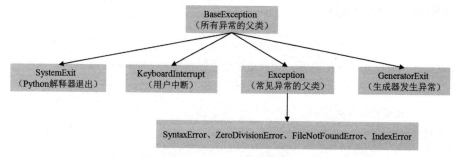

图 10-1　Python 中异常类的继承关系

因为 SyntaxError、FileNotFoundError、IndexError 等常见异常均继承自 Exception 类，所以本章主要对 Exception 类及其子类进行介绍。Exception 中常见的子类及描述如表 10-1 所示。

表 10-1 Exception 中常见的子类及描述

| 类　名 | 描　述 |
| --- | --- |
| FileNotFoundError | 未找到指定文件或目录时引发 |
| ZeroDivisionError | 除数为 0 引发的异常 |
| AssertionError | assert 语句失败引发的异常 |
| AttributeError | 属性引用、分配错误异常 |
| IOError | I/O 操作引发的异常，例如文件的读写 |
| OSError | os 模块的函数引发的错误 |
| ImportError | 导入模块时引发的异常 |
| IndexError | 索引操作错误引发的异常 |
| KeyError | 使用字典中不存在的 key 值而引发的异常 |
| MemoryError | 内存耗尽而引发的异常 |
| NameError | 变量名不存在而引发的异常 |
| NotImplementedError | 方法没有实现而引发的异常 |
| SyntaxError | 语法错误而引发的异常 |
| IndentationError | 代码缩进错误而引发的异常 |
| TabError | 空格和制表符混合使用而引发的异常 |
| TypeError | 使用不合适的类型执行运算而引发的异常 |
| ValueError | 使用不合适的参数值而引发的异常 |

## 10.2　捕获异常

Python 使用被称为异常的特殊对象来管理程序执行期间发生的错误。每当发生让 Python 不知所措的错误时，它都会创建一个异常对象。如果你编写了处理该异常的代码，程序将继续运行；如果你未对异常进行处理，程序将停止，并显示一个 Traceback，其中包含有关异常的报告。

Python 程序在运行时出现的异常会导致程序崩溃，因此开发人员需要用一种友好的方式处理程序运行时出现的异常。在 Python 中可使用 try…except 语句捕获异常，try…except 还可以与 else、finally 组合使用实现更强大的异常处理功能。本节将对 try…except、try…except…else、try…finally 语句的用法进行介绍。

### 10.2.1　try…except语句

try…except 语句用于捕获程序运行时的出现异常，其语法格式如下：

```
try:
    可能出错的代码
    ...
except [异常类型]:
    错误处理语句
    ...
```

上述格式中，try 子句后面是可能出错的代码，except 子句后面是捕获的异常类型及捕获到异常后的处理语句。try…except 语句的执行过程如下：

（1）先执行 try 子句，即 try 与 except 之间的代码。

（2）若在 try 子句中没有产生异常，则忽略 except 子句中的代码。

（3）若 try 子句产生异常，则忽略 try 子句的剩余代码，执行 except 子句的代码。

当你认为可能会发生错误时，可编写一个 try…except 代码块来处理可能引发的异常。你让 Python 尝试运行一些代码，并告诉它如果这些代码引发了指定的异常，该怎么办。使用 try…except 语句捕获程序运行时出现的异常。例如：

**【示例 2】 try…except 语句**

```
try:
    for i in 2:
        print(i)
except :
    print('int 类型不支持迭代操作')
```

上述代码对整数进行迭代操作，由于整数不支持迭代操作，因此上述代码在执行过程中必定会产生异常。运行上述代码程序并不会崩溃，这是因为 except 语句捕获到程序中的异常，并告诉 Python 解释器如何处理该异常——忽略异常之后的代码，执行 except 语句后的异常处理代码。异常是使用 try…except 代码块进行处理的。try…except 代码块让 Python 执行指定的操作，同时告诉 Python 发生异常时怎么办。使用了 try…except 代码块时，即便出现异常，程序也将继续运行：显示编写的友好的错误消息，而不是令用户迷惑的 Traceback。程序运行结果：

```
int 类型不支持迭代操作
```

处理 ZeroDivisionError 异常的 try…except 代码块类似于下面这样。

**【示例 3】 处理 ZeroDivisionError 异常**

```
try:
    print(5/0)
except ZeroDivisionError:
    print("You can't divide by zero!")
```

我们将导致错误的代码行 print(5/0)放在了一个 try 代码块中。如果 try 代码块中的代码运行起来没有问题，则 Python 将跳过 except 代码块；如果 try 代码块中的代码导致了错误，则 Python 将查找这样的 except 代码块，并运行其中的代码，即其中指定的错误与引发的错误相同。在这个示例中，try 代码块中的代码引发了 ZeroDivisionError 异常，因此 Python 指出了该如何解决问题的 except 代码块，并运行其中的代码。这样，用户看到的是一条友好的错误消息，而不是 Traceback：

```
You can't divide by zero!
```

如果 try…except 代码块后面还有其他代码，则程序将接着运行，因为已经告诉了 Python 如何处理这种错误。下面来看一个捕获错误后程序继续运行的示例。

## 10.2.2 为什么需要异常信息

发生错误时，如果程序还有工作没有完成，则妥善地处理错误就尤其重要。这种情况经常会出现在要求用户提供输入的程序中；如果程序能够妥善地处理无效输入，就能提示用户提供有效输入，而不至于崩溃。

下面来创建一个只执行除法运算的简单计算器。

**【示例 4】 异常信息**

```
print("请输入 2 个数，进行除法运算: ")
print("输入 'q' 表示退出.")
while True:
    first_number = input("\n 第一个数: ")        # ❶
    if first_number == 'q':
```

```
        break
    second_number = input("第二个数: ")                    # ❷
    if second_number == 'q':
        break
    answer = int(first_number) / int(second_number)    # ❸
    print(answer)
```

在❶处，这个程序提示用户输入一个数字，并将其存储到变量 first_number 中；如果用户输入的不是表示退出的 q，就再提示用户输入一个数字，并将其存储到变量 second_number 中（见❷）。接下来，我们计算这两个数字的商（即 answer，见❸）。这个程序没有采取任何处理错误的措施，因此让它执行除数为 0 的除法运算时，它将崩溃：

```
请输入 2 个数，进行除法运算:
输入 'q' 表示退出.

第一个数: 5
第二个数: 0
Traceback (most recent call last):
  File "division.py ", line 10, in <module>
    answer = int(first_number) / int(second_number)    # ❸
ZeroDivisionError: division by zero
```

程序崩溃可不好，但让用户看到 Traceback 也不好。不懂技术的用户会被错误信息搞糊涂，而且如果用户怀有恶意，他会通过 Traceback 获悉你不希望用户知道的信息。例如，他将知道你的程序文件的名称，还将看到部分不能正确运行的代码。有时候，训练有素的攻击者可根据这些信息判断出可对你的代码发起什么样的攻击。

## 10.2.3　捕获异常信息

try…except 语句可以捕获和处理程序运行时出现的单个异常、多个异常、所有异常，也可以在 except 子句中使用关键字 as 获取系统反馈的异常的具体信息。

### 1．捕获程序运行时出现的单个异常

使用 try…except 语句捕获和处理单个异常时，需要在 except 子句的后面指定具体的异常类。例如：

```
try:
    for i in 2:
        print(i)
except TypeError as e:
    print(f"异常原因: {e}")
```

以上代码的 try 子句中使用 for 循环遍历了整数 2，导致程序捕获到 TypeError 异常，转而执行 except 子句的代码。因为 except 子句指定处理异常 TypeError，且获取了异常信息 e，所以程序会执行 except 子句中的输出语句，而不会出现崩溃。程序运行结果：

```
异常原因: 'int' object is not iterable
```

🎯注意

*如果指定的异常与程序产生的异常不一致，则程序运行时仍会崩溃。*

### 2．捕获程序运行时出现的多个异常

一段代码中可能会产生多个异常，此时可以将多个具体的异常类组成元组放在 except 语句后处理，也可以联合使用多个 except 语句，具体如下。

【示例 5】　捕获程序运行时出现的多个异常

```
try:
    print(count)
demo_list = ["Python", "Java", "C", "C++"]
    print(demo_list[5])
except(NameError, IndexError) as error:
    print(f"异常原因: {error}")
```

上述代码首先在 try 子句中使用 print()输出一个没有定义过的变量，这会引发 NameError 异常；然后又使用 print()访问列表 demo_list 中的第 5 个元素，而 demo_list 中只有 4 个元素，这会产生异常 IndexError。

程序运行结果：

异常原因: name 'count' is not defined

在处理多个异常时，还可以将 except 子句拆开，每个 except 子句对应一种异常。将上述代码修改为多个 except 子句，代码如下。

【示例 6】　每个 except 子句对应一种异常

```
try:
    print (count)
    demo_list = ["Python", "Java", "C",  "C++"]
    print (demo_list[5] )
except NameError as error:
    print(f"异常原因: {error}")
except IndexError as error:
    print (f"异常原因: {error}")
```

程序运行结果：

异常原因: name 'count' is not defined

### 3. 捕获程序运行时出现的所有异常

在 Python 中，使用 try...except 语句捕获所有异常有两种方式：指定异常类为 Exception 类和省略异常类。

（1）指定异常类为 Exception 类。在 except 子句的后面指定具体的异常类为 Exception，由于 Exception 类是常见异常类的父类，因此它可以指代所有常见的异常，具体如下。

【示例 7】　指定异常类为 Exception 类

```
try:
    print(count)
    demo_list = ["Python", "Java", "C",  "C++"]
    print(demo_list[5])
except Exception as error:
    print(f"异常原因: {error}")
```

上述示例的 try 子句首先访问了未声明的变量 count，然后创建了一个包含 4 个元素的数组 demo_list，并访问该数组中索引为 5 的元素，导致程序可捕获到 NameError 和 IndexError，转而执行 except 子句的代码。因为 except 子句指定了处理异常类 Exception，而 IndexError 类是 Exception 的子类，所以程序会执行 except 子句中的输出语句，而不会出现崩溃。

程序运行结果：

异常原因: name 'count' is not defined

（2）省略异常类。在 except 子句的后面省略异常类，表明处理所有捕获到的异常，示例如下。

**【示例8】　省略异常类**

```
try:
    print (count)
    demo_list= ["Python","Java", "C",  "C++"]
    print(demo_list[5])
except:
    print("程序出现异常,原因未知")
```

程序运行结果:

程序出现异常,原因未知

虽然使用省略异常类的方式也能捕获所有常见的异常,但这种方式不能获取异常的具体信息。

## 10.2.4　else子句

异常处理的主要目的是防止因外部环境的变化导致程序产生无法控制的错误,而不是处理程序的设计错误。因此,将所有的代码都用 try 子句包含起来的做法是不推荐的,try 子句应尽量只包含可能产生异常的代码。在 Python 中,try…except 语句还可以与 else 子句联合使用,该子句放在except 语句之后,当 try 子句没有出现错误时应执行 else 语句中的代码。其格式如下:

```
try:
    可能出错的语句
    ...
except:
    出错后的执行语句
else:
    未出错时的执行语句
```

通过将可能引发错误的代码放在 try…except 代码块中,可提高这个程序抵御错误的能力。错误是执行除法运算的代码行导致的,因此我们需要将它放到 try…except 代码块中。这个示例还包含一个 else 代码块,依赖于 try 代码块成功执行的代码都应放到 else 代码块中。

**【示例9】　else 代码块**

```
print("请输入 2 个数,进行除法运算: ")
print("输入 'q' 表示退出.")
while True:
    first_number = input("\n 第一个数:")
    if first_number == 'q':
        break
    second_number = input("第二个数:")
    try:                                            # ❶
        answer = int(first_number) / int(second_number)
    except ZeroDivisionError:                       # ❷
        print("不能除 0!")
    else:
        print(answer)                               # ❸
```

我们让 Python 尝试执行 try 代码块中的除法运算(见❶),这个代码块只包含可能导致错误的代码。依赖于 try 代码块成功执行的代码都放在 else 代码块中。在这个示例中,如果除法运算成功,我们就使用 else 代码块来打印结果(见❸)。except 代码块告诉 Python,出现 ZeroDivisionError 异常时该怎么办(见❷)。如果 try 代码块因除零错误而失败,我们就打印一条友好的消息,告诉用户如何避免这种错误。程序将继续运行,用户根本看不到 Traceback:

请输入 2 个数,进行除法运算:
输入 'q' 表示退出.

```
第一个数:5
第二个数:0
不能除 0!

第一个数:q
```

try···except···else 代码块的工作原理大致如下：Python 尝试执行 try 代码块中的代码，只有可能引发异常的代码才需要放在 try 语句中。有时候，有一些仅在 try 代码块成功执行时才需要运行的代码，这些代码应放在 else 代码块中。except 代码块告诉 Python，如果它尝试运行 try 代码块中的代码时引发了指定的异常，该怎么办。

通过预测可能发生错误的代码，可编写健壮的程序，它们即便面临无效数据或缺少资源，也能继续运行，从而能够抵御用户无意的错误和恶意的攻击。

## 10.2.5 finally子句

finally 子句与 try···except 语句连用时，无论 try···except 是否捕获到异常，finally 子句后的代码都会被执行，其语法格式如下：

```
try:
    可能出错的语句
    ...
except:
    出错后的执行语句
finally:
    无论是否出错都会执行的语句
```

在使用 Python 处理文件时，为避免打开的文件占用过多的系统资源，在完成对文件的操作后需要使用 close()方法关闭文件。为了确保文件一定会被关闭，可以将文件关闭操作放在 finally 子句中。

【示例 10】 finally 子句

```
try:
    file = open('异常.txt','r')
    file.write("人生苦短，我用 Python")
except Exception as error:
    print("写入文件失败", error)
finally:
    file.close()
    print('文件已关闭')
```

若以上示例中没有 finally 语句，那么上面程序会因出现 UnsupportedOperation 异常而无法保证打开的文件会被关闭；使用 finally 语句后，无论程序是否崩溃，"file.close()"语句一定被执行，文件必定会被关闭。

## 10.2.6 技能训练

上机练习 1　加法运算

**需求说明**

提示用户输入数值时，常出现的一个问题是，用户输入的是文本而不是数字。在这种情况下，当你尝试将输入的信息转换为整数时，将引发 TypeError 异常。

编写一个程序，提示用户输入两个数字，再将它们相加并打印结果。

在用户输入的任何一个值不是数字时都捕获 TypeError 异常，并打印一条友好的错误消息。

对你编写的程序进行测试：先输入两个数字，再输入一些文本而不是数字。

## 10.3　抛出异常

Python 程序中的异常不仅可以由系统抛出，还可以由开发人员使用关键字 raise 主动抛出。只要异常没有被处理，就会向上传递，直至顶级也未被处理，则会由系统按默认的方式处理（程序崩溃）。另外，在程序开发阶段还可以使用 assert（断言）语句检测一个表达式是否符合要求，不符合要求则抛出异常。接下来，本节将介绍 raise 语句、异常的传递、assert 语句。

### 10.3.1　raise语句

raise 语句用于引发特定的异常，其使用方式大致可分为 3 种：

（1）由异常类名引发异常。

（2）由异常对象引发异常。

（3）由程序中出现过的异常引发异常。

下面通过示例演示 raise 语句的使用方法。

#### 1．使用类名引发异常

在 raise 语句后添加具体的异常类，使用类名引发异常，其语法格式如下：

```
raise 异常类名
```

当 raise 语句指定了异常的类名时，Python 解释器会自动创建该异常类的对象，进而引发异常。例如：

```
raise NameError
```

程序运行结果：

```
Traceback (most recent call last) :
   File "D:/Python 项目/异常.py", line 1, in<module>
      raise NameError
NameError
```

#### 2．使用异常对象引发异常

使用异常对象引发相应异常，其语法格式如下：

```
raise 异常对象
```

例如：

```
name_error = NameErrorio
raise name_error
```

上述代码创建了一个 NameError 类的对象 name_error，然后使用 raise 语句通过对象 name.error 引发异常 NameError。程序运行结果：

```
Traceback (most recent calllast) :
   File "D:/Python 项目/异常.py", line 2, in <module>
      raise name_error
NameError
```

#### 3．由异常引发异常

仅使用 raise 关键字可重新引发刚才发生的异常，其语法格式如下：

```
raise
```

例如：

```
try:
    num
except NameError as e:
    raise
```

在上述代码中，try 子句声明了未赋值的变量 num，导致程序会捕获到 NameError 异常，转而执行 except 子句的代码。由于 except 子句指定处理异常 NameError，因此程序会执行 except 子句中的代码，再次使用 raise 语句引发刚才捕获的异常 NameError。程序运行结果：

```
Traceback (most recent call last) :
    File " D:/Python 项目/异常.py", line 2, in <module>
        num
NameError: name 'num' is not defined
```

## 10.3.2　异常的传递

如果程序中的异常没有被处理，默认情况下会将该异常传递给上一级，如果上一级仍然没有进行处理，会继续向上传递，直至异常被处理或程序崩溃。

下面通过一个计算正方形面积的示例演示异常的传递，该示例中共包含 3 个函数：get_width()、calc_area()、show_area()。其中 get_width()函数用于计算正方形边长，calc_area()函数用于计算正方形面积，show_area()函数用于展示计算出的正方形面积，具体代码如下。

**【示例 11】　异常的传递**

```
def get_width() :                              #计算边长
    print("get_width 开始执行")
    num = int (input ("请输入除数: "))
    width_len = 10/ num                        #发生异常
    print("get_width 执行结束")
    return width_len
def calc_area() :                              #计算正方形面积
    print("calc_area 开始执行")
    width_len = get_width()
    print("calc_area 执行结束")
    return width_len* width_len
def show_area() :                              #数据展示
    try :
        print("show_area 开始执行")
        area_val = calc_area()
        print(f"正方形的面积: {area_val}")
        print("show_area 执行结束")
    except ZeroDivisionError as e:
        print("捕捉到异常:{e}")
    if name=='main':
show_area()
```

上述代码中的函数 show_area()为程序入口，该函数调用函数 calc_area()，函数 cale_area()调用函数 get_width()。

get_width()函数使用变量 num 接收用户输入的除数，通过语句 width_len = 10 /num 计算正方形的边长，如果用户输入的 num 值为 0，则程序会引发 ZeroDivisionError 异常。因为 get_width()函数中并没有捕获异常的语句，所以 get_width()函数中的异常被向上传递到 calc_area()函数，而 cale_area()函数中也没有捕获异常信息的语句，只能将异常信息继续向上传递给 show_area()函数。

show_area()函数中设置了异常捕获语句 try...except，当它接收到由 cale_area()函数传递来的异常后，会通过 try...except 捕获到异常信息。

运行程序，在提示输入除数时输入 0，结果如下：

```
show_area 开始执行
calc_area 开始执行
get_width 开始执行
请输入除数: 0
捕捉到异常:division by zero
```

### 10.3.3　assert语句

assert 语句用于判定一个表达式是否为真，如果表达式为 True，不做任何操作，否则引发 AssertionError 异常。assert 语句格式如下：

```
assert 表达式[,参数]
```

在以上格式中，表达式是 assert 语句的判定对象，参数通常是一个自定义的描述异常具体信息的字符串。

例如，一个会员管理系统要求会员的年龄必须大于或等于 18 岁，可以对年龄进行断言，代码如下：

```
age = 17
assert age >= 18, "年龄必须大于或等于18 岁"
```

以上示例中的 age >= 18 就是 assert 语句要断言的表达式，"年龄必须大于或等于18 岁"是断言的异常参数。程序运行时，由于 age = 17，断言表达式的值为 False，所以系统抛出了 AssertionError 异常，并在异常后显示了自定义的异常信息。程序运行结果：

```
Traceback (most recent calllast) :
    File "D:/Python 项目/异常.py", line 2, in<module>
        assert age >= 18, "年龄必须大于或等于18 岁
AssertionError:年龄必须大于18 岁
```

assert 语句多用于程序开发测试阶段，其主要目的是确保代码的正确性。如果开发人员能确保程序正确执行，那么不建议再使用 assert 语句抛出异常。

## 10.4　自定义异常

Python 中定义了大量的异常类，虽然这些异常类可以描述编程时出现的绝大部分情况，但仍难以涵盖所有可能出现的异常。Python 允许程序开发人员自定义异常。自定义异常类的方法很简单，只需创建一个类，让它继承 Exception 类或其他异常类即可。

### 10.4.1　定义自定义异常类

定义一个继承自异常类 Exception 的类 CustomError，例如：

```
class CustomError (Exception) :
    pass    # pass 表示空语句，是为了保证程序结构的完整性
```

接下来，演示自定义异常类 CustomError 的用法。例如：

【示例 12】　**自定义异常类 CustomError 的用法**

```
try:
    pass
    raise CustomError ("出现错误")
except CustomError as error:
    print (error)
```

上述代码在 try 语句中通过 raise 语句引发自定义异常类，同时还为异常指定提示信息。

自定义的异常类与普通类一样，也可以包含属性和方法，但一般情况下不添加或者只为其添加几个用于描述异常的详细信息的属性。

定义一个检测用户上传图片格式的异常类 FileTypeError，在 FileTypeError 类的构造方法中调用父类的__init__()方法并将异常信息作为参数，具体代码如下。

**【示例 13】 调用父类的__init__()方法**

```
class FileTypeError (Exception) :
    def__init__(self, err="仅支持 jpg/png/bmp 格式") :
super(). init (err)
file_ name = input("请输入上传图片的名称(包含格式):")
try:
    if file name.split(".")[1] in ["jpg", "png", "bmp"]:
        print("上传成功")
    else:
        raise FileTypeError()
except Exception as error:
    print (error)
```

上述代码中，首先定义了一个继承自 Exception 类的 FileTypeError 类，然后根据用户输入的文件信息，检测上传的图片是否符合要求。如果符合图片格式要求，则输出"上传成功"提示，否则使用 raise 语句抛出 FileTypeError。由于在使用 raise 语句抛出 FileTypeError 异常类时未传入任何参数，因此程序在捕获到 FileTypeError 异常后，会返回默认的异常详细信息"仅支持 jpg/png/bmp 格式"提示用户。

运行程序，输入符合图片格式要求的文件名，结果如下：

```
请输入上传图片的名称(包含格式): flower.jpg
上传成功
```

运行程序，输入不符合图片格式要求的文件名，结果如下：

```
请输入上传图片的名称(包含格式): flower.gif
仅支持 jpg/png/bmp 格式
```

## 10.4.2 技能训练

**上机练习 2 图书业务**

### 需求说明

书是人类进步的阶梯，我们通过图书可以获取知识，每一个人都应该多读书、读好书。由于大部分的图书都是纸质的，所以在遇见火（Fire）或水（Water）时都容易损坏，从而产生异常，那么请以当前的操作为业务基础进行类结构定义，实现结构如图 10-2 所示。

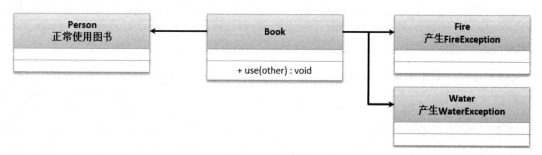

图 10-2 图书业务

# 10.5 with语句与上下文管理器

使用 finally 子句虽然能处理关闭文件的操作，但这种方式过于烦琐，每次都需要编写调用 close() 方法的代码。因此，Python 引入了 with 语句替代在 finally 子句中调用 close()方法释放资源的操作。with 语句支持创建资源、抛出异常、释放资源等操作，并且可以简化代码。本节将对 with 语句的使用、上下文管理器、自定义上下文管理器进行介绍。

## 10.5.1 with语句

with 语句适用于对资源进行访问的场合，无论资源在使用过程中是否发生异常，都可以使用 with 语句保证执行释放资源的操作。

with 语句的语法格式如下：

```
with 上下文表达式[as 资源对象]:
    语句体
```

以上语法中的上下文表达式返回一个上下文管理器对象，如果指定了 as 子句，则将上下文管理器对象的__enter__()方法的返回值赋值给资源对象。资源对象可以是单个变量，也可以是元组。

使用 with 语句操作文件对象的示例如下。

**【示例 14】 使用 with 语句操作文件对象**

```
with open('with_sence.txt')as file:
    for aline in file:
        print (aline)
```

上述代码使用 with 语句打开文件 with_sence.txt，如果文件能够顺利打开则会将文件对象赋值给 file 对象，然后通过 for 循环对 file 进行遍历输出，当对文件遍历之后，with 语句会关闭文件；如果文件不能顺利打开，with 语句也会将文件 with_sence.txt 关闭。

**注意**

不是所有对象都可以使用 with 语句，只有支持上下文管理协议的对象才可以使用，目前支持该协议的对象如下：file、decimal.Context、thread.LockType、threading.BoundedSemaphore、threading.Condition、threading.Lock、threading.RLock、threading.Semaphore。

## 10.5.2 上下文管理器

with 语句之所以能够自动关闭资源，是因为它使用了一种名为上下文管理器的技术管理资源。下面对上下文管理器的知识进行介绍。

### 1. 上下文管理协议（Context Manager Protocol）

上下文管理协议包括__enter__()和__exit__()方法，支持该协议的对象均需要实现这两个方法。__enter__()和__exit__()方法的含义与用途如下：

（1）__enter__(self)：进入上下文管理器时调用此方法，它的返回值被放入 with…as 语句的 as 说明符指定的变量中。

（2）__exit__(self, type, value, traceback)：离开上下文管理器时调用此方法。在__exit__()方法中，参数 type、value、traceback 的含义分别为异常的类型、异常值、异常回溯追踪。如果__exit__()方法内部引发异常，则该异常会覆盖掉其执行体中引发的异常。处理异常时不需要重新抛出异常，只需要返回 False 即可。

### 2．上下文管理器（Context Manager）

支持上下文管理协议的对象就是上下文管理器，这种对象实现了__enter__()和__exit__()方法。通过 with 语句即可调用上下文管理器，它负责建立运行时的上下文。

### 3．上下文表达式（Context Expression）

with 语句中关键字 with 之后的表达式返回一个支持上下文管理协议的对象，也就是返回一个上下文管理器。

### 4．运行时上下文

运行时上下文由上下文管理器创建，通过上下文管理器的__enter__()和__exit__()方法实现。__enter__()方法在语句体执行之前执行，__exit__()方法在语句体执行之后执行。

## 10.5.3　自定义上下文管理器

在开发中可以根据实际情况设计自定义上下文管理器，只需要让定义的类支持上下文管理协议，并实现__enter__()与__exit__()方法即可。

接下来，构建自定义的上下文管理器，具体代码如下。

【示例15】　构建自定义的上下文管理器

```python
class OpenOperation:
    def __init__(self, path, mode):
        #记录要操作的文件路径和模式
        self.__path = path
        self.__mode = mode
    def __enter__(self):
        print('代码执行到 enter')
        self.__handle = open(self.__path,self.__mode )
        return self.__handle
    def __exit__(self, exc_type, exc_val, exc_tb) :
        print("代码执行到__exit__"
        self.__handle.close()
with OpenOperation('自定义上下文管理.txt', 'a+') as file:
    #创建写入文件
    file.write ("Custom Context Manage")
    print("文件写入成功")
```

上述代码自定义了上下文管理器 OpenOperation 类，在该类的__enter__()方法中打开文件，在__exit__()方法中关闭文件。程序运行结果：

```
代码执行到__enter__
文件写入成功
代码执行到__exit__
```

从输出结果可以看出，使用 with 语句生成上下文管理器之后，程序先调用了__enter__()方法，其次执行该方法中的语句体，然后执行 with 语句块中的代码，最后在文件写入完成之后执行__exit__()方法关闭资源。

## 10.5.4　技能训练

上机练习 3　为身份证归属地查询功能添加异常

**需求说明**

在第 9 章【上机练习 2】中，用户通过输入身份证前 6 位数字可以查询到身份证归属地，此案例只实现了归属地查询的功能，如果用户未按照提示输入合法数据，程序不会给出任何提示。

通过添加异常处理功能，完善第 9 章的身份证归属地查询程序。

## 本章总结

本章主要讲解 Python 中与异常相关的知识，包括异常的概述、异常的捕获、异常的抛出、自定义异常以及如何使用 with 语句处理异常。通过本章的学习，希望读者能够掌握 Python 中异常的使用方法。

## 本章作业

### 一、填空题

1. Python 提供了专门处理程序运行时错误的机制，相应的语句是_____。

2. 在 Python 中，如果异常并未被处理或捕捉，程序就会用_____错误信息中止程序的执行。

3. Python 中所有异常的父类是_____。

4. with 语句通过_____管理 Python 中的资源。

5. 将可能发生异常的语句块放在异常处理程序中，紧跟其后可放置若干个对应的语句。如果引发异常，则系统依次检查各个语句，试图找到与所发生异常相匹配的_____。

### 二、判断题

1. 访问列表之外的索引会出现 IndexError 异常。（　　　）

2. 语言错误不会引发异常。（　　　）

3. 使用 raise 可以显式引发异常。（　　　）

4. assert 语句用于判定一个表达式是否为真。（　　　）

5. with 语句可以自动关闭资源。（　　　）

### 三、选择题

1. 下列关于异常的说法，正确的是（　　　）。

    A. 程序在运行时一旦遇到异常便会中止

    B. 语法格式正确的代码不会出现异常

    C. try…except 语句可以捕获异常

    D. 如果 except 子句没有指明任何异常，则可以捕获所有的异常

2. 下列关于 try…except 的说法，错误的是（　　　）。

    A. try 子句中如果没有发生异常，则忽略 except 子句中的代码

    B. 程序捕获到异常会先执行 except 语句，然后执行 try 语句

    C. 执行 try 语句下的代码，如果引发异常，则执行过程会调用 except 语句

    D. except 语句可以指定错误的异常类型

3. 阅读下面的代码：

```
num_one = 9
num_two = 0
print(num_one/num_two)
```

运行代码，Python 解释器抛出的异常是（　　　）。

A．ZeroDivisionError　　B．SyntaxError　C．FloatingPointError　　D．OverflowError

4. 如果以负数作为平方根函数 math.sqrt() 的参数，将产生（　　）。

A．死循环　　　　　　　B．复数　　　　　C．ValueError 异常　　　D．finally

5. 下列选项中，说法错误的是（　　）。

A．一个 try 语句可以对应多个 except 语句

B．一个 except 子句能捕获多种异常类型

C．使用关键字 as 可以为异常起别名

D．程序会反馈错误信息，包括错误的名称、原因和错误发生的行号

## 四、简答题

1. 请简述 except 的用法与作用。

2. 请简述 try_except 的用法和作用。

3. with 语句如何实现资源的自动关闭。

4. 列出 Python 的 5 种异常。

## 五、编程题

1. 编写一个能够产生 IndexError 索引异常的程序，并将其捕获，在控制台输出异常信息。

2. 编写一个储存学生成绩的小程序，如果输入的成绩小于 0 或者大于 100，则显示异常信息"输入有误，请输入正确的成绩信息"。如果输入的成绩在 0～100 之间，则储存；如果输入的有效成绩达到 5 个，则程序退出并在控制台打印这 5 个有效成绩。

3. 在题 2 的基础上增加功能，无论是否出现异常，都在控制台打印输出目前的时间戳。

# 第 11 章
# 正则表达式

## 本章目标

◎ 熟悉正则表达式的基础知识，包括字符和匹配规则。

◎ 掌握如何利用 re 模块实现预编译、匹配与搜索。

◎ 熟练使用 Match 对象的方法。

◎ 掌握实现全文匹配的方法

◎ 熟悉如何使用 re 模块实现检索替换、文本分割、贪婪匹配。

## 本章简介

正则表达式是一种描述字符串结构的语法规则，在字符串的查找、匹配、替换等方面具有很强的功能，并且支持大多数编程语言，包括 Python。正则表达式的功能强大，使用非常灵活。使用正则表达式需要遵循一定的语法规则，用来编写一些逻辑验证非常方便，如电子邮件的验证。Python 提供了 re 模块实现正则表达式的验证。本章将对 Python 中正则表达式的使用进行讲解。

## 技术内容

## 11.1 正则表达式基础知识

### 11.1.1 为什么需要正则表达式

用户在某一网站进行注册时，需要在注册页面中提交诸如手机号、用户名、邮箱地址等信息。网站开发人员为保证注册者提供的信息符合规则，需要对提交的信息进行判断。但由于这些内容遵循的规则繁杂，如果仅使用条件语句判断，无疑会增加工作量，而正则表达式的出现完美地解决了这一问题。

### 11.1.2 什么是正则表达式

正则表示"规则的""极好的"，正则表达式（Regular Expression，简称 RegExp）实际上就是规定了一组文本模式匹配规则的符号语言，一条正则表达式也被称为一个模式，使用这些模式可以匹配指定文本中与表达式模式相同的字符串。

正则表达式是一种描述字符串结构的语法规则，是一个特定的格式化模式，用于验证各种字符串是否匹配这个特征，进而实现高级的文本查找、替换、截取等操作，在源字符串中查找与给定的正则表达式相匹配的部分。一个正则表达式是由字母、数字和特殊字符（括号、星号、问号等）组成的。正则表达式中有许多特殊的字符，这些特殊字符是构成正则表达式的要素。

在项目开发中，手机号码指定位数的隐藏、数据采集、敏感词的过滤以及表单的验证等功能，都可以利用正则表达式来实现。以文本查找为例，若要在大量的文本中找出符合某个特征的字符串（如手机号码），可将这个特征按照正则表达式的语法写出来，形成一个计算机程序识别的模式（Pattern），然后计算机程序会根据这个模式到文本中进行匹配，找出符合规则的字符串。

元字符和预定义字符集是学习正则表达式使用方法的基础知识，本节将对正则表达式中的元字符和预定义字符集进行介绍。

### 11.1.3 元字符

元字符指在正则表达式中具有特殊含义的专用字符，可以用来规定其前导字符（位于元字符之前的字符）在目标对象中出现的模式。正则表达式中的元字符一般由特殊字符和符号组成，常用的元字符如表 11-1 所示。

表 11-1 常用的元字符及其功能

| 元字符 | 说　明 |
| --- | --- |
| . | 匹配任何一个字符（除换行符外） |
| ^ | 脱字符，匹配行的开始 |
| $ | 美元符，匹配行的结束 |
| \| | 连接多个可选元素，匹配表达式中出现的任意子项 |
| [] | 字符组，匹配其中出现的任意一个字符 |
| - | 连字符，表示范围，如"1-5"等价于"1、2、3、4、5" |
| ? | 匹配其前导元素 0 次或 1 次 |
| * | 匹配其前导元素 0 次或多次 |
| + | 匹配其前导元素 1 次或多次 |
| {n}/{m,n} | 匹配其前导元素 n 次/匹配其前导元素 m~n 次 |
| () | 在模式中划分出子模式，并保存子模式的匹配结果 |

对于表 11-1 所提供的元字符，其详细用法介绍如下。

**1．点字符"."**

点字符"."可匹配包括字母、数字、下画线、空白符等任意的单个字符（除了换行符\n），其用法示例如下。

（1）J.m：匹配以字母 J 开头、字母 m 结尾、中间为任意一个字符的字符串，匹配结果可以是 Jam、Jbm、J#m、J1m、J2m 等。

（2）..：匹配任意两个字符，匹配结果可以是 12、ab、@#等。

（3）.m：匹配以任意字符开头、以 m 结尾的字符串，匹配结果可以是 1m、@m、xm、_m、\tm 等。

**2．脱字符"^"和美元符"$"**

脱字符"^"和美元符"$"分别用于匹配行头和行尾。例如，若想匹配处于串开头的"cat"，可使用表达式"^cat"；若想匹配处于串结尾的"cat"，可使用表达式"cat$"。表达式及其可匹配到的内容示例如下。

（1）^cat：只能匹配行首出现的 cat，如 category。

（2）cat$：只能匹配行尾出现的 cat，如 tomcat。

（3）^cat$：匹配只有 cat 的行。

（4）cat：可匹配到行中任意位置出现的 cat。

（5）^$：匹配空行。

需要说明的是，以（1）中的模式"cat"为例，虽然该模式会匹配到以字符串"cat"为首的行，但在理解时，应理解为"匹配以字符 c 开头，第二、第三个字符依次为 a 和 t 的行"。

**3．连接符"|"**

"|"可将多个不同的子表达式进行逻辑连接，可简单地将"|"理解为逻辑运算符中的"或"，匹配结果为与任意一个子表达式模式相同的字符串。示例如下。

（1）a|b|c|d：匹配字符 a、b、c、d 中的任意一个。

（2）cat|dog：匹配 cat 或 dog。

（3）c|zhangsan：匹配字符 c 或字符串 zhangsan。

**4．字符组"[]"**

在正则表达式中，使用一对中（方）括号"[]"标记字符组。字符组的功能是匹配其中的任意一个字符，它也有"或"的含义，但与"|"不同，"|"既能匹配单个字符，也能匹配字符串，但"[]"只能匹配单个字符。中括号可用于查找某个范围内的字符，如表 11-2 所示。

表 11-2　字符组表达式

| 中括号表达式 | 描　述 | 中括号表达式 | 描　述 |
| --- | --- | --- | --- |
| [abc] | 查找中括号中的任何字符 | [A-z] | 查找任何从大写 A 到小写 z 的字符 |
| [^abc] | 查找任何不在中括号中的字符 | [adgk] | 查找给定集合内的任何字符 |
| [0-9] | 查找任何从 0 至 9 的数字 | [^adgk] | 查找给定集合外的任何字符 |
| [a-z] | 查找任何从小写 a 到小写 z 的字符 | [red|blue|green] | 查找任何指定的选项 |
| [A-Z] | 查找任何从大写 A 到大写 Z 的字符 | | |

字符组的用法如下。

（1）arg[vs]：匹配以字符串 arg 开头、以字符 v 或 s 结尾的字符串，匹配结果可能是 argv 或 args。

（2）[cC]hina：匹配以字符 c 或 C 开头，以 hina 结尾的字符串，匹配结果可以是 china 或 China。

（3）[z!*?]：匹配 z、!、*、?中的任意一个。

字符组外的字符从前到后依次匹配，如在表达式"arg[vs]"中，字符组外的字符 a、r、g 的匹配方式是：先匹配 a，再匹配 r，之后匹配 g；而字符组中所有字符都是同级的，没有先后顺序，匹配结果至多会选择字符组中的一个字符。

**5．连字符"-"**

连字符"-"一般在字符组中使用，表示一个范围，如字符组"[0-9]"表示匹配 0～9 之间的一位数字，字符组"[A-Z]"表示匹配一位大写字母，字符组"[a-x]"表示匹配一位小写字母。

### 6. 匹配符 "?"

元字符 "?" 表示匹配其前导元素 0 次或 1 次，示例如下：

（1）June?：匹配元字符 "?" 前的字符 "e" 0 次或 1 次，匹配到的结果可以是 Jun 或 June。

（2）July?：匹配元字符 "?" 前的字符 "y" 0 次或 1 次，匹配到的结果可以是 Jul 或 July。

### 7. 重复模式

在正则表达式中，使用 "{" 和 "}" 符号来限定其前导元素的重复模式。有时我们会希望某些字符在一个正则表达式中出现规定的次数。表 11-3 列出了正则表达式中量词的使用。

表 11-3　常用的正则表达式——量词

| 量　　词 | 描　　述 |
| --- | --- |
| n+ | 匹配任何包含至少一个 n 的字符串 |
| n* | 匹配任何包含零个或多个 n 的字符串 |
| n? | 匹配任何包含零个或一个 n 的字符串 |
| n{X} | 匹配包含 X 个 n 的序列的字符串 |
| n{X,Y} | 匹配包含 X 至 Y 个 n 的序列的字符串 |
| n{X,} | 匹配包含至少 X 个 n 的序列的字符串 |
| n$ | 匹配任何结尾为 n 的字符串 |
| ^n | 匹配任何开头为 n 的字符串 |
| ?=n | 匹配任何其后紧接指定字符串 n 的字符串 |
| ?!n | 匹配任何其后没有紧接指定字符串 n 的字符串 |

示例如下。

（1）ht*p：匹配字符 "t" 零次或多次，匹配结果可以是 hp、htp、http、htttp 等。

（2）ht+p：匹配字符 "t" 1 次或多次，匹配结果可以是 htp、http、htttp，但不可能是 hp。

（3）ht{2}p：匹配字符 "t" 2 次，匹配结果为 http。

（4）ht{2,4}p：匹配字符 "t" 2～4 次，匹配结果可以是 http、htttp 与 httttp。

从表 11-3 中可以看出，电子邮件地址中的 "." 后只能是两个或三个字母，字符串 "(\.[a-zA-Z]{2.3}){1,2}" 表示字符 "." 后加 2～3 个字母，可以出现一次或两次，即匹配 ".com" ".com.cn" 这样的字符串。在表 11-2、表 11-3 这两个表中的符号称为元字符，我们可以看到$、+、? 等符号被赋予了特殊的含义。如果在一个正则表达式中要匹配这些字符本身，那该怎么办呢？使用反斜杠 "\" 来进行字符转义，将这些元字符作为普通字符来进行匹配。例如，正则表达式中的 "\$" 用来匹配美元符号，而不是行尾。类似地，正则表达式中的 "\." 用来匹配点字符，而不是任何字符的通配符。

### 8. 子组

在正则表达式中，使用 "()" 可以对一组字符串中的某些字符进行分组。示例如下。

（1）Jan(uary)?：匹配子组 "uary" 0 次或 1 次，匹配结果可以是 Jan 或 January。

（2）Feb(ruary)?：匹配子组 "ruary" 0 次或 1 次，匹配结果可以是 Feb 或 February。

🔔注意

正则表达式中有()、[]和{}，区别如下所示：

➢　　()用来提取匹配的字符串，表达式中有几个()就有几个相应的匹配字符串。

➢　　[]用来定义匹配的字符串，如[A-Za-z0-9]表示字符串要匹配英文字符和数字。

➢　　{}用来匹配长度，W\s{3}表示匹配 3 个空格。

## 11.1.4　预定义字符集

在正则表达式中预定义了一些字符集，字符集能以简洁的方式表示一些由元字符和普通字符定义的匹配规则。常见的预定义字符集如表 11-4 所示。

表 11-4　预定义字符集

| 预定义字符 | 说　明 |
|---|---|
| \w | 匹配下画线 "_" 或任何字母（a-z、A-Z）与数字（0-9） |
| \s | 匹配任意的空白字符，等价于[<空格>\t\r\n\f\v] |
| \d | 匹配任意数字，等价于[0-9] |
| \b | 匹配单词的边界 |
| \W | 与\w 相反，匹配特殊字符 |
| \S | 与\s 相反，匹配任意非空白字符的字符，等价于[^\s] |
| \D | 与\d 相反，匹配任意非数字的字符，等价于[^\d] |
| \B | 与\b 相反，匹配不出现在单词边界的元素 |
| \A | 仅匹配字符串开头，等价于^ |
| \Z | 仅匹配字符串结尾，等价于$ |

例如，对邮政编码、手机号码的验证，我国的邮政编码都是 6 位，而手机号码都是 11 位，并且第一位都是 1，因此对邮政编码和手机号码进行验证的正则表达式如下：

```
regCode=/^\d{6}$/;
regMobile=/^1\d{10}$/;
```

# 11.2　使用re模块处理正则表达式

Python 的 re 模块提供了正则表达式匹配的功能。re 模块提供了一些根据正则表达式进行查找、替换、分割字符串的函数，这些函数使用一个正则表达式作为第一个参数。

## 11.2.1　re模块

re 模块中常用的函数及方法如表 11-5 所示。

表 11-5　re 模块函数及方法

| 函数/方法 | 说　明 |
|---|---|
| compile() | 对正则表达式进行预编译，并返回一个 Pattern 对象 |
| match() | 从头匹配，匹配成功返回匹配对象，失败返回 None |
| search() | 从任意位置开始匹配，匹配成功返回匹配对象，否则返回 None |
| split() | 将目标对象使用正则对象分割，成功返回匹配对象（是一个列表），可指定最大分割次数 |
| findall() | 在目标对象中从左至右查找与正则对象匹配的所有非重叠子串，将这些子串组成一个列表并返回 |
| finditer() | 功能与 findall()相同，但返回的是迭代器对象 iterator |
| sub() | 搜索目标对象中与正则对象匹配的子串，使用指定字符串替换，并返回替换后的对象 |
| subn() | 搜索目标对象中与正则对象匹配的子串，使用指定字符串替换，返回替换后的对象和替换次数 |
| group() | 返回全部匹配对象 |
| groups() | 返回一个包含全部匹配的子组的元组，若匹配失败，则返回空元组 |

其中，compile()是 re 模块的函数，返回值为一个正则对象；group()和 groups()是匹配对象的方法；其余的是正则对象的方法，这些方法大多在 re 模块中也有对应的函数实现，因此用户可通过"正则

对象.方法"的方式或"re.函数"的方式使用模块功能。

## 11.2.2 预编译

如果需要对一个正则表达式重复使用，可以使用 compile()函数对其进行预编译，以避免每次编译正则表达式的开销。complie()函数语法格式如下：

```
compile (pattern, flags = 0)
```

上述格式中的参数 pattern 表示一个正则表达式，参数 flags 用于指定正则匹配的模式，该参数的常用取值如表 11-6 所示。

表 11-6　常用的匹配模式

| flags | 说　明 |
|---|---|
| re.I | 忽略大小写 |
| re.L | 做本地化识别（locale-aware）匹配，使预定义字符集\w、\W、\b、\B、\s、\S 取决于当前区域设置 |
| re.M | 多行匹配，影响^和 S |
| re.S | 匹配所有字符，包括换行符 |
| re.U | 根据 Unicode 字符集解析字符 |
| re.A | 根据 ASCII 字符集解析字符 |
| re.X | 允许使用更灵活的格式（可以是多行，忽略空白字符，可加入注释）书写正则表达式，以便表达式更易理解 |

compile()函数的用法如下：

```
import re
regex_obj=re.compile(r'\d')
```

在第 2 行代码中，通过 compile()函数将正则的匹配模式"\d"预编译为正则对象 regex_obj。

假设当前有一组字符串"Today is March 28, 2021."，通过正则对象 regex_obj 的 findall()方法就可以查找到所有的匹配结果，代码如下：

```
words ='Today is March 28, 2021. '
print (regex_obj.findall(words) )
```

以上示例中的 findall()函数用于获取目标文本中所有符合条件的内容。程序运行结果：

```
['2','8','2','0','2','1']
```

如果想匹配一组字符串中所有的英文字母，可通过设置 flags 参数忽略英文字母的大小写，具体代码如下：

```
import re
regexone = re.compile(r'[a-z]+', re.I)
words = 'Today is March 28, 2021. '
print(regex_one.findall(words))
```

上述代码中的匹配模式"[a-z]+"表示最少匹配一次小写英文字母，当设置 flags 参数为"re.I"后该匹配模式便会忽略英文字母的大小写，匹配结果将会包含字符串"words"中的所有英文字母。程序运行结果：

```
[ 'Today', 'is', 'March']
```

## 11.3　匹配与搜索

### 11.3.1　match()函数和search()函数

re 模块中的 match()函数和 search()函数都可以匹配和搜索目标文本中由正则表达式所描述的内容，但两者在功能上略有区别。本节将对 match()函数与 search()函数进行介绍。

#### 1. 使用match()函数进行匹配

match()函数检测目标文本的开始位置是否符合指定模式，若匹配成功则返回一个匹配对象，否则返回 None。

match()函数语法格式如下：

```
match (pattern, string, flags=0)
```

参数的具体含义如下。

（1）pattern：表示需要传入的正则表达式。

（2）string：表示待匹配的目标文本。

（3）flags：表示使用的匹配模式。

使用 match()函数对指定的字符串进行匹配搜索。示例如下。

**【示例 1】　match()函数**

```
import re
date_one = "Today is March 28, 2019. "
date_two = "28 March 2019"
print(re.match(r"\d", date_one))
print(re.match(r"\d", date_two))
print(re.match(r"\d", date_one))
print(re.match(x"\d", date_two))
```

上述代码中，首先定义了两个字符串 date_one 与 date_two，其中字符串 date_one 以英文字母开头，字符串 date_two 以数字开头，然后使用正则表达式 "\d" 分别匹配 date_one 和 date_two 中的首字符，最后通过 print()函数输出匹配后的结果。程序运行结果：

```
None
<_ sre.SRE_Match object; span=(0, 1), match='2'>
```

通过程序的输出结果可以看出，match()函数匹配成功后会返回一个 Match 对象，该对象包括匹配信息 span 和 match，其中 span 表示匹配对象在目标文本中出现的位置，match 表示匹配对象本身内容。

#### 2. 使用search()函数进行匹配

虽然也有需要匹配文本开头内容的情况，但大部分情况下，需要匹配的是出现在文本任意位置的字符串，这项功能由 re 模块中的 search()函数实现，若调用 search()函数匹配成功会返回一个匹配对象，否则返回 None。

search()函数语法格式如下：

```
search (pattern, string, flags=0)
```

search()函数中参数的功能与 match()函数相同，此处不再赘述。使用 search()函数对指定的字符串进行匹配搜索，代码如下。

【示例 2】 search()函数

```
import re
info_one = "I was born in 2000."
info_two = "20000505"
print(re.search(r"\d", info_one))
print(re.search(r"\D", info_two))
```

上述代码首先定义了两个字符串 info_one 与 info_two，其中字符串 info_one 以英文字母开头，info_two 以数字开头，然后使用正则表达式 "\d" 和 "\D" 分别匹配字符串 info_one 与 info_two 中的数字，最后通过 print()函数输出匹配后的结果。

程序运行结果：

```
<sre.SRE Match object; span= (14, 15), match= '2'>
None
```

## 11.3.2 技能训练 1

**上机练习 1** ▓ 验证电子邮箱地址格式

### 需求说明

提示用户输入邮箱地址，用正则表达式判断邮箱格式。

➢ 匹配第一个字母，由非数字组成。

➢ 用户名中间部分由字母、数字和 "_" 组成。

➢ 匹配邮箱中出现的 "."。

➢ 匹配邮箱域名，只允许设置指定的几个内容（cn|com|com.cn|net|gov）。

**上机练习 2** ▓ 判断手机号所属运营商

### 需求说明

说到手机号大家并不陌生，一个国内手机号码由 11 位数字组成，前 3 位表示网络识别号，第 4～7 位表示地区编号，第 8～11 位表示用户编号。因此，我们可以通过手机前 3 位的网络识别号辨别手机号所属运营商。在我国手机号运营商主要有移动、联通、电信，各大运营商的网络识别号如表 11-7 所示。

表 11-7 运营商和网络识别号

| 运营商 | 号码段 |
|--------|--------|
| 移动 | 134、135、136、137、138、139、147、148、150、151、152、157、158、159、165、178、182、183、184、187、188、198 |
| 联通 | 130、131、132、140、145、146、155、156、166、185、186、175、176 |
| 电信 | 133、149、153、180、181、189、177、173、174、191、199 |

编写程序，实现判断输入的手机号码是否合法以及判断其所属的运营商的功能。

## 11.3.3 匹配对象

使用 match()函数和 search()函数进行正则匹配时，返回的不是单一的匹配结果，而是如下形式的字符串：

```
< sre.SRE_Match object; span (2,4),match 'ow'>    #search()函数匹配结果
```

该字符串表明返回结果是一个 Match 对象，其中主要包含两项内容，分别为 span 和 match，span

表示本次获取的匹配对象在原目标文本中所处的位置，目标文本的下标从 0 开始；match 表示匹配对象的内容。

span 属性是一个元组，元组中有两个元素，第一个元素表示匹配对象在目标文本中的开始位置，第二个元素表示匹配对象在目标文本中的结束位置。如上所示的字符串中，匹配对象"ow"在原目标文本中的起始位置为 2，结束位置为 4。

re 模块中提供了一些与 Match 对象相关的方法，用于获取匹配结果中的各项数据，具体如表 11-8 所示。

表 11-8　匹配对象常用方法

| 函　　数 | 说　　明 |
| --- | --- |
| group([num]) | 获取匹配的字符串，或获取第 num 个子组的匹配结果 |
| start() | 获取匹配对象的开始位置 |
| end() | 获取匹配对象的结束位置 |
| span() | 获取表示匹配对象位置的元组 |

以 search()函数的匹配结果为例，表 11-6 中各方法的用法如下：

**【示例 3】　search()函数**

```
import re
word = 'hello zhangsan'
match_result = re.search(r'\wan\w',wora)
print(match_result)                          #输出匹配结果
print(match_result.group())                  #匹配对象
print(match_result.start())                  #起始位置
print(match_result.end())                    #结束位置
print(match_result.span()                    #(起始位置，结束位置)
```

程序运行结果：

```
<_sre.SRE Match object; span=(7, 11),match='hang'>
hang
7
L1
(7, 11)
```

当正则表达式中包含子组时，Python 解释器会将每个子组的匹配结果临时存储到缓冲区中，若用户想获取子组的匹配结果，可使用 Match 对象的 group()方法。例如：

```
words = re.search("(h)(e)",'hello heooo')
print (words.group (1))                       #获取第 1 个子组的匹配结果
```

程序运行结果：

```
h
```

此外，Match 对象还有一个 groups()方法，使用该方法可以获取一个包含所有子组匹配结果的元组。例如：

```
words = re.search("(h)(e)", 'hello heooo')
print(words.groups())
```

程序运行结果：

```
('h','e')
```

若正则表达式中不包含子组，则 groups()方法返回一个空元组。

### 11.3.4　全文匹配

match()函数只检测文本开头的内容是否符合指定模式，而 search()函数只会返回文本中第一个符合指定模式的匹配对象。如果需要将文本中所有符合匹配要求的字符串返回，那么可以使用 re 模块中的 findall()与 finditer()函数。本节将对 findall()函数与 finditer()函数的使用进行介绍。

#### 1. findall()函数

findall()函数可以获取目标文本中所有与正则表达式匹配的内容，并将所有匹配的内容以列表的形式返回。findall()函数的语法格式如下：

```
findall (pattern, string, flags= 0)
```

以字符串"狗的英文: Dog，猫的英文: Cat."为例，使用 findall()函数匹配该字符串中所有的中文。代码如下：

```
import re
string = "狗的英文: Dog, 猫的英文: Cat."
reg_zhn = re.compile(r"[\u4e00-\u9fa5]+")
print(re.findall(reg_zhn, string))
```

上述代码对字符串 string 中所有的中文进行匹配（"\u4e00-\u9fa5"为中文的 Unicode 编码范围），使用 compile()函数进行预编译并赋值给"reg_zhn"，通过 findall()函数查找所有符合匹配规则的子串，并使用 print()函数输出。程序运行结果：

```
['狗的英文', '猫的英文']
```

#### 2. finditer()函数

finditer()函数同样可以获取目标文本中所有与正则表达式匹配的内容，但该函数会将匹配到的子串以迭代器的形式返回。finditer()函数的语法格式如下：

```
finditer (pattern, string, flags=0)
```

以字符串"狗的英文：Dog，猫的英文：Cat."为例，使用 finditer()函数匹配该字符串中所有的英文，代码如下。

**【示例 4】** finditer()函数

```
import re
string = "狗的英文: Dog, 猫的英文: Cat. "
reg_eng = re.compile(r"[a-zA-Z]+")          #匹配所有英文
result_info =re. finditer(reg_eng, string)
print (result_info)
print (type(result_info))
```

上述代码用于匹配字符串 string 中所有的英文，此代码首先使用 compile()函数进行预编译以创建正则对象 reg_eng，然后通过 finditer()函数查找所有符合匹配规则的内容，赋值给变量 result_info，最后使用 print()函数分别输出变量 result_info 的值、变量 result_info 的类型。程序运行结果：

```
<callable iterator object at 0x0000000002136278>
<class 'callable iterator'>
```

通过输出结果可以看出，变量 result_info 为一个迭代对象，因此可以使用__next__()方法获取其中的元素，代码如下：

```
print (result_info.__next__())
```

以上代码的输出结果如下：

```
<re.Match object; span=(5,8), match='Dog'>
```

## 11.3.5　检索替换

re 模块中提供的 sub()函数、subn()函数用于替换目标文本中的匹配项，这两个函数的声明如下：

```
sub(pattern, repl, string, count=0,  flags=0)
subn(pattern, repl, string, count=0, flags=0)
```

参数的具体含义如下。

（1）pattern：表示需要传入的正则表达式。

（2）repl：表示用于替换的字符串。

（3）string：表示待匹配的目标文本。

（4）count：表示替换的次数，默认值 0 表示替换所有的匹配项。

（5）flags：表示使用的匹配模式。

sub()函数与 subn()函数的参数及功能相同，不同的是若调用成功，sub()函数会返回替换后的字符串，subn()函数会返回包含替换结果和替换次数的元组。这两个函数的用法如下。

【示例 5】　sub()函数与 subn()函数

```
import re
words = 'And slowly read,and dream of the soft look'
result_one = re.sub(r'\s', '-', words)                # sub()函数的用法
print(result_one)
result_two = re.subn(r'\s', '-', words)               # subn()函数的用法
print(result_two)
```

程序运行结果：

```
And-slowly-read, and-dream-of-the-soft-look
(' And-slowly-read, and-dream-of-the-soft-look', 7)
```

## 11.3.6　技能训练 2

**上机练习 3　　电影信息提取**

**需求说明**

在“电影.txt”文件中，包含电影排名、电影名称、评分、类别、演员等信息。虽然该文件中数据杂乱，不能很清晰地了解全部数据信息，但是每种数据都有相对应的标签，例如，title 标签对应着电影名称、rating 标签对应着电影评分、rank 标签对应着电影排名。为了能够提取指定的数据信息，可以使用正则表达式。图 11-1 所示的是“电影.txt”文件中的数据。

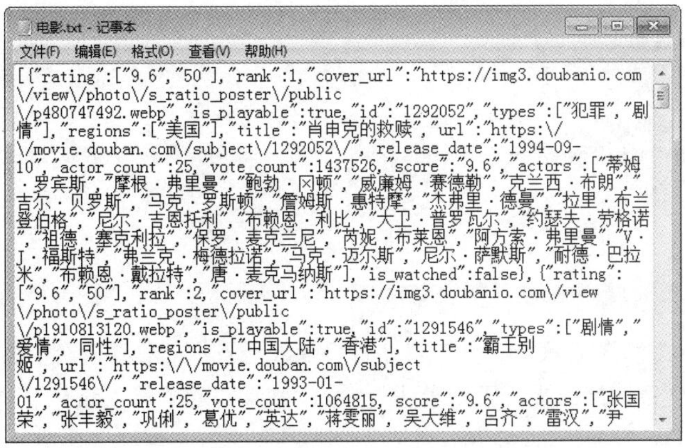


[{"rating":["9.6","50"],"rank":1,"cover_url":"https://img3.doubanio.com\/view\/photo\/s_ratio_poster\/public\/p480747492.webp","is_playable":true,"id":"1292052","types":["犯罪","剧情"],"regions":["美国"],"title":"肖申克的救赎","url":"https:\/\/movie.douban.com\/subject\/1292052\/","release_date":"1994-09-10","actor_count":25,"vote_count":1437526,"score":"9.6","actors":["蒂姆·罗宾斯","摩根·弗里曼","鲍勃·冈顿","威廉姆·赛德勒","克兰西·布朗","吉尔·贝罗斯","马克·罗斯顿","詹姆斯·惠特摩","杰弗里·德曼","拉里·布兰登伯格","尼尔·吉恩托利","布赖恩·利比","大卫·普罗瓦尔","约瑟夫·劳格诺","祖德·塞克利拉","保罗·麦克兰尼","芮妮·布莱恩","阿方索·弗里曼","V·J·福斯特","弗兰克·梅德拉诺","马克·迈尔斯","尼尔·萨默斯","耐德·巴拉米","布赖恩·戴拉特","唐·麦克马纳斯"],"is_watched":false},{"rating":["9.6","50"],"rank":2,"cover_url":"https://img3.doubanio.com\/view\/photo\/s_ratio_poster\/public\/p1910813120.webp","is_playable":true,"id":"1291546","types":["剧情","爱情","同性"],"regions":["中国大陆","香港"],"title":"霸王别姬","url":"https:\/\/movie.douban.com\/subject\/1291546\/","release_date":"1993-01-01","actor_count":25,"vote_count":1064815,"score":"9.6","actors":["张国荣","张丰毅","巩俐","葛优","英达","蒋雯丽","吴大维","吕齐","雷汉","尹

图 11-1　电影.txt

编写程序，实现提取排名前 20 的电影名称与评分信息的功能。

## 11.3.7　文本分割

re 模块中提供的 split()函数可使用与正则表达式模式相同的字符串分割指定文本。split()函数的语法格式如下：

```
split (pattern, string, maxsplit=0, flags=0)
```

参数的具体含义如下。

（1）pattern：表示需要传入的正则表达式。

（2）string：表示待匹配的目标文本。

（3）maxsplit：用于指定分割的次数，默认值为 0，表示匹配指定模式并全部进行分割。

（4）flags：表示可选标识符。

split()函数调用成功后，分割出的子项会被保存到列表中并返回。以字符串 "And slowly read,and dream of the soft look" 为例，split()函数的用法如下。

**【示例 6】**　split()函数

```
import re
words = 'And slowly read,and dream of the soft look'
result = re.split(r'\s', words)                    #以"\s"分割字符串 words
print (result)                                     #分割结果
```

程序运行结果：

```
['And', 'slowly', 'read,and', 'dream', 'of', 'the', 'soft', 'look']
```

观察分割结果可知，字符串 words 中符合匹配模式的子项被存储到了列表之中。

## 11.3.8　贪婪匹配和非贪婪匹配

正则表达式中有两种匹配方式：贪婪匹配和非贪婪匹配。所谓贪婪匹配，即在条件满足的情况下，尽量多地进行匹配；反之则为尽量少地进行匹配，即非贪婪匹配。Python 中正则表达式的默认匹配方式为贪婪匹配。

以字符串 "And slowly read,and dream of the soft look" 为例，假设使用正则表达式 "and\s.*" 对该字符串进行匹配，则代码如下。

**【示例 7】**　贪婪匹配

```
import re
words = 'And slowly read,and dream of the soft look'
result = re.search(r'and\s.*', words)
print (result.group())
```

程序运行结果：

```
and dream of the soft look
```

正则表达式 "and\s.*" 的含义为：匹配以字符串 and 开头、之后紧接一个空格、空格后有零个或多个字符的字符串。观察匹配结果，正则表达式中的 ".*" 匹配了从 "and" 开始到字符串 words 结尾的所有字符，这样的匹配便是贪婪匹配。

贪婪匹配方式也被称为匹配优先，即在可匹配可不匹配时，优先尝试匹配；非贪婪匹配方式也被称为忽略优先，即在可匹配可不匹配时，优先尝试忽略。这两种匹配方式总是体现在重复匹配中，重复匹配中使用的元字符（"?""*""+""{}"）默认为匹配优先，但当其与"?"搭配，即以"??""*?""+?""{}?"这些形式出现时，则为忽略优先。

若使用非贪婪方式，即使用正则表达式"and\s.*?"进行匹配。示例如下。

**【示例8】　非贪婪匹配**

```
import re
words = 'And slowly read,and dream of the soft look'
result = re.search(r'and\s.*?', words)
print(result.group())
```

程序运行结果：

```
and dream of the soft look
```

观察匹配结果，正则表达式中的".*"匹配了零个字符。

类似地，若使用"and\s.+"与"and\s.+?"匹配字符串 s，则匹配结果分别如下：

```
print(re.search(r'and\s.+', words).group())      #贪婪匹配
print(re.search(r'and\s.+? ', words).group())     #非贪婪匹配
```

程序运行结果：

```
and dream of the soft look
and d
```

观察以上匹配结果，可知在贪婪匹配方式中，表达式匹配了尽量多的字符；在非贪婪匹配方式中，表达式仅匹配了一个字符。

## 11.3.9　技能训练 3

**上机练习 4　　用户注册验证**

**需求说明**

在很多网站上都有注册功能，用户在使用注册功能时，需要遵守网站的注册规则。例如，一个网站的用户注册页面中包含用户名、密码、手机号等信息，其中用户名规则为：长度为 6～10 个字符，以汉字、字母或下画线开头；密码规则为：长度为 6～10 个字符，必须以字母开头，包含字母、数字、下画线；手机号规则为：我国手机号码。若用户输入的注册信息格式有误，则系统会对用户进行提示。

编写程序，模拟实现用户注册功能。

## 本章总结

本章主要介绍了正则表达式的基础知识以及 Python 中正则表达式的 re 模块，其中正则表达式的基础知识包括元字符和预定义字符集；re 模块包括预编译、匹配搜索、匹配对象、全文匹配、检索替换、文本分割、贪婪匹配等知识。通过本章的学习，希望读者能够在程序中熟练运用正则表达式。

# 本章作业

## 一、填空题

1. _____是一种描述字符串结构的语法规则，在字符串的查找、匹配、替换等方面具有很强的功能，并支持大多数编程语言。

2. 正则表达式中有两种匹配方式，分别是贪婪匹配和_____匹配。

3. _____一般在字符组中使用，表示一个范围。

4. _____匹配以字符串 arg 开头、以字符 v 或 s 结尾的内容。

5. 在 Python 中，_____模块可以使用正则表达式。

## 二、判断题

1. 在 Python 正则表达式中，\d 等价于[0-9]。（　　　）

2. match()函数会将所有符合匹配模式的结果返回。（　　　）

3. split()函数分割的子项会保存到元组中。（　　　）

4. re 模块中提供的 split()函数可使用与正则表达式模式相同的字符串分割指定文本。（　　　）

5. 字符组"[]"有"或"的含义，但它不能匹配字符串。（　　　）

## 三、选择题

1. 下列关于正则表达式的说法中，错误的是（　　　）。

    A．正则表达式由丰富的符号组成

    B．re 模块中的 compile()函数会返回一个 Pattern 对象

    C．预编译可以减少编译正则表达式的资源开销

    D．只有通过预编译的字符串才能使用正则表达式

2. 下列关于元字符功能的说法，错误的是（　　　）。

    A．"."字符可以匹配任何一个字符，除换行符外

    B．"^"字符可以匹配字符串的开始字符

    C．"?"字符表示匹配 0 次或多次

    D．"*"字符表示匹配 1 次或多次

3. 下列函数中，用于文本分割的是（　　　）。

    A．split()　　　　　B．sub()　　　　　C．subn()　　　　　D．compile()

4. 下列关于 re 模块中函数或方法的说明中，正确的是（　　　）。

    A．finditer()与 findall()功能相同，但返回的是迭代器对象 iterator

    B．compile()对正则表达式进行预编译，并返回一个 Pattern 对象

    C．split()将目标对象使用正则对象分割，成功则返回匹配对象（是一个列表），可指定最大分割次数

    D．以上全部

5. 使用"\d"匹配字符串"Python123"，匹配结果可能是（　　　）。

    A．1　　　　　　　B．o　　　　　　　C．p　　　　　　　D．以上全部

**四、编程题**

1. 请编写用于匹配 URL 的正则表达式。

2. 请编写用于匹配电子邮箱地址的正则表达式。

3. 利用正则表达判断字符串是否只有小写字母或数字。

4. 提示用户输入一个字符串，程序使用正则表达式获取该字符串中第一次重复出现的英文字母（不区分大小写）。

5. 提示用户输入一个字符串和一个子串，打印出该子串在字符串中出现的 start 和 end 位置，如果没有出现，则打印(-1,-1)。如用户输入：

```
aaadaa
aa
```

程序输出：

```
(0, 1)
(1, 2)
(4, 5)
```

# 第 12 章
# 图形用户界面编程

## 本章目标

◎  了解图形用户界面与 Python 图形用户界面开发工具。

◎  熟练使用 tkinter 基本组件，掌握如何更改 GUI 样式。

◎  熟悉几何布局管理器。

◎  掌握事件处理方式，熟练使用菜单和消息对话框组件。

## 本章简介

图形用户界面（Graphical User Interface，GUI）又称图形用户接口，是指采用图形方式显示的计算机操作系统用户界面。与早期计算机使用的命令行界面相比，图形用户界面更加直观，也更加友好，目前计算机中使用的各类应用软件基本都配有图形用户界面。Python 作为编程语言中的后起之秀，自诞生之日起便结合了诸多优秀的 GUI 工具，为图形用户界面开发提供了良好的支持。Python 中常用的 GUI 有 tkinter、wxPython、PyGTK 和 PyQt，其中 tkinter 是 Python 默认的 GUI。与其他常用 GUI 相比，tkinter 使用简单、可移植性优异，非常适合初次涉及 GUI 领域，或想了解 Python 如何实现 GUI 的开发者。本章将以 tkinter 为主对 Python 图形用户界面编程知识进行讲解。

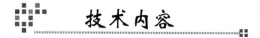

技术内容

## 12.1　tkinter概述

tkinter 是 Python 的标准 GUI 库，它是基于 Tk 工具包的接口。起初，Tk 是基于 TCL 语言设计的，后来才被移植到包括 Perl（Perl/Tk）、Ruby（Ruby/Tk）和 Python（tkinter）在内的诸多脚本语言中。Tk 和 tkinter 可以在大多数 UNIX 平台下使用，同样也可以应用于 Windows 和 mac OS 系统。

### 12.1.1　认识tkinter

tkinter 简单易用、可移植性良好，常被应用于小型图形界面应用程序的快速开发。下面简单介绍

tkinter，并通过构建一个简单的 GUI，带领大家了解 tkinter 的基础用法。

tkinter 可用于创建窗口、菜单、按钮、文本框等组件，进行 GUI 开发之前需先导入 tkinter 模块。tkinter 是 Python 的内置模块，可以使用以下两种方式导入。

方式一：

```
import tkinter
```

方式二：

```
from tkinter import *
```

我们主要使用方式二导入 tkinter 模块。

> **说明**
>
> 虽然 tkinter 很好用，但如果要开发一些大型的应用，tkinter 提供的功能还是不够，有些功能需要我们自己去实现，为此，后续出现了 wxPython、PyQt 等第三方的库，大家可以在实际的 GUI 编程中，选择性地使用适合自己的工具包。

搭建图形界面之前，需要先创建一个根窗口（也称为主窗口）。使用 tkinter 模块中 Tk 类的构造函数可以创建根窗口对象，代码如下：

```
root = Tk()
```

为保证能随时接收用户消息，根窗口应进入消息循环，使 GUI 程序总是处于运行状态，具体代码如下：

```
root.mainloop()
```

在 Python 解释器中执行导入 tkinter 模块和创建根窗口的代码，此时创建的根窗口是一个空窗口，如图 12-1 所示。

图 12-1　根窗口

可以通过如下方法设置根窗口。

（1）title()：修改窗口框体的名字。

（2）resizable()：设置窗口框体可调性。

（3）geometry()：设置主窗体大小，可接收一个"宽×高+水平偏移量+竖直偏移量"格式的字符串。

（4）quit()：退出。

（5）update()：刷新页面。

图形界面程序中的根窗口类似绘图的画纸，每个程序只能有一个根窗口，但可以有多个利用 Toplevel 创建的窗口。

如果我们希望在创建窗口时，对窗口的大小进行设置，那么可以调用该窗口对象的 geometry 方法来实现，示例如下：

```
root.geometry ("200*200+100+200")
```

上述代码中，"200×200+100+200"就是设置窗口大小的数据，它对应的格式是"宽×高+水平偏移量+竖直偏移量"。

## 12.1.2 构建简单的GUI

GUI 编程的主要步骤是向根窗口中添加"元素"。图形界面窗口中含有各种各样的元素，如文本信息、按钮、文本框等，在 GUI 编程中通过添加组件的方式在根窗口中呈现这些元素。下面将构建简单的 GUI，演示如何在窗口中呈现元素。

### 1. 创建带有Label的窗口

tkinter 中最简单的组件是 Label，它用于显示一小段文本。使用 tkinter 中 Label 的构造方法 Label()可以创建 Label 组件。创建 Label 组件时首先需要为其指定父组件，即指定该组件从属于哪个组件；其次需要通过 text 属性为其提供要显示的文本。创建 GUI 窗口并显示文本信息"hello world"，示例代码如下。

【示例1】 创建带有 Label 的窗口

```
from tkinter import *
root = Tk()                            #创建根窗口
label= Label(root, text='hello world')   #创建标签 Label
label.pack()                           #将标签 Label 置入其父组
root.mainloop()
```

注意

组件可以是独立的，也可以作为容器存在。若一个组件"包含"其他组件，那么这个组件被称为父组件，其他被该组件包含的组件被称为子组件。创建组件后需先指定该组件与其他组件的从属关系，以确定组件摆放的位置，再将其添加到主窗口之中。

以上示例的第 4 行代码调用了标签对象 Label 的 pack()方法，该方法是 tkinter 模块中其他组件的通用方法，用于将组件置入其父组件之中，并告知父组件根据实际情况调整其大小。pack()方法非常重要，若创建组件后未调用该方法，则组件将无法显示。

在 Python 解释器中逐行执行以上代码，可观察到根窗口的创建、文本的显示以及根窗口的变化。最终创建的显示文本"hello world"的 GUI 如图 12-2 所示。

图 12-2 带有一个 Label 的 GUI

### 2. 变化的Label信息

Label 通常用于显示不会改变的静态文本，如版本号、版权信息等。应用程序中经常需要显示一些动态信息，如一些动态变化的说明信息、当前时间等。这里以 Label()为例，介绍如何使显示的信息产生动态变化。

（1）通过 config()方法更改 Label 信息。实现此功能最简单的方式是通过 Label 的 config()方法，利用关键字参数直接更新 Label 的 text 属性，代码如下。

【示例 2】　**通过 config()方法更改 Label 信息**

```
from tkinter import *
root =Tk()
label = Label (root, text='hello world')
label.pack()
label.config(text='hello zhangsan')
root.mainloop()
```

在 Python 解释器中逐行执行以上代码，可观察到 GUI 中文本信息的变化。若程序中只有一处需显示某个文本信息，那么"通过 config()方法更改 Label 信息"算得上一种实现信息动态变化的合理方式。但若程序中有多处需要显示同样的文本信息，则文本信息的每次变动都需要多次调用 config()方法。在此操作中很容易遗漏对某个 Label 组件文本信息的更改，那么是否能实现这种状态：多个组件使用同一个变量设置显示信息，若该变量改变，组件显示的信息是否同步变化?答案是肯定的。

（2）可变的变量。Python 中的字符串、整型、浮点型以及布尔类型都是不可变类型，为了实现组件内容的自动更新，tkinter 定义了一些可变类型，它们与 Python 不可变类型的对应关系如表 12-1 所示。

表 12-1　tkinter 类型对照表

| **Python 不可变类型** | **tkinter 可变类型** |
| --- | --- |
| string | StringVar |
| int | InVar |
| double | BooleanVar |
| bool | DoubleVar |

在 tkinter 中，可变类型数据的值通过 set()方法和 get()方法来设置和获取。可变类型数据可以就地更新，并在其值发生变化时通知相关组件以实现 GUI 的同步更新。下面以 Label 组件为例，演示可变类型变量的用法，具体代码如下。

【示例 3】　**可变的变量**

```
from tkinter import *
root = Tk()
data = StringVar()                                      #创建可变类型数据
data.set('hello world')                                 #设置可变数据 data 的值
label = Label (root, textvariable=data)                 #使用可变数据创建 Label 组件
label.pack()
root.mainloop()
```

📎**注意**

以上代码中创建 Label 组件时设置的是 Label 的 textvariable 属性而非 text 属性。使用以上代码创建 Label 组件后，只要使用 set()方法修改可变数据 data 的值，Label 组件显示的内容便会随之自动更新。

### 3．框架Frame

图形用户界面中的组件比较丰富，为方便组织组件，通常将相关组件放在一个容器中，以创建一个拥有多个插件的 GUI。此时，会用到框架（Frame）。

Frame 默认是一个不可见组件，它用于组织其他组件不在屏幕上显示。创建一个容纳三个标签的 Frame，具体代码如下。

【示例 4】　**框架 Frame**

```
from tkinter import *

root = Tk()
frame = Frame(root)                                           # 创建框架
frame.pack()
```

```
first_label = Label(frame, text='first label')          # 创建标签并添加到框架中
first_label.pack()
second_label = Label(frame, text='second label')        # 创建标签并添加到框架中
second_label.pack()
third_label = Label(frame, text='third label')          # 创建标签并添加到框架中
third_label.pack()
root.mainloop()
```

以上程序使用一个 Frame 容纳三个标签，再将 Frame 置入根窗口 root 中。需要注意，程序中创建的每个组件都需要通过 pack() 方法置入根窗口中，否则将无法正常显示。

程序运行结果如图 12-3 所示。图 12-3 中的界面包含一个根窗口、一个框架和三个标签，界面的架构如图 12-4 所示。

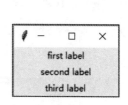

图 12-3　程序运行结果

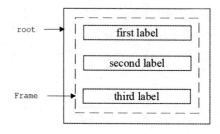

图 12-4　GUI 架构图

当然，这里与直接将三个标签放入根窗口有同样的效果，实际中一般会利用多个 Frame 对组件进行分组排布。例如，使用两个 Frame 分别容纳这三个标签，并为 Frame 添加边框，具体代码如下。

【示例 5】　为 Frame 添加边框

```
from tkinter import *

root = Tk()
# 创建第 1 个框架
frame = Frame(root)
frame.pack()
# 创建第 2 个框架，并设置框架边框与样式
frame2 = Frame(root, borderwidth=4, relief=GROOVE)
frame2.pack()
first_label = Label(frame, text=' first label')
first_label.pack()
second_label = Label(frame2, text=' second label')
second_label.pack()
third_label = Label(frame2, text='third label')
third_label.pack()
root.mainloop()
```

以上代码添加了第 2 个框架 frame2，设置其边框宽度为 4，样式为 GROOVE，并将标签 second_label、third_label 添加到该框架中。程序运行结果如图 12-5 所示。

图 12-5　带有两个 Frame 的 GUI

### 4．文本框

除显示文本信息的 Label 外，接收用户输入的文本框 Entry 也是 tkinter 模块中十分常用的组件。

Entry 组件可接收用户输入的单行文本，若该组件与可变数据关联，程序能根据用户的输入自动更新数据；若可变数据又与 Label 组件关联，用户便可主动修改 Label 显示的信息。下面将实现一个具有以上功能的程序，具体代码如下。

**【示例 6】　文本框 Entry**

```
from tkinter import *
root = Tk()
frame = Frame(root)
frame.pack()
data = StringVar()                          #定义可变数据 data
label = Label(frame, textvariable=data)     #创建 Label 组件，并将其与 data 关联
label.pack()
entry = Entry(frame, textvariable=data)     #创建 Entry 组件，并将其与 data 关联
entry.pack()
root.mainloop()
```

执行以上程序，程序将生成如图 12-6(a)所示的图形用户界面。在图 12-6(a)所示界面的文本框中输入信息，界面的 Label 组件将实时显示文本框中的信息，具体如图 12-6(b)所示。

(a)程序执行结果　　　　　　　　　　　　(b)实时更新效果

图 12-6　带有 Label、Entry 且与 data 关联的 GUI

**知识拓展：MVC 设计模式**

前面小节中实现的带有 Label、Entry 组件的 GUI 程序是一个符合 MVC 设计模式的程序。MVC 全称为 Model-View-Controller，即模型-视图-控制器，按照此种设计模式设计程序时会将应用程序的输入、处理和输出分开，把程序分成三个核心部分：模型、视图和控制器，如此开发人员可使每个核心处理自己的任务。MVC 设计模式中这三个核心部分的具体任务分别如下。

（1）模型：应用程序核心，用于处理应用程序数据逻辑的部分。

（2）视图：应用程序中显示数据的部分，通常根据模型数据创建。

（3）控制器：应用程序中处理用户交互的部分。通常负责从视图读取数据，根据用户输入内容修改数据并将数据发送给模型。

MVC 设计模式的框架如图 12-7 所示。

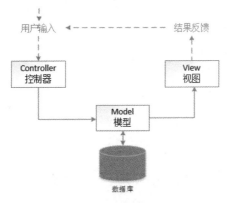

图 12-7　MVC 设计模式框架示意

显然 12.1 节实现的 Entry 示例程序中的 data 对应程序的模型部分，Label 组件与 Entry 组件对应程序的视图，而控制器则依托于 tkinter 模块中 StringVar()函数创建的可变数据的内部逻辑。

## 12.2 tkinter组件概述

窗口用于承载程序中的各个组件，组件则是构成图形用户界面的基础元素，本节将对 tkinter 组件的相关知识进行简单讲解。

### 12.2.1 tkinter核心组件

tkinter 模块提供了许多组件，其中最核心的 15 个组件及其描述如表 12-2 所示。

表 12-2　tkinter 核心组件

| 组　件 | 描　述 |
|---|---|
| Button | 按钮。类似标签，但支持额外的功能，如鼠标掠过、按下、释放等操作 |
| Canvas | 画布。在其中可绘制图形 |
| Checkbutton | 复选框。一组方框，支持选择多个选项 |
| Entry | 文本框。单行文字区域，用来接收、显示键盘输入 |
| Frame | 框架。用于组织其他组件，将多个组件组成一组 |
| Label | 标签。可以显示文本或图片 |
| Listbox | 列表框。一个选项列表 |
| Menu | 菜单。单击后弹出一个选项列表 |
| Menubutton | 菜单按钮。可以用 Menu 替代 |
| Message | 消息框。类似 Label，但可根据自身大小使文本换行 |
| Radiobutton | 单选按钮。包含一组按钮，仅支持单项选择 |
| Scale | 滑块。可设置起始值和结束值，会显示当前位置的精确值 |
| Scrollbar | 滚动条。配合 Canvas、Entry、Listbox 和 Text 窗口组件使用的标准滚动条 |
| Toplevel | 窗口组件。用来创建子窗口 |
| Text | 文本域。多行文字区域，用来接收、显示键盘输入 |

表 12-2 中的组件都由其同名类定义，使用类的构造方法可以创建相应的组件对象。这些类的构造方法都有相同的语法格式，以 Button 为例，其构造方法的语法格式如下：

```
Button (master=None, cnf={}, **kw)
```

以上语法格式中的 Button 为组件名，参数 master 用于指定该组件对象所属的组件，即指定其父组件；参数 cnf 是一个字典，以"键-值"的形式设置组件对象的属性，属性之间以逗号分隔。调用组件类的构造方法，可以创建一个从属于组件 master 的组件。

### 12.2.2 组件的通用属性

tkinter 组件具有一些通用属性，如与组件大小相关的宽（width）和高（height），与组件外观相关的颜色、字体、样式，以及与位置相关的锚点等。为帮助读者理解后续内容，这里先对与组件通用属性相关的知识进行讲解。

#### 1. 组件大小

组件的大小默认由组件的内容决定，但开发人员可通过组件的 width 和 height 属性设置组件的尺寸。

#### 2. 组件颜色

程序中通常使用十六进制数字表示颜色，例如，"#FFF"表示白色、"#FFFF00"表示黄色、"#00FFFF"表示青色。

### 3．组件字体

组件的字体通过属性 font 设置，该属性是一个三元组，组内元素依次为表示字体名称的字符串、表示字体大小的数字和表示字体附加信息（如样式）的字符串。例如，设置字体为 italic、字体大小为 12、使用下画线样式的 font 属性，具体示例如下：

```
font = ('italic',12, 'italic underline')
```

### 4．锚点

锚点是用来定义组件中文本相对位置的参考点，组件的 anchor 属性用于设置锚点，即设置组件的停靠位置。常用的锚点常量及其对应的方位如图 12-8 所示。

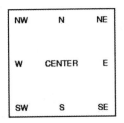

**图 12-8　锚点常量对应方位**

### 5．组件样式

组件的样式指其立体表现形式，通过 relief 属性设置，该属性的取值为常量，常用取值有 FLAT、RAISED、SUNKEN、GROOVE、RIDGE 和 SOLID。以 Button 为例，定义 6 个从属于根窗口 root、但具有不同样式的按钮，具体代码如下。

**【示例 7】　组件的立体样式**

```
from tkinter import *

root = Tk()
button_one = Button(root, text="Button1", relief=FLAT)
button_one.pack()
button_two = Button(root, text="Button2", relief=RAISED)
button_two.pack()
button_three = Button(root, text="Button3", relief=SUNKEN)
button_three.pack()
button_four = Button(root, text="Button4", relief=GROOVE)
button_four.pack()
button_five = Button(root, text="Button5", relief=RIDGE)
button_five.pack()
button_six = Button(root, text="Button6", relief=SOLID)
button_six.pack()
root.mainloop()
```

以上按钮在窗口中的效果如图 12-9 所示。

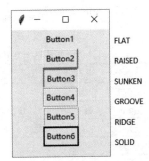

**图 12-9　组件样式效果图**

### 6. 位图

tkinter 内置了一些位图，通过 bitmap 属性可以在组件中显示位图。bitmap 属性取值及该值对应的位图如表 12-3 所示。

表 12-3　bitmap 属性取值及对应位图

| bitmap 值 | 位　图 | bitmap 值 | 位　图 |
|-----------|--------|-----------|--------|
| error | | hourglass | |
| gray75 | | info | |
| gray50 | | questhead | |
| gray25 | | question | |
| gray12 | | warning | |

tkinter 模块支持以下三种方式设置组件属性。

（1）在创建组件对象时，通过构造方法的参数设置属性，代码如下：

```
button = Button(top, text = "clock")
```

（2）创建组件对象后，使用字典索引的方式设置属性，代码如下：

```
button["text"]= "unclock"
```

（3）使用组件对象的 config()方法一次更新多个属性，代码如下：

```
button.config(text = "undlock", relief = FLAT)
```

## 12.3　基础组件

搭建图形用户界面的主要步骤即向窗口中添加组件，tkinter 中常用的基础组件有标签（Label）、按钮（Button）、复选框（Checkbutton）、文本框（Entry）、单选按钮（Radiobutton）、列表框（Listbox）和文本域（Text）等。组件构造方法的语法格式此处不再赘述，本节主要介绍基础组件的常用属性。

### 12.3.1　标签

标签（Label）组件用于显示信息。使用 Label 类的构造方法 Label()可创建标签。Label 组件的常用属性及说明如表 12-4 所示。

表 12-4　Label 组件的常用属性及说明

| 属　性 | 说　明 |
|--------|--------|
| background | 标签背景颜色 |
| borderwidth | 标签边框宽度（单位为像素），默认是 2 |
| foreground | 正常前景（文字）颜色 |
| height | 标签的高度 |
| width | 标签的宽度 |

| 属　性 | 说　明 |
|---|---|
| image | 要显示在标签上的图像 |
| padx | 文本左侧和右侧的附加填充 |
| pady | 文本上方和下方的附加填充 |
| state | 标签状态，其值可以是 NORMAL、ACTIVE、DISABLED |

## 12.3.2　按钮

按钮（Button）组件是 tkinter 的标准控件，该控件可展示文本或图片并与用户交互。Button 组件通过 Python 函数实现与用户的交互，按钮在被创建时可与函数绑定，若用户对按钮进行操作，如单击按钮，相应操作将被启动。

使用 Button 类的构造方法 Button()可创建按钮对象，Button 组件的常用属性及其说明如表 12-5所示。

表 12-5　Button 组件的常用属性及说明

| 属　性 | 说　明 |
|---|---|
| activebackground | 鼠标悬停时按钮的背景色 |
| activeforeground | 鼠标悬停时按钮的前景色 |
| background | 背景颜色 |
| borderwidth | 边框宽度（单位为像素），默认值为 2 |
| foreground | 正常前景（文字）颜色 |
| height | 高度（用于文本按钮）或像素（用于图像） |
| width | 宽度（用于文本按钮）或像素（用于图像） |
| image | 要显示在标签上的图像 |
| padx | 文字左侧和右侧的附加填充 |
| pady | 文本上方和下方的附加填充 |
| text | 按钮要显示的内容 |
| command | 单击按钮时触发的动作 |

若希望单击按钮后执行一定的操作，可以使用command 属性设置回调函数。例如：

### 【示例 8】　Button 组件

```python
from tkinter import *
root = Tk()
def callback():
    print('学习 Python ')
button = Button(root, text='人生苦短，我用 Python', command=callback)
button.pack()
root.mainloop()
```

以上代码创建了一个按钮组件，通过 text 属性设置了按钮显示的文字，通过 command 属性指定了按钮的回调函数 callback()，按钮被单击后将会调用 callback()函数打印"学习 Python"。

运行代码，效果如图 12-10 所示。单击图 12-10 中的按钮，将会打印"学习 Python"。

图 12-10　按钮示例效果

### 12.3.3 复选框

使用 tkinter 中的构造方法 Checkbutton()可以创建复选框组件 Checkbutton，复选框组件中包含多个选项，支持多选。Checkbutton 组件的常用属性及说明如表 12-6 所示。

表 12-6　Checkbutton 组件的常用属性及说明

| 属　性 | 说　明 |
| --- | --- |
| background | 复选框背景颜色 |
| foreground | 文字颜色，值为颜色名称或者颜色代码，如'red'、'#000' |
| activebackground | 鼠标滑过时复选框的背景颜色 |
| activeforeground | 鼠标滑过时复选框的前景颜色 |
| borderwidth | 边框的宽度，默认是 2 像索 |
| command | 单击复选框时触发的动作 |
| image | 复选框文本图形图像显示 |
| highlightcolor | 复选框高亮边框颜色，当复选框获取焦点时显示 |
| justify | 如果文本包含多行，此选项可控制文本居中（CENTER，默认）、靠左（LEFT）或靠右（RIGHT） |
| padx | 复选框与文本内容的左边距或右边距，默认值是 1 像素 |
| pady | 复选框与文本内容的上边距或下边距，默认值是 1 像素 |
| state | 指定复选框的状态 |
| text | 单选按钮旁边的文本。多行文本可以用"\n"来换行 |
| variable | 指定复选框选中时设置的变量名，这个必须是全局的变量名 |
| width | 字符中的标签宽度，若未设置此选项，则标签将按内容多少进行调整 |
| height | 文本占的行高度，默认是 1 行的高度 |

Checkbutton 组件示例如下。

🔴【示例 9】　Checkbutton 组件

```
from tkinter import *
top= Tk()
label= Label(top, text = '请选择您喜欢的球类运动： ')
label.pack ()
check_one = Checkbutton(top, text = "足球",height = 2,width =20)
check_two = Checkbutton(top, text = "篮球",height = 2,width = 20)
check_three = Checkbutton(top, text = "排球",height = 2,width = 20)
check_one.pack()
check_two.pack()
check_three.pack()
top.mainloop()
```

程序运行结果如图 12-11 所示。

图 12-11　复选框示例效果

### 12.3.4　文本框

文本框（Entry）用于接收单行文本信息，使用 Entry 类的构造方法 Entry()可创建文本框对象。Entry 组件的常用属性及说明如表 12-7 所示。

表 12-7　Entry 组件的常用属性及说明

| 属　　性 | 说　　明 |
|---|---|
| background | 文本框背景颜色 |
| borderwidth | 文本框边框宽度 |
| foreground | 文字颜色，值为颜色名称或者颜色代码，如'red'、'#ff0000' |
| highlightthickness | 文本框高亮边框的宽度 |
| highlightbackground | 文本框高亮边框颜色\当文本框未获取焦点时显示。只有设置了 highlightthickness 属性，设置该属性才会有效 |
| highlightcolor | 文本框高亮边框颜色，当文本框获取焦点时显示。只有设置了 highlightthickness 属性，设置该属性才会有效 |
| selectbackground | 选中文字的背景颜色 |
| show | 可在需要隐藏文本时设置文本显示为其他字符，如显示为星号，可设置 show='*' |
| textvariable | 文本框的值，是一个 StringVar()对象 |
| width | 文本框宽度 |
| xscrollcommand | 文本框水平滚动。设置这个选项为水平滚动条的方法是 set() |

需要注意，Entry 组件只有 width 属性，没有 height 属性。Label 组件和 Entry 组件常被用于搭建登录界面的身份认证部分。例如：

【示例 10】　Entry 组件

```
from tkinter import *

root = Tk()
# 用户名
frame_usname = Frame(root)
frame_usname.pack()
label_usname = Label(frame_usname, text='用户名：')
label_usname.pack(side=LEFT)
entry_usname = Entry(frame_usname, bd=5)
entry_usname.pack(side=RIGHT)
# 密码
frame_passwd = Frame(root)
frame_passwd.pack()
label_passwd = Label(frame_passwd, text='密码：')
label_passwd.pack(side=LEFT)
entry_passwd = Entry(frame_passwd, bd=5, show='*')
entry_passwd.pack(side=RIGHT)
root.mainloop()
```

运行程序，在 Entry 中输入用户名和密码，效果如图 12-12 所示。

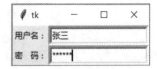

图 12-12　身份认证

### 12.3.5　单选按钮

Python 中的 Radiobutton 为单选按钮，该组件包含一组选项，仅支持单选。Radiobutton 的常用属性及说明如表 12-8 所示。

表 12-8　Radiobutton 的常用属性及说明

| 属　性 | 说　明 |
|---|---|
| background | 文本框背景颜色 |
| foreground | 文字颜色，值为颜色名称或者颜色代码，如'red'、'#ff0000' |
| activebackground | 当鼠标悬停时单选按钮的背景颜色 |
| activeforeground | 当鼠标悬停时单选按钮的前景颜色 |
| borderwidth | 边框的宽度，默认值是 2 像素 |
| command | 单击该按钮时触发的动作 |
| image | 单选按钮文本图形图像显示 |
| highlightbackground | 文本框高亮背景颜色 |
| highlightcolor | 文本框高亮边框颜色 |
| justify | 如果文本包含多行，此选项将控制文本居中（CENTER）、默认、靠右（LEFT）、靠右（RIGHT） |
| padx | 单选按钮与文本内容的左边距或右边距，默认值是 1 像素 |
| pady | 单选按钮与文本内容的上边距或下边距，默认值是 1 像素 |
| state | 默认值为 NORMAL，表示响应鼠标或键盘事件；鼠标悬停时值变为 ACTIVE；若设置为 DISABLED，则文本域不再响应鼠标或键盘事件 |
| text | 单选按钮旁边的文本。多行文本可以用 "\n" 来换行 |
| value | 指定单选按钮关联的值 |
| variable | 指定单选按钮被选中时设置的变量名，必须是全局的变量名，使用 get()函数可以获取 |
| width | 字符中的标签宽度。若未设置此选项，则标签将按其内容多少进行调整 |

下面看一个 Radiobutton 组件的使用案例，具体代码如下。

**【示例 11】　Radiobutton 组件**

```
from tkinter import *
def sel():
    selection = "You selected the Option " + str(var.get())
    label.config(text=selection)
root = Tk()
var = IntVar()
radio_button_one = Radiobutton(root, text="Option 1", variable=var, value=1,
command=sel)
radio_button_one.pack()
radio_button_two = Radiobutton(root, text="Option 2", variable=var, value=2,
command=sel)
radio_button_two.pack()
radio_button_three = Radiobutton(root, text="Option 3", variable=var, value=3,
command=sel)
radio_button_three.pack()
label = Label(root)
label.pack()
root.mainloop()
```

程序运行结果如图 12-13 所示。

 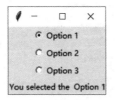 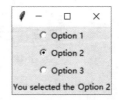 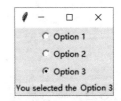

图 12-13　Radiobutton 示例

## 12.3.6　列表框Listbox

Listbox 组件用于显示一个项目列表，使用 tkinter 中的构造方法 Listbox()可以创建列表框组件。Listbox 组件的常用属性及说明如表 12-9 所示。

表 12-9　Listbox 组件的常用属性及说明

| 属　　性 | 说　　明 |
| --- | --- |
| background | 列表框背景颜色 |
| foreground | 文字颜色，值为颜色名称或者颜色代码，如'red'、'#ff0000' |
| height | 列表框的高度，单位是行的高度，而不是像素 |
| highlightcolor | 当组件突出重点时，重点显示的颜色 |
| selectbackground | 显示选定文本的背景颜色 |
| width | 字符中的组件的宽度，默认值为 20 像素 |
| xscrollcommand | 如果允许用户水平滚动列表框，可以把列表框组件链接到一个水平滚动条 |
| yscrollcommand | 如果允许用户垂直滚动列表框，可以把列表框组件链接到一个垂直滚动条 |

下面看一个 Listbox 组件的使用案例。

【示例 12】　Listbox 组件

```
from tkinter import *

top = Tk()
list_box = Listbox(top)
list_box.insert(1, "Python")
list_box.insert(2, "Perl")
list_box.insert(3, "C")
list_box.insert(4, "PHP")
list_box.insert(5, "JSP")
list_box.insert(6, "Ruby")
list_box.pack()
top.mainloop()
```

程序运行结果如图 12-14 所示。

图 12-14　列表框示例

## 12.3.7　文本域Text

Text 组件主要用于显示和处理多行文本，也常被用作简单的文本编辑器和网页浏览器。使用 Text 类的构造方法 Text()可创建多行文本框对象。Text 组件的常用属性及说明如表 12-10 所示。

表 12-10　Text 组件的常用属性及说明

| 属　　性 | 说　　明 |
| --- | --- |
| background | 文本框背景颜色 |

续表

| 属 性 | 说 明 |
|---|---|
| borderwidth | 多行文本框边框宽度 |
| foreground | 文字颜色，值为颜色名称或者颜色代码，如'red'、'#ff0000' |
| highlightthickness | 多行文本框高亮边框的宽度 |
| highlightbackground | 多行文本框高亮边框颜色，当文本框未获取焦点时显示，只有设置了 highlightthickness 属性，设置该属性才会有效 |
| highlightcolor | 多行文本框高亮边框颜色，当文本框获取焦点时显示，只有设置了 highlightthickness 属性，设置该属性才会有效 |
| selectbackground | 选中文字的背景颜色 |
| state | 默认值为 NORMAL，表示响应鼠标或键盘事件；鼠标悬停时值变为 ACTIVE；若设置为 DISABLED，则文本域不再响应鼠标或键盘事件 |
| show | 可在需要隐藏文本时设置文本显示为其他字符，如显示为星号，则设置 show='*' |
| width | 文本框宽度 |
| xscrollcommand | 文本框窗口水平滚动 |
| yscrollcommand | 文本框窗口垂直滚动 |

使用 Text()方法创建文本框，并设置其尺寸和背景颜色，具体代码如下。

**【示例 13】 Text 组件**

```
from tkinter import *

root = Tk()
label = Label(root, text='意见栏')
label.pack()
text = Text(root, width=30, height=5)
text.pack()
root.mainloop()
```

运行程序，在 Text 组件中输入信息，效果如图 12-15 所示。

图 12-15　Text 示例

## 12.4　几何布局管理器

为了构造友好的图形用户界面，图形窗口中的组件需要通过几何布局管理器合理布局。tkinter 支持三种几何布局管理器，分别是 pack、grid 和 place。在同一个父窗口中只能使用一种几何布局管理器，下面将对这几种布局管理器进行介绍。

### 12.4.1　pack布局管理器

pack 可视为一个容器，调用了 pack()方法的组件将被添加到指定的父组件中。pack()方法可接收参数，以调整组件的布局属性。pack()方法常用的布局属性如下。

（1）expand：设置组件填充方式，如果设置为 True，则组件进行扩展填充。

（2）ill：设置组件是否填充额外空间，取值可以为 none、x、y 或者 both。

（3）side：设置组件的分布方式，取值可以为 TOP（默认）、BOTTOM、LEFT 或 RIGHT。

下面通过示例演示 pack() 的使用方法，具体代码如下。

【示例 14】　pack 布局管理器

```
from tkinter import *

root = Tk()
button_one = Button(text='按钮 1')
button_one.pack(side=LEFT)
button_two = Button(text='按钮 2')
button_two.pack(side=RIGHT)
button_three = Button(text='按钮 3')
button_three.pack(side=TOP)
button_four = Button(text='按钮 4')
button_four.pack(side=BOTTOM)
root.mainloop()
```

程序运行结果如图 12-16 所示。

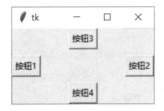

图 12-16　pack 布局管理器示例

## 12.4.2　grid 布局管理器

grid 布局管理器将父组件分隔成一个二维表格，子组件放置在由行/列确定的单元格中，可以跨越多行/列；grid 布局管理器中的列宽由本列中最宽的单元格确定。grid 布局如图 12-17 所示。

| Label-01 | Entry-01 | Button |
|----------|----------|--------|
| Label-02 | Entry-02 | |

图 12-17　grid 布局示例

图 12-17 所示的 grid 是一个 2 行 3 列的表格，其中包含以下 5 个组件。

（1）Label-01：位于 0 行 0 列，占据一个单元格。

（2）Label-02：位于 1 行 0 列，占据一个单元格。

（3）Entry-01：位于 0 行 I 列，占据一个单元格。

（4）Entry-02：位于 1 行 1 列，占据一个单元格。

（5）Button：位于 0 行 2 列，占据两个单元格。

使用组件属性的 grid() 方法可以实现 grid 布局，该方法具有以下属性。

（1）row：表示组件所在行。

（2）column：表示组件所在列。

（3）rowspan：表示组件占据的行数。

在程序中实现以上布局，具体代码如下。

【示例 15】　grid 布局管理器

```
from tkinter import *
```

```
root = Tk()
Label(root, text="First").grid(row=0)              # 位于第 1 行的标签组件
Label(root, text="Second").grid(row=1)             # 位于第 2 行的标签组件
entry_one = Entry(root)
entry_two = Entry(root)
button = Button(root, text='计算', height=2)        # 按钮的高度占据两行
button.grid(row=0, column=2, rowspan=2)            # 按钮位于第 1 行第 2 列，且跨 2 行
entry_one.grid(row=0, column=1)                    # 位于第 1 行，第 2 列的文本框
entry_two.grid(row=1, column=1)                    # 位于第 2 行，第 2 列的文本框
root.mainloop()
```

程序运行结果如图 12-18 所示。

图 12-18　grid 布局示例

### 12.4.3　place布局管理器

place 布局管理器可以将组件放在一个特定位置，它分为绝对布局和相对布局，与 pack 和 grid 相比，place 更加灵活。通过组件的 place()方法可以实现 place 布局管理，该方法的常用属性如下。

（1）anchor：组件其他选项的确切位置。

（2）relx,rely：相对窗口宽度和高度的位置，取值范围是[0,1,0]。例如，relx=0, rely=0 位置为左上角，relx=0.5, rely=0.5 位置为屏幕中心。

（3）x,y：绝对布局的坐标，单位为像素。

下面演示 place()的使用方法，具体代码如下。

【示例 16】　place布局管理器

```
from tkinter import *
from tkinter.messagebox import *
root = Tk()
def hello_call_back():
    showinfo("Hello Python", "Hello World")
button = Button(root, text="Hello", command=hello_call_back)
button.pack()
button.place(relx=0.5, rely=0.5, anchor=CENTER)
root.mainloop()
```

以上代码创建了一个按钮，并使用 place()方法将按钮置于窗口中心。程序运行结果如图 12-19 所示。

图 12-19　place 布局示例

## 12.5　事件处理

使用组件搭建的界面是静态界面，创建界面的目的是为用户与程序交互提供便利，因此界面应能接收用户操作，并根据不同操作展示出程序对操作的不同反馈。tkinter 中将用户操作称为事件，如单击鼠标、移动鼠标、通过键盘输入数据等，若希望应用可以根据不同的操作执行不同的功能，就需要在程序中对事件进行处理。tkinter 支持两种事件处理方式，下面分别对这两种方式进行讲解。

### 12.5.1　command事件处理方式

程序对事件的处理通常在函数或方法中实现，简单的事件可通过组件的 command 选项绑定，当有事件产生时，相应组件 command 选项绑定的函数或方法就会被触发。下面以 Button 为例演示如何使用 command 选项处理事件，具体代码如下。

【示例 17】　command 选项处理事件

```
from tkinter import *
def change(label):
    label['text'] = 'hello world'
root = Tk()
lb = Label(root, text='事件处理示例')
lb.pack()
bt = Button(root, text='更改', command=lambda: change(lb))
bt.pack()
root.mainloop()
```

以上代码创建了一个包含 Label 组件和 Button 组件的 GUI，Button 组件的 command 选项接收回调函数 change()，该函数的功能是修改 Label 组件中显示的文本。当用户单击按钮时，change()函数将被调用，Label 中的文本被修改为"hello world"。

运行代码，程序初始界面和单击后的界面分别如图 12-20(a)和 12-20(b)所示。

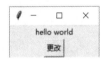

（a）程序初始界面　　　　　　　　　　　　　　　（b）单击后界面

图 12-20　command 绑定事件示例

### 12.5.2　bind事件处理方式

command 方式简单易用，但它存在以下局限性：

（1）无法为具体事件绑定事件处理方法。

（2）无法获取事件的相关信息。

为了解决以上问题，tkinter 提供了更加灵活的事件处理方式——bind 绑定事件处理方式，此种方式通过组件的 bind()方法实现，该方法的语法格式如下：

```
bind (event, handler)
```

若组件通过 bind()方法绑定了某个事件，则该事件发生后程序将调用 handler 处理事件。在学习 bind()的用法之前，先介绍 tkinter 中的事件。

tkinter 中的事件使用字符串描述，其基本语法格式如下：

```
<modifier-type-detail>
```

以上格式中的 type 是事件字符串的关键部分，用于描述事件的种类（鼠标事件、键盘事件等）；modifer 代表事件的修饰部分，如单击、双击等；detail 代表事件的详情，如鼠标左键、右键、滚轮等。

事件各项取值如表 12-11 和表 12-12 所示。

表 12-11　type 取值

| type | 含　义 |
| --- | --- |
| Activate | 组件从"未激活"到"激活"触发的事件 |
| Button | 单击鼠标触发的事件，detail 可以指定具体的哪个按键： |
|  | \<Button-1\>鼠标左键 |
|  | \<Button-2\>鼠标中键 |
|  | \<Button-3\>鼠标右键 |
|  | \<Button-4\>滚轮上滚 |
|  | \<Button-5\>滚轮下滚 |
| ButtonRelease | 用户释放鼠标按键触发的事件 |
| KeyPress | 用户按下键盘按键触发的事件 |
| Configure | 组件尺寸发生变化时触发的事件，detail 可指定哪个按键 |
| Enter | 鼠标进入组件触发的事件。注意，这里指的不是用户按下 Enter 键 |
| Motion | 鼠标在组件内移动的整个过程都会触发的事件 |

表 12-12　modifer 取值

| modifier | 含　义 |
| --- | --- |
| Alt | 当按下 Alt 键时 |
| Any | 表示任何类型的按钮被按下时 |
| Control | 当按下 Ctrl 键时 |
| Double | 当后续两个事件被连续触发的时候。例如，\<Double-Button-1\>表示鼠标左键的双击事件 |
| Shift | 当按下 Shift 按健时 |
| Triple | 跟 Double 类似，它表示的是 3 个事件被连续触发 |

下面罗列一些 tkinter 事件中常用的组合键。

（1）\<Any-Key-x\>：任何一个按键+x。

（2）\<Alt-Key-x\>：Alt+x。

（3）\<Control-Key-x\>：Ctrl+x。

（4）\<Shift- Key-x\>：Shift+x。

（5）\<Alt-Button-l\>：Alt+鼠标左键。

（6）\<Control-Button-1\>：Ctrl+鼠标左键。

（7）\<Shift-Button-1\>：Shift+鼠标左键。

bind 事件处理方式的示例代码具体如下。

**【示例 18】　bind 事件处理方式**

```
from tkinter import *
from tkinter.messagebox import *
def handler(event):
    showinfo("点到了", '你好！')
root = Tk()
button = Button(root, text='点我呀')
button.bind('<Button-1>', handler)
button.pack()
root.mainloop()
```

以上代码的运行结果与事件处理结果分别如图 12-21(a)和 12-21(b)所示。

(a) 程序运行结果 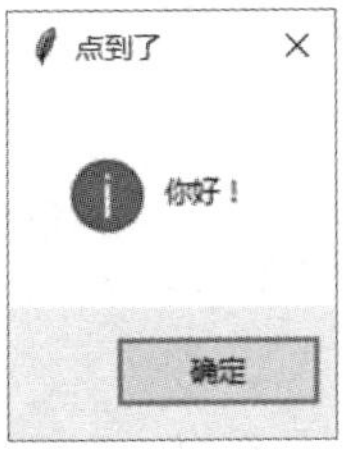　　　　　　　　　　　(b) 事件处理结果

图 12-21　bind 事件处理示例

tkinter 还允许将事件绑定在类上，如此这个类的任何一个实例都会触发事件，格式如下：

```
widget.bindclass('widget', event, handler)
```

如果希望将一个事件绑定在程序的所有组件上，可以使用 bind_all()函数，具体代码如下：

```
widget.bind_all('widget', event, handler)
```

**知识拓展：事件对象及属性**

事件对象是一个标准的 Python 对象，拥有大量的属性去描述事件。事件对象的常用属性如表 12-13 所示。

表 12-13　事件对象的常用属性

| 属　　性 | 含　　义 |
| --- | --- |
| widget | 触发事件的组件 |
| x,y | 当前的鼠标位置，单位：像素名 |
| x_root,y_root | 当前鼠标位置相对于屏幕左上角的位置，单位：像素 |
| char | 字符代码（仅键盘事件）字符串的格式 |
| keysym | 按键名（仅键盘事件） |
| keycode | 按键码（仅键盘事件） |
| num | 按钮数字（仅鼠标事件） |
| width/height | 组件的新形状（仅 configure 事件） |
| type | 事件类型 |

当事件为<Key>、<KeyPress>、<KeyRelease>时，detail 可以通过设置具体的按键名（keysym）来筛选，例如，<Key-H>表示按下键盘上的大写字母 H 时触发事件。表 12-14 所示为键盘的按键名和按键码。

表 12-14　键盘的按键名和按键码

| 按键名 | 按键码 | 代表的按键 |
| --- | --- | --- |
| Alt_L | 64 | 左边的 Alt 按键 |
| Alt_R | 113 | 右边的 Alt 按键 |
| BackSpace | 22 | BackSpace（退格）按键 |
| Control_L | 37 | 左边的 Ctrl 按键 |
| Control_R | 109 | 右边的 Ctrl 按键 |
| Delete | 107 | Delete 按键 |
| End | 103 | End 按键 |
| Cancel | 110 | Break 按键 |

### 12.5.3 技能训练

**上机练习 1　秒表计时器**

**需求说明**

秒表计时器是一种测时仪器，常用于体育比赛或一些科研项目中的时间测量。图 12-22 所示的是一个简易秒表计时器，该计时器包含时间显示和 4 个功能按钮："开始""停止""重置""退出"。若单击"开始"按钮，则秒表计时器开始计时；若单击"停止"按钮，则秒表计时器暂停计时；若单击"重置"按钮，则秒表计时器计时归零；若单击"退出"按钮，则关闭秒表计时器。

图 12-22　秒表计时器

本案例要求使用 tkinter，实现如图 12-22 所示的秒表计时器。

## 12.6　菜单

菜单是图形化窗口中各项功能的快速入口，是窗口的基础组件之一。图形窗口中的菜单分为顶级菜单、下拉菜单和弹出菜单三种，下面分别对这三种菜单的创建方式进行讲解。

### 12.6.1 顶级菜单

顶级菜单是图形窗口中最基础的菜单，此种菜单一般包含多个选项，并固定显示于窗口顶部。Python 使用 tkinter 模块中 Menu 类的 Menu() 方法创建顶级菜单对象，使用菜单对象的 add_command() 方法为其添加选项，并使用窗口组件的 menu 属性将菜单添加到窗口。

下面创建一个包含 4 个选项的顶级菜单，代码如下。

**【示例 19】　顶级菜单**

```
from tkinter import *
root = Tk()                                    # 创建窗口
menu = Menu(root)                              # 创建菜单
def callback():
    print('this is menu')
for item in ['文件', '编辑', '视图', '格式']:      # 为菜单添加选项
    menu.add_command(label=item, command=callback)
root['menu'] = menu
root.mainloop()
```

以上代码在创建窗口组件 root 后首先使用 Menu() 方法新建菜单组件 menu，然后在 for 循环中用 add_command() 方法来为其添加选项，同时利用 add_command() 方法的参数 label 和 command 分别为菜单项指定名称和回调方法，最后使用 menu 属性将菜单 menu 指定为窗口 root 的菜单。程序运行结果如图 12-23 所示。

图 12-23　顶级菜单示例

## 12.6.2　下拉菜单

顶级菜单的每个选项可以拥有子菜单，使用菜单对象的 add_cascade()方法，可以将一个菜单与另一个菜单的选项级联，为菜单的选项创建子菜单（也称为下拉菜单）。下面创建一个包含顶级菜单的窗口，并为顶级菜单的每个选项添加下拉菜单，代码如下。

【示例 20】　下拉菜单

```python
from tkinter import *

root = Tk()         # 创建主窗口
menu = Menu(root)   # 创建顶级菜单
fmenu = Menu(menu)  # 子菜单 1
for item in ['新建', '保存', '另存为', '关闭']:  # 为子菜单 1 添加选项
    fmenu.add_command(label=item)
emenu = Menu(menu)  # 子菜单 2
for item in ['复制', '粘贴', '全选', '清除']:
    emenu.add_command(label=item)
vmenu = Menu(menu)  # 子菜单 3
for item in ['大纲', '侧栏', '工具栏', '功能区']:
    vmenu.add_command(label=item)
gmenu = Menu(menu)  # 子菜单 4
for item in ['字体', '段落', '项目符号', '表格']:
    gmenu.add_command(label=item)
menu.add_cascade(label='文件', menu=fmenu)          # 将子菜单 1 与"文件"选项级联
menu.add_cascade(label='编辑', menu=emenu)          # 将子菜单 2 与"编辑"选项级联
menu.add_cascade(label='视图', menu=vmenu)          # 将子菜单 3 与"视图"选项级联
menu.add_cascade(label='格式', menu=gmenu)          # 将子菜单 4 与"格式"选项级联
root['menu'] = menu                                 # 将顶级菜单添加到主窗口
root.mainloop()
```

以上代码首先创建了主窗口 root 与顶级菜单 menu，其次创建了 4 个子菜单 fmenu、emenu、vmenu 和 gmenu，之后将子菜单与顶级菜单的 4 个选项分别级联，最后将顶级菜单添加到主窗口。程序运行结果如图 12-24 所示。

图 12-24　下拉菜单示例

### 12.6.3 弹出菜单

若将菜单与鼠标右键绑定，那么这个菜单就是在鼠标右击时才显示的弹出菜单。创建弹出菜单的方式与创建顶级菜单、下拉菜单的方式相同，区别在于弹出菜单通过 post()方法与鼠标右键绑定。下面代码创建一个弹出菜单。

**【示例 21】 弹出菜单**

```
from tkinter import *
root = Tk()
menu = Menu(root)
for item in ['复制', '粘贴']:
    menu.add_command(label=item)
def pop(event):
    menu.post(event.x_root, event.y_root)
root.bind('<Button-3>', pop)                              # 绑定鼠标右键
root.mainloop()
```

运行代码，在窗口中右击鼠标，出现如图 12-25 所示的弹出菜单。

图 12-25 弹出菜单示例

### 12.6.4 技能训练

**上机练习 2 电子计算器**

**需求说明**

建立一个常规的电子计算器，如图 12-26 所示。

图 12-26 电子计算器

图 12-26 所示的电子计算器不仅支持 "+" "-" "*" "/" 运算，还支持 "回退" "清空" 与 "退出" 功能。练习使用 tkinter 实现该电子计算器。

## 12.7 消息对话框

### 12.7.1 消息对话框

消息对话框（messagebox）是 tkinter 的一个子模块，它用来显示文本信息，提供警告信息或错误信息。messagebox 包含的消息框类型如下。

（1）showinfo：弹出一则信息，单击"确定"按钮返回 ok。

（2）showwarning：弹出一则警告信息，单击"确定"按钮返回 ok。

（3）showerror：弹出一则错误信息，单击"确定"按钮返回 ok。

（4）askquestion：询问是否进行操作，单击"是"按钮返回 yes，单击"否"按钮返回 no。

（5）askokcancel：询问是否进行操作，单击"确认"按钮返回 True，单击"取消"或关闭按钮返回 False。

（6）askyesno：询问是否进行操作，单击"是"按钮返回 True，单击"否"按钮返回 False。

（7）askretrycancel：询问是否重试，单击"重试"按钮返回 True，单击"取消"或关闭按钮返回 False。

（8）askyesnocancel：询问是否重试，单击"是"按钮返回 True，单击"否"按钮返回 False，单击"取消"或关闭按钮返回 None。

使用以上消息框的同名方法可以创建相应消息框，这些消息框方法有相同的语法格式，具体如下：

```
messagebox.FunctionName(title, message [, options])
```

以上语法中各参数的含义分别如下。

（1）title：string 类型，指定消息对话框的标题。

（2）message：消息框的文本消息。

（3）options：可以调整外观的选项。

以消息对话框 showinfo 为例，将其绑定为按钮触发的事件，代码如下。

【示例 22】 消息对话框（messagebox）

```
from tkinter.messagebox import *
from tkinter import *
top = Tk()
def hello():
    showinfo("Say Hello", "Hello World")
button = Button(top, text="Say Hello", command=hello)
button.pack()
top.mainloop()
```

运行程序，单击图形窗口中的按钮，效果如图 12-27 所示。

图 12-27 消息对话框示例

## 12.7.2　技能训练

**上机练习 3**　图书管理系统登录界面

### 需求说明

登录与注册是程序中最基本的模块。用户只有登录成功后，才可以使用应用系统中的全部功能。若用户没有登录账号，可通过注册界面设置登录账号信息。某图书管理系统的登录窗口如图 12-28 所示。

图 12-28 所示的窗口中包含"用户名""密码""验证码""登录""注册""退出"。当用户输入正确的登录信息，单击"登录"按钮后，程序会弹出一个欢迎用户的对话框，如图 12-29 所示。

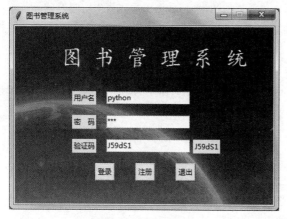

图 12-28　登录界面

图 12-29　欢迎对话框

用户单击图 12-28 所示的"注册"按钮后，会弹出注册用户的窗口，如图 12-30 所示。

用户填写完个人信息后，单击"确认注册"按钮，会记录用户的信息，并弹出"注册成功"对话框，如图 12-31 所示。

图 12-30　注册窗口

图 12-31　注册成功对话框

使用 tkinter，实现包含以上所示登录功能与注册功能的图形窗口。

## 本章总结

本章对 Python 中用于搭建图形用户界面的 tkinter 模块的相关知识进行了讲解，包括如何利用 tkinter 构建简单 GUI、tkinter 组件通用属性、tkinter 基础组件、几何布局管理器、事件处理方式、菜单以及消息对话框。通过本章的学习，希望读者能够掌握 tkinter 模块的基础知识，并能熟练利用 tkinter 搭建图形用户界面。

### 本章作业

#### 一、填空题

1. tkinter 模块中使用_____组件显示错误信息或警告信息。
2. Label 组件中的_____属性可提供文本显示。
3. 使用 tkinter 中的_____可以创建文本框。
4. tkinter 中使用_____创建菜单。
5. 如果使用"import tkinter"语句导入 tkinter 模块，则创建主窗口对象 r 的语句是_____。

#### 二、判断题

1. Label 组件中只能显示文本信息。（　　　）
2. tkinter 中的组件可以独立存在。（　　　）
3. 在 tkinter 中同一个父窗口只能使用一种几何管理器。（　　　）
4. tkinter 中可变类型数据的值可通过 get() 方法获取。（　　　）
5. command 可以为具体的事件进行绑定处理。（　　　）

#### 三、选择题

1. 下列选项中，可以创建一个窗口的是（　　　）。
   A. root = Tk()　　B. root = Window()　　C. root = Tkinter()　　D. root = Frame()
2. 下列组件中，用于创建文本域的是（　　　）。
   A. Listbox　　B. Text　　C. Button　　D. Label
3. 下列选项中，可用于将 tkinter 模块创建的控件放置于窗体的是（　　　）。
   A. pack　　B. show　　C. set　　D. bind
4. 事件<Button-1>表示（　　　）。
   A. 单击鼠标右键　　　　　　　　B. 单击鼠标左键
   C. 双击鼠标右键　　　　　　　　D. 双击鼠标左键
5. 下列关于几何布局管理器的使用，说法错误的是（　　　）。
   A. 在同一个父窗口中可以使用多个几何管理器
   B. pack 可视为一个容器
   C. grid 管理器可以将父组件分隔为一个二维表格
   D. place 布局管理器分为绝对布局和相对布局

#### 四、简答题

1. 创建图形用户界面的步骤是什么？
2. 在 Python 中如何导入 tkinter 模块？
3. 控件类和控件对象有何区别？
4. 在 Python 中如何表示颜色？
5. Python 有哪些常用控件？它们的作用是什么？设置控件的属性有哪些方法？

#### 五、编程题

1. 绘制一个矩形，并在其中画宽度为 15 像素的均匀红色彩条，如图 12-32 所示。

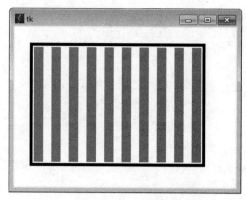

图 12-32　带均匀红色彩条的矩形

2.　建立如图 12-33 所示的界面，选择相应单选按钮时，将窗口背景设置成相应颜色。

图 12-33　改变窗口背景颜色